WESTEND

Klaus Gietinger

Karl Marx, die Liebe und das Kapital

WESTEND

Mehr über unsere Autoren und Bücher:
www.westendverlag.de

Die Deutsche Nationalbibliothek verzeichnet diese Publikation in der Deutschen Nationalbibliografie; detaillierte bibliografische Daten sind im Internet über http://dnb.d-nb.de abrufbar.

MIX
Papier aus verantwortungsvollen Quellen
FSC® C083411
FSC www.fsc.org

ISBN 978-3-86489-204-2

Umschlaggestaltung: Buchgut Berlin
Satz: Publikations Atelier, Dreieich
Druck und Bindung: CPI – Clausen & Bosse, Leck
Printed in Germany

Die Menschen machen ihre Geschichte nicht aus freien Stücken,
aber sie machen sie selbst.

Karl Marx

Frage: Sind Sie ein Brandstifter, Herr Gauland?
Alexander Gauland: Das wäre, als ob man sagt:
Karl Marx hat Stalins Verbrechen zu verantworten.

Dies ist eine wahre Geschichte. Alle Personen haben gelebt.
Nichts ist erfunden, fast nichts.

Klaus Gietinger

In der Matratzengruft

Die Schiefertafel kratzte entsetzlich. But it has to be. Tussy brachte ihm die Lait de poule, verquirlte Eier, ein Kompott mit Brandy und Austern. Mindestens neun Stück. Er hatte praktisch nichts mehr zu beißen. Schluckverbot fester Nahrung.

Ich mach's nicht mehr lange, dachte er, aber das sag ich dir nicht. Offiziell habe ich Angina.

Es war schwül. Gleich würde es ein Gewitter geben.

Endlich war er fertig. Tussy hielt das Tablett. Er drehte den Schiefer. Sie starrte drauf.

»Ist doch nur eine Tafel, eine von der Sorte, mit der Schüler gequält werden: ABC.«

Tussy, 40 Jahre alt, schwarzhaarig wie ihr Vater, eigentlich Jenny Julia Eleanor, große leuchtende braune Augen wie ihre Mutter. Sie war immer noch hübsch, sehr hübsch. Marx' Nesthäkchen. Jetzt wurde sie weiß wie eine Wand. Die Augen verdrehten sich.

»Nicht doch, Kind. Meine Lait de poule!« Doch die Ohnmacht war da. Das Tablett verlor sein Gleichgewicht. Die Austern schwappten aus der Bol. Tussys Röcke rauschten leicht, als sie auf sein Bett kippte. Die Bol klapperte laut zu Boden, eierte in the truest sense of the word, dachte er, aus.

»Mein schönes Mittagessen. Und a young Lady in meinem Bett. Das gab's schon lange nicht mehr. Noch dazu unfreiwillig. Es waren nicht wenige und immer ganz freiwillig, doch der Himmel weiß, how long ago. Und jetzt habe ich Angina. Doch das sage ich nur – ich weiß, es ist Krebs. Kehlkopfkrebs. Dr. Freyberger hat's rausgefunden, mir aber nichts gesagt. Aber ich hab's seinem Gesicht angesehen. Ein bösartiger Kloß im Hals. Sprechen macht mir große Mühe. Deshalb die Schiefertafel und die Brandyaustern. Aber Mädchen, du hast gewusst, was ich dir aufschreibe, du hast es genau gewusst. Musst doch nicht flüchten. Ist doch affig. If I had time, würd ich dir noch viel mehr aufschreiben. Über deinen Vater, über Jenny und über mich. Wir haben die Welt verändert, wer kann das schon von sich sagen. Und trotzdem muss ich jetzt bald den Abgang machen. Alle sind sie schon gegangen.

Mary, Lizzy, Lenchen, Musch, Jennychen, Jenny und Karl. Und ich bin ein Fossil, ich Friedrich Engels, von euch Marx-Kindern liebevoll *General* genannt, englisch ausgesprochen: Tschennerell. Und wer macht jetzt weiter? Du bist der einzige Mann unter diesen Memmen, Tussy, du musst weitermachen. Ich bin von Holzköpfen umgeben, Spießern, schleimigen Sozialdemokraten, Arschkriechern, die nichts begriffen haben. Die alles kaputt machen. Du bist meine Hoffnung. Und du kannst das. Du musst aus dem Schatten raus, den er dir hinterlassen hat, unser Held, *der Mohr*, das Genie, der Revoluzzer. Wenn du wüsstest, was für ein Chaot er war. Ach was, du weißt es, aber du wolltest es nicht sehen, keiner wollte es sehen, ich auch nicht. Ich war sein Freund und sein Knecht. Alles habe ich für ihn getan, alles, auch das, was du grade gelesen hast. Ich hab mich aufgelöst für ihn, den Kapitalisten gegeben, den Bruder, den Vater, den Freund. Ich hab meine Klasse verraten und meine Mutter. Ich hab seine Feinde bespuckt. Ich war das große Lama von Regent's Park Road. Der, der ihn zum Kommunisten gemacht und ihn mit Kapital versehen hat. Und jetzt soll alles vorbei sein. Du schweigst und ich bin zum Schweigen verurteilt. Nein, ich will reden. Hör mir zu, hör mir zu, du einzig verbleibendes Geschöpf der Familie, denn deine Schwester Laura zähle ich nicht. Du musst die Fackel weitertragen. Sie wird dir die Finger verbrennen, aber denke immer dran: ›Sozialismus oder Barbarei‹, oder was am schlimmsten wäre: Sozialdemokratie!«

Ein Blitz zuckte. Das Gewitter war da.

»Ist Gott vielleicht Sozialdemokrat?« Es krachte. »Jaja, wir Kommunisten glauben an keinen Gott. Unser Gott ist das Proletariat. Aber es will nicht. Keine Revolution. Es wählt und wählt und wählt. An Wahlen wird es ersticken. Es wählt SPD. Und ich applaudier auch noch. Die Preußen lassen euch nie an die Macht. Da könnt ihr noch soviel wählen. Und falls doch, macht ihr alles falsch, weil ja alles von selber kommt mit eurem falschen Verständnis von Theorie. Ihr seid von selber gekommen. Marx und ich haben euch nicht gerufen. Wir sind alles, nur keine Marxisten. Und jetzt muss ich mitten in der Scheiße den Abgang machen. Mitten im Sommer, den ich so liebe, im Sommer 1895. Aber ich wollte doch noch soviel erzählen. Hör mir zu, hör mir zu.«

Die Ballkönigin

Es war lange bevor mir Mohr, bevor mir Karl begegnete. Da rauschten die Röcke, viel mehr, als es eben gerauscht hat. Sie drehten sich wild, wild und im vielfachen Dutzend. Und Mohr, er kroch, ja er kroch zwischen den drehenden Röcken. 1,2,2; 1,2,2; 1,2,2. Revolution des Dreivierteltaktes. Es war vor 60 Jahren, in Rheinpreußen, in einer fürchterlich provinziellen Stadt an der Mosel: Trier. Und die Röcke drehten und drehten.

Und er kroch hindurch. Kroch, bis er den schönsten drehenden Rock erreicht hatte, die Ballkönigin. Noch hatte er keinen Bart, aber sein Haar war schwarz wie Ebenholz und wirr wie die Wurzeln eines Strauches. Und Jenny tanzte mit einem, der, um Heine zu zitieren, den Stock verschluckt hatte, mit dem man ihn einst schlug. Wie hieß er noch? Leutnant Pann…, Pann…, Pann…

»Keiner tanzt so wie Sie, Leutnant Pannwitz«, atmete Jenny schwer.

»Gestatten, nur mit Ihnen!«

»Jenny, meine Jenny!« Karl rief verzweifelt am Boden: »Jenny!«

Doch die reagierte nicht, drehte sich weiter, weiter mit dem Besenstiel. Die Röcke rauschten um Karl auf den Knien, rauschten, rauschten.

»Jenny!«

Pannwitz wagte ein Kunststück bei der nächsten Drehung, drückte mit seinem sauber gewichsten Stiefel Karl nach unten. Das misslang. Karl war schnell, packte den Stiefel und den Leutnant dran und drehte ihn. Der Dreivierteltakt-Preuße verlor sein Gleichgewicht, schepperte, ja schepperte samt Degen blechern zu Boden.

»Bist du verrückt, Karl?« Jenny gab sich empört.

Doch dann musste sie lachen, fürchterlich lachen, das ranke und schlanke Mädchen, »schön an Seel' und Körper«, wie ihre Mutter einst meinte, und noch schöner, wenn sie lachte, ihre weißen Zähne zeigte wie jetzt und wenn ihre Löckchen tanzten.

Pannwitz versuchte sich aufzurappeln. Doch jetzt rauschten die

Röcke über ihn, ließen sich nicht beirren, stoppten nicht. 1,2,2; 1,2,2; Karl drückte Jenny einen Zettel in die Hand.

»Für dich!«

Und flüchtete. Pannwitz versuchte Karl zu verfolgen, stolperte über den eigenen Degen und fiel wieder auf die Schnauze.

Tussy lachte, lachte wie ihre Mutter.

»Das hast du erfunden, General!«

»Die grellsten Erfindungen sind Zitate, liebe Tussy.«

Das kratzte er nicht auf den Schiefer, sondern flüsterte es. Es schien, als würde die Erinnerung seine Stimme befördern.

»Aber du verstehst mich, auch wenn ich kaum sprechen kann. Ganz ohne Tafel.«

»Aber, General, du hast die Geschichte immer so erzählt, dass Mutter, dass Möhne …«

»Nein, nein, so war's nicht.«

»Sondern?«

Die Geister der Vergangenheit

Karl war in den Garten geflohen, in die Nacht. Er versteckte sich hinter einem Busch. Mit Preußen war nicht zu spaßen, vor allem nicht mit so einem Secondeleutnant, einem Säbelrassler.

»Mist gebaut?«

Karl erschrak – die Stimme kannte er. Es war der jugendstarke Greis. Jennys Vater.

»Du erschrickst gar nicht?«

»Wie sollte ich vor meinem väterlichen Freund erschrecken.«

Johann Ludwig von Westphalen, geheimer Regierungsrat, pensionierter Beamter im preußischen Staatsdienst, Träger des roten Adlerordens, 4. Klasse, stand im Dunkeln und genoss die Sommernacht. Die Grillen zirpten. Karl schwitzte.

»Hat sie dich wieder geärgert, ma plus belle fille?«

»Geärgert nicht gerade. Sie lässt sich den Hof machen von so einem dummsteifen Leutnant.«

»Eben. Das macht sie nur, um zu ärgern. Der ist nichts für sie, aber …«

»Aber ich bin's!«

»Karl, non!«

Wolken gaben den Mond frei. Papa Ludwig, immerhin schon 65, bekam blaues Licht ab. Er wirkte jung, jung und drahtig.

Karl lief es heiß und kalt den Rücken herunter.

»Pourquoi?«

Papa Ludwig lachte. »Mein Junge, du bist erst 13!«

»Aber im heiratsfähigen Alter, seht ihr?« Er beugte sich vor, zeigte seine Backe, dann die Oberlippe und den Flaum.

»Ich hab schon un moustache!«

Ludwig lachte wieder. »Und Flausen im Kopf, außerdem heißt es une moustache!«

Die leicht schulmeisterliche Kritik prallte an ihm ab.

»Ich habe ihr ein Liebesgedicht geschrieben, das wird sie überzeugen.«

Am nächsten Tag. Kirchgang. Trier, Pfaffenort. Dreifaltigkeitskirche. Erst waren die Jesuiten drin, und als die Franzosen 1793 kamen, wurde ein Stall draus, kurzfristig. Später ein Tempel der Vernunft zur Entchristianisierung. Als die Preußen einmarschierten, war Schluss mit der Vernunft. Und seit 1819 durften die Protestanten sie benutzen. Karl wurde hier mit sechs getauft. Und konfirmiert sollte er erst mit 16 werden, also erst in drei Jahren. Glocken läuteten. Der Platz war voll mit Kleinbürgern. Karl wartete und wartete. Da kam sie angerauscht.

»Ich hab was für dich.« Sie kramte in ihrer Tasche und es duftete nach Flieder. Jenny duftete nach Flieder. Karl wurde es anders.

»Jetzt, jetzt ist sie mein!« Ein gewagter Gedanke.

Er sah ein Taschentuch zwischen ihren schmalen Fingern, ein Säckchen. Und nun? Mit einer kurzen Bewegung warf sie ihm den Inhalt entgegen. Es schneite, schneite Papierfitzelchen. Sie verfingen sich in seinem schwarzen krausen Haar. Und rieselten aufs Pflaster.

»Dein Gedicht, ein wahres Gedicht. Ich hab's etwas gekürzt. Poeten brauchen critique constructive. Das ist die meine.«

Und schon trat ihm ein Stiefel auf den Fuß. Der von diesem von Pannwitz.

»Aus dem Weg, Galizier, oder ich muss noch blank ziehen!«

Dann reichte der Besenstiel Jenny seinen Arm. Sie hakte ein. Und schon waren sie über den Platz – der Säbel klapperte – und im Portal verschwunden. »Galizier« war ein Schimpfwort für Juden. Karl wusste dies längst.

»Der arme Mohr!« Tussy litt mit.

»Mädel, da muss ein Mann durch.«

»Ein Knabe, General, zart und verletzlich.«

»Zart war er nie, but extremely vulnerable. Aber Kerle wie wir …«

»Du kannst das nicht wissen, General, du hattest nie Liebeskummer.«

»Was?«

»Dir lagen sie immer zu Füßen.«

»No way, wie oft war ich down.«

»Aber nicht wegen des Geschlechts par excellence.«

»Mädel …«

Tussy ignorierte seinen Protest. »Wie ging's weiter?«

»Weißt du doch, lovesickness.«

»Aber bei Mam, bei der Möhne!«

Die Röcke drehten sich, immer schneller. Aber Jenny war nicht dabei. Die heulte und saß draußen. Karl hatte sie gesucht zwischen all den Röcken und nicht gefunden, jetzt stolperte er in den Garten, atemlos und schwitzend. Kein Mond schien. Der Himmel war bedeckt. Man sah sich kaum.

»Jenny, teure, was ist geschehen?«

»Das geht dich gar nichts an, retirez-vous!«

»Siehst du meinen Bart? Er hat einige Kuren hinter sich, erst Honig, der zieht, und dann merde de poulet, Hühnerkacke, das schiebt.«

»Bäh, du bist eklig, Karl.«

»Hat dich Pannwitz verletzt?« Und gierig hoffend, »hat er dich verlassen?«

»Nein.« Dann reckte sie das Hälschen. »Ich habe ihm den Laufpass gegeben.«

Karl setzte sich frech neben sie.

»Ich sagte doch, der ist nichts für dich.«

»Lass mich in Ruh, mit Kindern je ne parle pas.«

Karl zog beleidigt ab. Tat es Jenny leid? Ja, ein bisschen, aber er war noch ein Kind und sie 17, die Ballkönigin, da konnte sie doch nicht so ein schwarzhaariges enfant ... enfant terrible!

›Nein, den darf ich gar nicht ansehen, nicht mal mit meinen vier Buchstaben‹, dachte sie. ›Aber süß ist er schon irgendwie, irgendwo. Und er wächst sicher noch, wie der Bart auch. Aber so lange warten ...

Lieber einen dummen Preußen. Oder doch nicht? Mir schwirrt der Kopf. Wenn ich recht überlege, Pannwitz war wirklich ein Witz. Dann eben einen von Adel, einen Juristen oder einen Docteur – oder doch einen Poeten? Nur, Karl, das hübsche Schwarzwildchen, ist ein schlechter Poet und bestimmt später bettelarm ...‹

Jenny ging zurück zum Walzer.

›Tanzen, bis die Tränen getrocknet sind. Mit jedem, der grade da ist.‹

Und es waren viele. Viele Stramme, viele Besenstiele, die sie umgarnten. Und wieder drehten sich die Röcke und Säbel schwangen mit.

Karl saß abseits, starrte und starrte. Wenn er nur könnte. Er würde die Welt aus den Angeln heben, dass dieser sich drehende Scheißhaufen in den Rinnstein gespült würde.

»Und eines Tages hebe ich die Welt aus den Angeln ...«

So sprachen viele. Karl meinte es ernst.

Wandern

Doch vor den Erfolg haben die Götter die Berge gesetzt. Die galt es zu überwinden. Auch wenn es nur Weinberge waren – an der Mosel.

Papa von Westphalen schritt stramm voraus. Sein Stock zeigte sich munter und schwang und stach ins grüne Gras. Jenny folgte ihm ohne Ballkleid, mit ein paar Reifen weniger: in Wanderkleidern, die immer noch rauschten, aber deutlich weniger. Und sie hielt Schritt. Dann kam ihr Bruder Edgar, Karls Freund, etwa gleich alt, in der Pubertät wie Karl, aber eher ein Stiller. Und endlich Karl, ganz außer Puste, die Haare noch wirrer. Sie waren jetzt hoch oben über der Mosel. Es war diesig. Sommer. Karl warf sich ins Gras.

»Nur eine kurze Rast«, rief Papa Ludwig, »der Weg ist noch weit.«

Edgar hatte den Picknickkorb abgestellt. Karl griff sich den Most, zog den Korken ab und trank.

»Lass uns auch noch was übrig«, protestierte Edgar.

Ludwig gab Eau de Cologne ins Taschentuch und tupfte sich ab.

»Wo waren wir stehen geblieben?«

»Saint-Simon!« Jenny hatte sich zu Wort gemeldet. Sie saß nicht, sie ruhte im Gras. Missmutig streifte ihr Blick Karl, den sie eigentlich übersehen wollte.

»Ja, Simon. Was schreibt er in seinem *Nouveau Christianisme*?«

»Keine Ahnung, hab's nicht gelesen«, war Karls patzige Antwort.

»Dass es Aufgabe der Christen sei, alles Erarbeitete gerecht zu verteilen«, wusste Jenny naseweis.

»Das klappt nie.« Karl störte.

»Nicht so defätistisch, Karl.« Papa Ludwigs Ton konnte man mild nennen.

»Der Mensch ist kein vernünftig … Vor allem Weibsleute nicht.« Karl war auf Krawall gebürstet. Jenny tötete ihn mit ihren Blicken. Sie streckte gleichzeitig ihr weißes Ärmchen nach dem Papa, der ihr das Eau de Cologne reichte.

»Ich mag Thomas Morus lieber«, meldete sich Edgar zu Wort, »seine Utopia. Eine Insel, auf der streng Kommunismus herrscht. Alles gehört allen.«

»Auch die Weiber?« Wer das wohl fragte.

Jenny hatte es deutlich gehört und mit spitzen Fingern betupfte sie ihren langen Hals mit Kölnisch Wasser. Karls Blut schoss ihm bei diesem Anblick nicht nur in den Kopf.

»Nein, natürlich nicht. Warum so schlecht gelaunt, mein Freund?« Edgar wollte versöhnen.

Karl starrte vor sich hin, rupfte im Gras herum.

»Und wo ist er gelandet? Auf der Guillotine?«

»Aber nicht deswegen ... außerdem war es keine Guillotine.« Ludwig korrigierte gern.

»Rührt das den Kopf, der im Korb landet, wie er vom Körper getrennt wurde?« Er warf die Mostflasche in den Korb.

»Karl, du bist eklig. Il m'ennuie!«

Ludwig lenkte ab.

»Weiter Kinder. Saint-Simon ist noch nicht umfassend besprochen.«

Und schon schwang wieder der Stock. Der hagere von Westphalen eilte davon. Edgar trottete hinterher. Unten lag die Mosel, spiegelglatt. Kein Windhauch.

Jenny verschloss die Flasche mit Kölnisch Wasser und erhob sich wortlos. Sie wollte hinterher – mit stolzem Schritt. Karl stand vorn am Abgrund, immer noch beleidigt. Dann hielt er sie mit Worten auf.

»Morgen um die gleiche Zeit hier!«

Jenny drehte den Kopf nur halb und stoppte kurz.

»Pourquoi?«

»Du nervst mit deinem Französisch«, hätte er gern gesagt, doch es kam nur ein sanftes »ich habe neue Gedichte« heraus.

»Und stamps, die du mir zeigen willst?« Das war Sarkasmus pur.

»Alors pas!«

»Ich sagte dir doch schon, du bist zu klein für mich.«

Sie warf ihm die Flasche mit dem Duftwasser zu.

Er fing sie lässig.

»Ich werd dich schon zurechtstutzen.«

»Phh!« Und schon war sie verschwunden.

Warten

Und am nächsten Tag wartete Karl – hoch über der Mosel. Der Himmel war grau. Die Wolken schoben sich. Wind gab es auch. Karl musste seine Mütze halten und warten. Und ohne eine blaue Stunde wurde es dunkel. Fast so plötzlich, als hätte jemand eine Kerze ausgeblasen. Doch Karl wartete und wartete. Vergeblich. Inzwischen war es stockdunkel. Er sah die Hand vor Augen nicht, nur unten ein paar Lichter. Keine Jenny. Karl tastete sich hinunter. ›Jetzt auch noch abstürzen wegen der blöden Kuh …‹

Und schon lag er im Brombeerbusch. »Merde!« Auf Französisch klang es einfach besser. Jetzt übernahm er schon ihre Eitelkeiten.

Das Gesicht zerkratzt, entflammte er ein Streichholz.

Bloß keinen Abgang machen. Oder doch? Selbstmord aus Liebe, wie romantisch – wie banal. Das Streichholz ging aus. Er konnte noch drei ertasten, nur. Da knüllte er das Papier mit seinen Gedichten und machte sich eine Fackel. Bis unten dürft's langen.

»Und kam er an, General?«

»Sonst wärst du nicht hier, Mädel!«

»Das hast du noch nie erzählt. Wie schrecklich, warten und keiner kommt.«

Und er hat gewartet. Vier Jahre. Und wieder drehten sich die Röcke. Drehten und drehten und Jenny war schon 21 und immer noch kein passender … Das Jahr 1835.

Sie schaute, sie schaute, aber Karl war nirgends. Der Walzer verstummte – und keiner da, der ihr gefiel.

»Trier hat 15 000 Einwohner, macht 7 500 Mannsleute, da muss doch einer dabei sein. Dieser Ort des Jammers. Das alte Pfaffennest mit dieser Miniatur-Menschheit.« Jenny blickte in einen der vielen Spiegel.

»Ich werde bald alt und dann will mich keiner mehr.« Sie sah sich um im Ballsaal. Doch kein Karl war in Sicht.

Bestanden

Im Garten der von Westphalens. Papa Ludwig, Edgar und Karl.

Er reichte beiden eine Zigarre, eine dicke. Karl nickte dankend, biss sie ab. Lässig riss er ein Hölzchen an der Wand. Steckte die Zigarre an, sie zog nicht. Aber er zog und zog. Edgar war erfolgreicher. Seine qualmte mächtig.

»Die Matura bestanden, jetzt seid ihr beide Männer. Gratulation!«

Förmlich drückte er beiden die Hand. Und Karl, 17 Jahre alt, etwas gedrungen, schien jetzt wirklich ein Mann zu sein. Denn der Bart spross, schwarz wie die krausen Haare, er machte ihn noch dunkler in der Dunkelheit, nur die Glut der Zigarre gab etwas Licht.

Doch schon wurden Fackeln gebracht. Von den Hausmädchen, eins davon war Lenchen, Helena Demuth, die pausbäckige, 15 Jahre alt und schon einige Jahre bei den von Westphalens in Diensten. Wie lange, wusste keiner so recht. Aber recht machte sie es allen. Karl war ihr gleich aufgefallen, ein so stattlicher junger Mann. Sie steckte die Fackeln in die Erde und hatte fast noch mehr Strahlkraft als die. Sie lächelte. Sie würde immer lächeln, was auch passiert. Nur Karl bemerkte sie nicht – und schon war sie wieder verschwunden. Die zweite auch, die hatte Champagner auf das Gartentischchen gestellt. Ludwig wollte sich nicht lumpen lassen, obwohl die von Westphalens nur Amtsadel waren, den sie sich jedes Jahr teuer erkaufen mussten und obwohl Ludwig keine üppige Pension hatte. Der Schein musste gewahrt bleiben. Das würde sich auf Jenny vererben.

»General, you are unfair again!«

Edgar las im Schein der Fackel: »Der Zögling Marx zeigt gute Anlagen in den alten Sprachen, im Deutschen und in der Geschichte einen sehr befriedigenden, in der Mathematik einen befriedigenden und im Französischen nur einen sehr geringen Fleiß!«

»Merde française!«, kommentierte der.

Und Edgar kam es: »Cigarette de merde!« Der zarte Junge verschwand. Zigarren vertrug er nicht.

»Wo ist denn mein schönes Mädchen?«, fragte Ludwig, schon etwas tüddelig.

»Im Ballhaus, wo sonst.« Karl klang immer noch leicht beleidigt.

»Sie könnte dir wenigstens gratulieren.«

»Kommt noch, kommt noch.«

Einen Moment herrschte Schweigen, beide pafften, dann wurde angestoßen, Champagner.

Und plötzlich perlte es aus Ludwig heraus.

»Karl, sie ist nichts für dich.«

»Wie kommt ihr darauf, ich …?«

»Wie du sie anschaust.«

»Gott behüte, edler väterlicher Freund, nicht im Traum …«

»Und dreimal krähte der Hahn«, witzelte Ludwig.

»Ganz ehrlich, Karl, du bist un libre penseur und meine Jenny auch, das verträgt sich nicht. Ihr kratzt euch die Augen aus. Das würde ich ungern mitansehen.«

»Das Schlimme an euch alten Männern ist, dass ihr meist recht habt.«

Ludwigs Gesicht hellte sich auf, soweit man das in der Dunkelheit sehen konnte.

»Ihr und euer Freund, Heinrich-mir-graut-vor-dir, mein Vater, der alte Jude.« Das war unfair.

Ludwig erstarrte. Das konnte Karl sehen. Solch Despektierliches hörte der alte Westphalen nicht gern.

Karl hatte ein Problem, seine Eltern waren Juden. Er kam aus einem Haus, dessen Tradition nicht jüdischer sein konnte. Heinrich, eigentlich Herschel, war der Sohn des Trierer Rabbiners Mordechai, genannt Marx Levy, und der Triererin Chaje Levoff, Tochter des Rabbis Moses Lwow. Herschels Großvater väterlicherseits hieß Samuel Mordechei und war ebenfalls Rabbi. Napoleon machte aus Marx Levy den Namen Marx. Gottseidank. Herschel studierte Jura, nannte sich Henry und dann Heinrich, machte das Diplom in Koblenz und heiratete Henriette Preßburg, Tochter des

Rabbis, manche behaupten, dass er nur Vorbeter der jüdischen Gemeinde von Nijmegen war.

Und doch war Heinrich von der jüdischen Orthodoxie merkwürdig unberührt. Napoleon und sein Code hatten den Juden zwar Gleichberechtigung gebracht, aber Christen waren dann doch »gleichberechtigter« als Juden. Denn die Angst vor der Geschäftstüchtigkeit der Anhänger mosaischen Glaubens führte 1808 zum Erlass eines speziellen Edikts, das ihre Geschäfte wiederum einschränken sollte. Als 1816 die Preußen kamen, wurde es nicht besser. Im Gegenteil. Marx' Vater Herschel/Heinrich schrieb eine Eingabe an den neuen Generalgouverneur, worin er »ergebens« um Aufhebung der Sonderbehandlungsgesetze bat. Doch so schnell heben die Preußen nicht auf. Und wenn sie Napoleon noch so hassten, dessen Juden-Einschränkung egalisierten sie nicht. Zwar behaupteten auch die Preußen, sie hätten die Juden gleichberechtigt, doch um ein öffentliches Amt bekleiden zu können, brauchte ein Jude einen königlichen Dispens. Heinrich, der als Anwalt praktizieren wollte, ging dem ganzen Schlamassel nun stante pede aus dem Weg. Er ließ sich taufen. Halleluja. Ein wenig Wasser und schon durfte er Anwalt werden. Karl wurde mit sechs oder acht getauft, doch er war und blieb von stockjüdischem Blut.

»General, ich höre da schon wieder einen feindlichen Unterton heraus, ich bin auch Jüdin«, schimpfte Tussy.

»Du bist keine Jüdin, höchstens ne halbe, und weil deine Mutter keine war, nach jüdischem Recht überhaupt keine.«

»Doch I am jewish und ich weiß, dass du und Mohr immer despektierlich über Juden gesprochen habt, über Lassalle, Moses Hess und ...«

»Und sie waren unsere Freunde, Mädel, Freunde kann man sich auch mal vorknöpfen. Und du weißt, ich war immer ein Gegner des Antisemitismus.«

Tussy räusperte sich. Sie hörte alles, was der General jetzt herabbetete:

»Der Antisemitismus ist also nichts anderes als eine Reaktion mittelalterlicher, untergehender Gesellschaftsschichten gegen die moderne Gesellschaft, die wesentlich aus Kapitalisten und Lohnarbeitern besteht, und dient daher nur reaktionären Zwecken unter scheinbar sozialistischem Deckmantel.«

Engels kam nach so viel vernünftigen Floskeln ins Schwitzen. Und sein Knoten im Hals schien wie weggeblasen. Er konnte wieder sprechen. Dann lächelte er.

»Dass ich das schrieb, habe ich deiner Schule zu verdanken, mein Kind.«

Tussy lächelte ebenfalls. Ihre schwarzblauen Locken leuchteten.

»Ich weiß, General, denn vorher hast du und Mohr anderes von euch gegeben.«

Und Tussy wurde hart. »Ihr habt den großen Ferdinand Lassalle *Itzig* genannt und einen *jüdischen Nigger*.«

»Das war nur Spaß, Mädel, weil er eben so ausgesehen hat. Mohr sah auch aus wie ein Jude.«

»Und er hat uns verflucht ...« Tussy klang hart.

»Wer? Mohr? Uns?? Du bist keine Jüdin!«

Schatten der Vergangenheit II

»Lass deinen Vater in Ruhe, Karl, er ist getauft wie du.« Der Ton des alten Westphalen war nun fast als böse zu bezeichnen. Seine schmale Gestalt wirkte finster in der lauen Sommernacht.

Karl hatte kalten Schweiß auf der Stirn.

»Was nützt das bisschen Wasser, mon cher maître, die Tradition meiner toten Geschlechter lastet wie ein Alb auf meinem lebenden Gehirn. Und wenn ich beschäftigt scheine, sie von mir abzuwerfen, gerade dann beschwöre ich ängstlich die Geister der Vergangenheit zum Dienst herauf. Ich will kein Jude sein, ich ...«

»Du hast Angst vor einem Gespenst, das ist völlig unbegründet. Es gibt keine Gespenster. Steh zu deinen Geschlechtern, deinen Vätern, deinen Müttern, sie waren reich im Geiste und sie haben niemandem was getan.

Vor was graust es dir denn?

Hath not a Jew eyes? hath not a Jew hands, organs, dimensions, senses, affections, passions?«

Karl übernahm den Staffelstab: »Mit derselben Speise genährt, mit denselben Waffen verletzt, denselben Krankheiten unterworfen, mit denselben Mitteln geheilt,« – und jetzt beide – »gewärmt und gekältet von eben dem Winter und Sommer als ein Christ? Wenn ihr uns stecht, bluten wir nicht? Wenn ihr uns kitzelt, lachen wir nicht? Wenn ihr uns vergiftet, sterben wir nicht?«

»So gefällst du mir, Karl!«

»Nein, der Jude ist der Schacher und das Geld!«

»Unsinn, Karl, ce sont préjugés, falle nicht darauf herein. Jüdisch ist eine Religion, sonst nichts, und die hat dein Vater gewechselt. Er ist jetzt Protestant.«

»Jude bleibt Jude, das kann man nicht wechseln wie die Unterwäsche.«

»Mon ami! Nicht diese Worte!«

Junges Deutschland

Einige Tage später. Diskussionsrunde im Hause Westphalen. Jenny, Edgar und Sophie, Karls Schwester, am runden Tisch. Häkeldeckchen, Portwein, Bücher. Karl war nicht da. Jetzt wartete Jenny. Die große Standuhr versuchte beruhigend zu ticken.

»Wo ist Karl?« Jenny fragte so unschuldig wie möglich.

»Wir können auch ohne ihn anfangen. Er wird sich aufs Studium vorbereiten.« Edgar gab sich pragmatisch.

»Was?« Jenny schien entgeistert.

»Was glaubst du, was man nach dem Abitur macht? Und du hast ihm nicht mal gratuliert.«

Die Uhr schlug viertel. Dann wieder: »tick-tack«.

»Er lässt sich ja nicht blicken. – Wo studiert er denn, und was?« Jenny versuchte sich zu fangen.

»Das weißt du nicht? Jurisprudenz in Bonn.« Jenny hörte manchmal einfach nicht zu, wusste Edgar.

»In Bonn ...?« Wieder war ihre Entgeisterung gut getarnt, aber doch hörbar. »Tick-tack«. Jenny wurde nervös.

Sie wird doch nicht enttäuscht sein, dachte Sophie, Karls Schwester, und ließ es zappeln, das arrogante Näschen.

Edgar versuchte das Treffen der Gruppe zu retten. »Wir waren bei Charles Fourier und seiner Idee einer genossenschaftlichen Ordnung, genannt *Harmonie*, in der ...«

Jenny bekam einen Hustenanfall. Es geckte heraus aus ihr, erst trocken, dann immer tiefer. Edgar wollte ihr auf den Rücken klopfen, doch Sophie schüttelte den Kopf, schenkte ihr ein Glas Portwein ein. Jenny wurde leicht grün im Gesicht, oder war es blau? Sophie ließ sie weiter zappeln. Der Portwein wirkte beruhigend.

Sophie: »Also, Charles Fourier und seine Harmonie ...«

Edgar: »... seine Harmonie ist nicht nur eine Wirtschaftsgemeinschaft, sondern auch eine Liebesgemeinschaft. Er ist für die Gleichberechtigung von Mann und Frau ...«

Jenny konnte nicht mehr denken.

»Karl auch weg, wie dumm. Überall tuscheln sie schon, das alte Mädchen von den Westphalens, 21 und immer noch keine gute Partie. Ich werd noch als vertrocknete Jungfer ... Dabei ist er jetzt wirklich ... der Karl, als er sie so rasch ansah und dann wegsah, das letzte Mal in der Runde und auch davor und er wieder und wieder hinsah und zuletzt lang und tief und ich, ich konnte nicht mehr wegsehen. Und jetzt geht der auch. Der Schauer, der Schauer, ich krieg keine Luft mehr.«

Und Edgar dozierte und dozierte, dass Fourier diese Gleichberechtigung *Feminismus* nenne und hinzufügte, dass in einer gegebenen Gesellschaft der Grad der weiblichen Emanzipation das natürliche Maß der allgemeinen Emanzipation sei.

Jenny blieb die Luft weg. Nicht wegen Fourier und dem Feminismus, sondern weil Karl nicht da und weil er bald ganz weg war.

Und Sophie erbarmte sich endlich und schob ihr einen Zettel zu. Ein flüchtiger Blick auf die Freundin und Sophies Augen sagten spöttisch: »der ist vom Bruderherz, vom Karl und … jetzt nur nicht aus der Rolle fallen!« Sophie kannte ihre Pappenheimerin.

Die Ahnung der Ohnmacht wich. Arrogant hob Jenny das Näschen.

Und Sophie spielte wie die Katze mit der Maus, zog den Zettel weg. Doch Jenny war schneller, legte die Hand drauf, spürte Widerstand und mit einem Grinsen ließ Sophie los. »Tick-tack«.

Jenny entfaltete das Blatt, schnell. Bruder Edgar zitierte Fourier, merkte nichts: »…l'extension des privilèges des femmes est le principe général de tout progrès sociaux.«

»Markusberg, oben über der Mosel. Du kennst den Ort, den geheimnisvollen. In der 6. Stunde.« Das stand da von Hand Karls, kaum lesbar, er hatte eine Sauklaue.

»Wieviel Uhr ist es?«, fragte Jenny unschuldig.

Edgar, genervt: »Wir haben noch eine halbe Stunde.«

Doch die Standuhr, die große, dort wo sich das siebte Geißlein versteckt hatte, die zeigte 5 Uhr 27.

»Da hoch brauche ich mindestens eine Dreiviertelstunde und mit den ganzen Reifen und Röcken, die ich extra wegen diesem Kerl angezogen habe, der jetzt nicht kommt, brauche ich mindestens eine Stunde.«

Jenny sprang auf: »Ich muss los.«

Edgar: »Aber …«

Sophies Blick ließ ihn verstummen.

»Fourier kann warten!«, presste Jenny aus sich heraus und schon war sie weg.

Gewitterschwüle

Weiße Wolken türmten sich hoch auf. Schwüle lag in der Luft. Unten klapperte müde ein Dampfschiff. Jenny quälte sich mit ihren Röcken und Röcken und Reifen und Reifen hastig den Berg hinauf. Ihr Schirmchen hielt sie über sich. Diese verfluchten Röcke, dachte sie. Doch Jenny war rank und schlank und zäh. Und die Schönste von Trier, das wusste sie genau. Ihre gerade Nase, wie mit dem Lineal gezogen, ihre glatte Haut, ihre braunen Locken würden noch Jahrzehnte später Stadtgespräch sein. Was wollte sie nur von diesem groben Klotz. Wind kam auf. »Oh, Gott!«

Da erschreckte sie eine Stimme. »Es wird ein Gewitter geben, Jenny!«

»Es wird keins geben!«, antwortete sie.

»Kein Gewitter erwarten, aber einen Schirm mitnehmen.«

»Der ist für die Sonne, nicht den Regen, Blödian!«

»Man nennt mich gemeinhin Mohr.«

»Je le sais!«

Jennys Arroganz war zurück. Und plötzlich lachten sie.

»Mohr bin ich gerne. Willst du nicht meine Desdemona sein?«

»Nein, denn der Mohr hat sie umgebracht.«

Und er plauderte los. Er sei nie eifersüchtig, im Gegenteil, er würde sie beschützen sein Leben lang.

»Schmeichler!«

Die Wolkentürme waren samtblau, fast schwarz jetzt. Der Wind frischte heftig auf. Die Sonne warf ihr letztes gelbes Licht auf die dunklen Wolken. Jenny saß im Gras, ihre Röcke ausgebreitet, das weiße Schirmchen auf der Schulter.

Karl lag ihr zu Füßen: »Und es gibt doch ein Gewitter. Nicht nur hier, auf der ganzen Welt. – Und ich liebe dich.«

»Unmöglich!«

Sie drehte ihren Schirm, hielt das Näschen in den düsteren Himmel.

»Ich habe Pannwitz die Heirat versprochen.«

»Pannwitz? Der ist doch längst versetzt.«

Jenny log perfekt: »Er kam kürzlich mit der Schnellpost und hat um meine Hand angehalten.«

Karl fühlte sich wie vom Blitz getroffen.

»Ich musste es tun, nur so konnte ich den Leutnant davon abhalten, sich mit dir zu duellieren!« Jenny war eine perfekte Schauspielerin.

»Unsinn, das ist Jahre her.«

»Er hat ein Gedächtnis wie ein Elefant.«

»Das hättest du dir sparen können, ich duelliere mich nie.«

Das Grollen des Gewitters kam näher.

Jenny fand es sehr vernünftig, sich nicht zu duellieren, aber es nahm ihrer Behauptung den Pfeffer.

Und Karl versuchte eine Finte. Sie solle ihn wissen lassen, wann die Hochzeit sei, er schicke ihr ein Geschenk!

»Was für eines?«

»Ich schicke dir die Welt, die ich beherrschen werde, für mich allein kann ich sie nicht gebrauchen.«

Regentropfen klopften auf Jennys Schirm. Karl stand auf, ging und gab den tief Enttäuschten.

»Wo gehst du hin?«

»Ich eile, das Geschenk für dich vorzubereiten.«

»Wie dumm du bist, Karl!«

Es war richtig dunkel geworden.

»Das kannst du sehen, auch ohne Blitz?«

Der fühlte sich angesprochen und zuckte. Es regnete stark. Karl torkelte, stürzte. Jenny eilte zu ihm.

»Karl!«

»Mohr, bitte. Ja, ich bin ein Dummkopf, dümmer als alle Philosophen der Welt. Ich hatte gehofft, die Hoffnung hieße Jenny. Denen, die den Sinn des Lebens suchten, rief ich zu: Jenny. Die Königinnen aller Länder trugen nur einen Namen: Jenny. Und alle Dichter hatten sich geirrt, Petrarca, Dante, Goethe und Shakespeare: ihr Name war Jenny. Und schriebe ich ein Buch, so schriebe ich nur hinein: Jenny, Jenny, Jenny…«

»So sehr liebst du mich?« Das fragte Jenny, durchnässt durch alle Röcke hindurch.

Er rappelte sich auf. Die Haare hingen jetzt klatschnass an ihm.

»Gehen wir, das Gewitter!«

Sie hielt ihren Schirm über sich und Karl, aber es regnete durch, es war ja ein Sonnenschirm.

»So sehr liebst du mich?«

Ein Blitz, ein Donnerschlag und sie hatten sich in den Armen. Der Wind wehte den Schirm weg, sie wurden bis auf die Haut nass.

Karl presste sie an sich. Jenny bekam kaum Luft. Sie löste sich ein wenig. Karl schaute sie an.

»Liebst du mich?« Karl stellte die Frage aller Fragen.

Jennys Locken waren jetzt auch verschwunden. Nass klebte das Haar an ihr. Wasser lief ihr in den Kragen.

»Ich bin älter und Baronesse, es geht nicht, mein Stand ...!«

»Liebst du mich?«

»Ja, ich auch.«

Sie küssten sich, lange. Sie war der Ohnmacht nahe und Karl auch.

»Dumm. Wir sind beide dumm, aber klüger als die Welt!« Jenny brachte es auf den Punkt.

Sie standen inmitten des tobenden Gewitters, es war Nacht. Blitze krachten. Es regnete in Strömen, der Sturm peitschte.

»Fürchtest du dich, Jenny?«

»Nein!«

»Aber ich, ich besitze nichts, ich bin ein armer Schlucker.« Karl gab sich ehrlich.

Jenny sah ihn an.

»Überleg es dir, entscheide nicht sofort, es wird ein sehr hartes Leben mit mir, mit Kampf und Qualen!«

»Und Mohr hatte recht«, wusste Tussy.

Wie ein Blitz tauchten vor ihr Bilder auf. Mohr mit struppigem Vollbart, abgetragener Kleidung, der mit Jenny einen Wagen zog, inmitten des grausligen Soho. Möhne hatte Jennychen am Arm und die Laura, Musch, der Kleinste, war auf den Rücken gebunden.

»Da warst du doch noch gar nicht existent, deine Phantasie spielt dir einen Streich, you're exaggerating!«, flüsterte Engels.

Doch Tussy machte weiter: »Und dann, Jenny, alt, pockennarbig, völlig verzweifelt in einer kleinen, völlig vergammelten Wohnung, in der ein schwarzer Schatten mit Bart Zigarre qualmt und schreibt, zwischen riesigen zur Decke reichenden Papierstapeln. Mutter hat einen Nervenzusammenbruch, wirft erst die Stapel auf den Boden und dann sich. Ich sehe immer und immer wieder: leere Geldbeutel. Und dann, ein weißer Kindersarg. Schwarze Erde fliegt auf den Sarg. Rumms, rumms und immer wieder rumms. Und ich höre Schreie der Verzweiflung.«

»Nicht doch, Tussy!« Der alte Engels griff nach ihrer Hand.

»Nicht weinen, Tussy, nicht weinen, sonst reihe ich mich ein und heule wie ein Schlosshund.«

»Und dabei sagte Möhne immer, ich wäre hart.« Tussy wusste offensichtlich, wovon sie sprach.

Engels: »Das hat sie nie gesagt. Und weißt du, was sie zu Karl gesagt hat? Sie, die Stärkste von uns allen?«

»Du brauchst dich nicht zu fürchten, Karl, ich bin bei dir!«

Jenny stand an Karl geschmiegt, mitten im Sturm.

Tussy: »Tears in my eyes, jedes Mal, wenn du das erzählst.«

Abschied

Karl musste fort, studieren.

Es war ein wunderschöner Tag, die Welt schien wie frisch gewaschen. Die Sonne brannte. Das Wasser, die Mosel blendete. Ein Schiff war bereit abzulegen und flussabwärts zu segeln. Erst Richtung Koblenz. Dort ging es dann aufs Dampfschiff und über den Rhein nach Bonn, wo – übertrieben formuliert – die Universität auf Karl wartete. Alle waren versammelt. Nur Jenny fehlte. Keiner außer Freundin und Schwester Sophie wusste von ihrer Liebe. Sie fürchteten das Geschwätz. Und so blieb Jenny dem Ganzen fern. Mutter Marx, eine etwas unbeholfen wirkende Frau, die man gern unterschätzte, wunderte sich.

»Wo bleibt es denn, das junge schöne Ding?«

Es war, als begriffe sie nicht, dass sie hier dem Beginn eines Dramas beiwohnte, dem sich die Hauptakteurin entziehen mochte.

Karl umarmte seine Geschwister und seine Mutter. Heinrich/Vater Marx, ein herzensguter, etwas weicher Mensch, nahm ihn beiseite.

Er drückte ihm ein paar Silbertaler in die Hand.

»Hier, ich hoffe, es reicht fürs Erste.«

»Ich danke Euch, Papa ...«

»Mein Sohn ... Ich ... ich ... Das Feld des Wissens ist unermesslich und die Zeit kurz. Ach, ich will dir gar nicht predigen, aber ich bitte dich, mir meine schönsten Hoffnungen nicht zu zerstören, sondern sie zu erfüllen. Ich wünsche in dir zu sehen, was aus mir, deinem Vater, geworden wäre, wenn er unter günstigeren Auspizien zur Welt gekommen wäre.«

Karl war berührt und wählte seine Worte. Er wusste Jennys Papa in der Nähe und er sprach etwas steif, aber laut, damit dieser es auch hören konnte.

»Ich muss Euch widersprechen – wie so oft. Ihr mein Vater, habt mit der Tradition eurer Väter, die alle Rabbis waren, gebrochen und ihr seid hier in Rhein-Preußen – gegen alle Widerstände – Anwalt der Rechte geworden und evangelisch. Das ist eine Lebensleistung, die ich nie erbringen kann.«

Der alte Westphalen hatte das befriedigt vernommen und nickte leicht. Auch wenn man annehmen konnte, dass er klug genug war, die etwas übertriebene Darbietung zu durchschauen, im Kern, das wusste er, war sie ehrlich gemeint.

Vater Marx bekam Tränen in die Augen, ja er weinte. Dann fing er sich.

»Ich bin sonst kein schwacher Mann, aber eben ein schwacher Vater. Dir, mein Sohn, ist das Glück beschieden, das nur wenigen Jünglingen zuteil wird. Dieses Glück sollst du zu schätzen wissen.«

»Ja, Papa, ich ...!« Sophie hatte Karl ein Bild mitgegeben. Das zog Karl jetzt heraus.

»Euer Bildnis, Vater, werde ich immer an meinem Herzen tragen.«

Er zeigte es stolz und verstaute es in seiner Jackeninnentasche, wo es genau auf das Bild von Jenny passte, das er noch näher am Herzen trug.

»Und studiere nicht mehr, als deiner Gesundheit zuträglich ist.« Ein weiser Ratschlag des alten Marx, der gleich wieder in Tränen ausbrach.

Ludwig, auch er hatte, so schien es, leicht feuchte Augen, war herangekommen.

»Karl, höre nicht auf das Geschwätz alter Väter und Heulsusen. Studiere, wie es dir behagt und lies ab und zu auch was Anderes als nur trockene Jurisprudenz-Bücher…«

Er steckte ihm ein Buch zu: *Le Nouveau Christianisme.*

»Saint-Simon!?«

»Du sagtest, du hättest es noch nicht gelesen.«

Karl frech grinsend: »Dann muss ich wohl den alten Utopisten …«

»Eine Weltkarte«, unterbrach ihn Ludwig, »in der das Land Utopia nicht verzeichnet ist, ne mérite pas le respect! Doch vergiss die Utopie der Liebe nicht.«

»Aber …«

»Still, kein Wort …«

Das Boot legte ab. Karl winkte. Die Mutter weinte, wirkte dabei aber seltsam abwesend. Sophie heulte jetzt auch und selbst Vater Marx schämte sich nun seiner Tränen nicht mehr. Ludwig von Westphalen reichte ihm ein Tuch zum Hineinschnäuzen.

Karl stand auf dem Schiff und winkte nochmal kurz seiner Familie zu. Die Tränenreichen waren bald verschwunden.

Eine Biegung weiter flussabwärts sah er Jenny, die, um nicht erkannt zu werden, an einem Baum stand und jetzt neben dem Schiff herlief: Die sonst so vornehme Jenny, die auf dem Treidelpfad neben dem Kahn herstolperte, war ein ungewohnter Anblick. Und die beiden Liebenden riefen sich gegenseitig ewige Treueschwüre zu.

»Schwarzwildchen, Mohr!«

»Mein Liebchen …«

»Du deuerlich Männchen, ich kann dich doch heiraten?!«

»Ich glaube, dein Herr Papa, der Ludwig, der weiß alles!«

»Und wenn schon, ich fürchte ihn nicht … Wenn du mir nur treu bleibst.«

»Auf immer, meine Königin. – Ich bin glücklich …«

Sie schwang ihr schneeweißes Tüchlein. Karl strahlte. Die Segel entschwebten.

»Doch das Glück ist ein flüchtiges Wesen …« Das wusste Engels.

»Und die Jurisprudenz ennuierend. Das Fechten nicht.«

Karl wurde Burschenschaftler, diskutierte, trank Wein und duellierte sich.

Eine Verletzung am Auge zeigte ihm schnell, dass auch er nur aus Fleisch und Blut war.

Er landete im Karzer, und da hatte er nur einen Gedanken:

»Jenny, meine Jenny!«

Karl hasste die Juristerei, versuchte sich wieder als Poet. Aber da war er allenfalls Mittelmaß. Jenny freute sich trotzdem über seine Gedichte.

In den Semesterferien 1836 kam Karl nach Hause und als Erstes musste er seine Herzensjenny treffen – oben auf der Höhe.

Sie ruhten im Gras. Der Himmel war angenehm blau. Die Luft nicht drückend. Altweibersommer und Frühling der Liebe. Karl schob ihr ein kleines Kästchen zu. Jenny strahlte. Sie klappte es auf. Ein Ring.

»Schwarzwildchen!«

Er steckte ihr den Ring an. Dann küssten sie sich. Dann fuhr ihm Jenny durch die wilde schwarze Mähne.

»Wie romantisch. Jetzt sind wir verlobt und keiner weiß es, Schwarzwildchen!«

»Außer Schwester Sophie …«

»Und Bruder Edgar …«

Sie lachten.

»Und bald auch mein Alter. Und dann Ludwig!« Karl schien Nägel mit Köpfen machen zu wollen.

»Nein, bitte Papa nicht, es könnte ihm vielleicht Kummer bereiten«, fürchtete Jenny.

»Ich bin überzeugt, er weiß es, Herzensliebchen.«

»Nein.« Jenny hatte wieder ihren harten Ton angeschlagen.

»Er ahnt es.«

»Nein, vielleicht ahnt er eine Tändelei, aber keine Verlobung.«

»Du schämst dich also doch meiner!« Karl war ehrlich enttäuscht.

Plötzlich tat sich ein Graben auf.

»Wie kannst du so etwas sagen!« Jenny war böse.

»Mein Alter erfährt es, warum nicht deiner?«

»Weil, weil, lass mir noch etwas Zeit, ich muss es ihm behutsam …, ich sinne hin und her.«

»Ich nicht, ich sag es meinem Heinrich-Papa einfach, er versteht es und Ludwig wird es auch verstehen.«

»Und wenn es ihn umbringt?«

»Warum sollte es? Weil ich keine gute Partie bin? Kein Pannwitz, kein Geldscheißer?«

»Schwarzwildchen, bitte.«

»Verlobt?« Papa Heinrich ging in der Stube auf und ab. »Aber …«

»Als ich Euch verließ, lieber Vater, war eine neue Welt für mich erstanden, die der Liebe. Und zwar sehnsuchtstrunkene, hoffnungsleere Liebe, und als ich Richtung Bonn mich bewegte, ließ selbst die Natur, der Rhein mich kalt, ja verstimmte mich. Denn die Felsen, die ich sah, waren nicht schroffer als die Empfindungen meiner Seele. Die breiten Städte nicht lebendiger als mein Blut, die Wirtshaustafeln nicht überladener als die Phantasiepakete, die ich trug, und endlich die Kunst nicht so schön als Jenny.«

Der ewig besorgte Vater Marx war ratlos:

»Ludwig, was wird er dazu sagen, ihn trifft der Nervenschlag.«

Heinrich und Ludwig waren befreundet. Doch die von Westphalen standen gesellschaftlich höher.

Jennys Großvater, den sie nie kennengelernt hatte, Christian

Heinrich Philipp von Westphalen, leistete seinem Herrn Ferdinand von Braunschweig-Lüneburg beste militärische Dienste. Man nannte ihn den »Gneisenau des Siebenjährigen Krieges«. Kaiser Franz der I. verpasste ihm deswegen den Titel »Edler von Westphalen«, und so konnte er endlich seine schottische Geliebte Jeanie Wishart of Pittarow heiraten, Spross eines weitverzweigten Clans. Der Freiheitsgeist der Franzosen bestimmte, bei allen Vorbehalten gegen Napoleon Bonaparte, das Denken in der Rheinprovinz und besonders das der von Westphalens, auch wenn jetzt die Preußen das Sagen hatten und man in preußischen Diensten stand.

Liberale im besten Sinne.

»Er wird es erstmal nicht erfahren, Jenny wünscht es nicht«, beichtete Karl dem Vater.

»Aber, aber …«

»Ich bitte Euch um Eure Zustimmung, Papa.«

Heinrich ging wieder auf und ab.

»Was wird Mama, die Leute …«

»Auf die Leute habe ich noch nie …«

Heinrich war ein ehrlicher Mensch: »Mir ist ganz wirr im Kopfe, mein Blut gefriert und dann pulst es wieder siedend heiß. Karl, Karl …«

»Entscheidet Euch, Papa, morgen geht das Schiff zurück, bis dahin …«

Heinrich ging auf und ab, fasste sich an den Kopf, dann stoppte er plötzlich. Karl würde sich später oft so wie der Vater im Zimmer bewegen.

»Also gut«, hob Heinrich an, »unter einer Bedingung: Du beendest erst dein Studium und …«

Da schlich sich Henriette herein: »Natürlich beendet er sein Studium, was wird hier gezweifelt? Wovon sprecht ihr …?«

Ihr holländischer Dialekt klang sympathisch. Und Heinrich machte einen klugen Schachzug:

»Und weißt du, liebstes Weib, wo? In Berlin, das hat er eben versprochen. Keine Duelle, kein Karzer, keine Salamander und Burschenschaften mehr. Die reine Lehre, die große Stadt. Nicht wahr, Karl?«

Der sah sich überrumpelt. Nur so erhielt er die Zustimmung. Das wusste er: »Jawohl Papa, jawohl.«

1125 Meilen war Karl jetzt weg von seiner Jenny, von der er halb im Streit sich gelöst hatte und mit der Schnellpost enteilt war. Der Vater hatte eine längere Verlobungszeit zur Bedingung gemacht.

Tussy: Und aus der »längeren Verlobungszeit« sollten sieben Jahre werden.

Was für eine ungeheure Qual für die beiden Liebenden.

»Und eine andere Qual, die des Generals, findet jetzt auch ein Ende. Fräulein Marx, ich bitte Sie nun, Ihren Besuch zu finishen. Herr Engels ist erschöpft und braucht seinen Portwein und seinen Schlaf.«

Louise Kautsky, die abgelegte Frau des Theoretikers der SPD, Karl Kautsky, stand in der Tür. Tussy konnte Louise anfangs durchaus leiden. Sie hatte Ambitionen, als Frauenrechtlerin Karriere zu machen. Louise war blond, hübsch, sehr hübsch, vielleicht ein bisschen billig und ihre Brüste zeigten ihre Größe gern unter dem knappen Mieder. Doch Louise mochte Tussy nicht, sie war für sie Konkurrenz um die Gunst von Engels, und so kam es zu größeren Reibungen. Sie war von Männern umschwärmt, ein bisschen dumm, nein, bauernschlau und sie führte das Regiment in der Regent's Park Road Nr. 122. Man sagte, sie wäre nach Lenchen Demuths – Nims – Tod die Haushälterin von Engels und seine Sekretärin geworden. Doch ihre feinen Hände mit den dicken silbernen Armreifen hatten noch nicht viel gearbeitet, und dass sie gut schreiben, gar Diktate aufnehmen konnte, bezweifelte Tussy erheblich. Doch Friedrich Engels, der General, stand unter ihrer Kuratel und der alte Womanizer unterstellte sich gerne ihrer Führerschaft. Obwohl nichts zwischen beiden lief, schien sie trotzdem eine Macht über ihn zu haben, denn er fügte sich immer, fast immer. Tussy schaute ihn hilfesuchend an. Und der General hatte Erbarmen.

»Liebste Louise, ein paar Minütchen kann ich noch, es ist grade so very exciting und mach bitte das grüne Zimmer hinten fertig. Tussy wird heute Nacht bei uns bleiben.«

Louise atmete heftig, sodass sich ihre Korsage und der milchig weiße Busen anhoben. Das war nicht eingeplant.

»Vielleicht habt Ihr, my General, vergessen«, – sie sagte immer »my General«, um sich von den Marx-Töchtern Laura und vor allem Tussy abzuheben –, »dass wir heute noch Besuch erhalten, ganz hohen Besuch.« Dies sagte sie mit Blick auf Tussy, die eigentlich Luft für sie war und nur allem im Weg stand, was sie vorhatte und wozu sie einen Auftrag hatte.

»Der kommt ins rote Zimmer, wo er hingehört, did you get me, my darling Louise.« Auch Engels konnte trotzig sein.

Vorteil Tussy. Louise, die sich einst bei Kautsky eingeschlichen und ihm den Kopf verdreht hatte, dem Bürokraten der marxistischen Theorie, der sie allerdings vor nicht allzulanger Zeit mies hatte fallen lassen und gegen eine Luise ohne »o« ausgetauscht hatte, fügte sich. Menschen, die fallengelassen wurden, sinnen auf Rache. An Kautsky konnte sie sich nicht mehr rächen, aber sie konnte ihre Rache auf andere verteilen. Tussy war da eine der Hauptkandidatinnen.

»In einer halben Stunde bin ich wieder da, dann ist aber endgültig Schlafenszeit, my General.«

Ihr Gesicht zog sich so zusammen, ›dass aus dem hübschen Katzengesicht im Nu ein Raubtierface hervortrat‹, dachte Tussy.

Dann machte Louise kehrt und rauschte ab.

»Wo waren wir, General?«

Berlin

Marx kam nach Berlin. Damals eine Stadt mit 300 000 Einwohnern, die Hauptstadt Preußens, Sitz der preußischen Könige, kaum Bourgeoisie, dafür ein maulfreches, aber tatfeiges Kleinbürgertum und massenhaft Bürokraten, Adels- und Hufgesinde, eine raue Residenz mit noch unterentwickeltem Proletariat. Doch für das interessierte sich Marx nicht, sein Gebiet war die Poesie und dann die Philosophie. Er hörte Vorlesungen über Schelling und Fichte und God and the world und zog sich dann in sein Studierzimmer zurück.

Und einer, den er erst gar nicht annehmen wollte, faszinierte ihn plötzlich, nahm ihn gefangen: Georg Friedrich Hegel.

Das Sein hatte bei Hegel sein Zentrum im Kopf des Menschen. Und der Geist war imstande, absolutes Wissen zu erlangen. Zudem führte Hegel die Geschichte wieder in die Philosophie ein. Und er war der Erste, der die ganze Welt als einen Prozess, als stetige Bewegung ansah.

Karl saß in seiner Stube, rauchte und las Hegel in einem dicken Goldrandbuch, beim Schein der düsteren Öllampe. Die Haare wirr. Dann monologisierte er:

»Selbstbewusstsein ist das Erkenntnisvermögen des Menschen, die Welt zu untersuchen und sein Tun demgemäß auszurichten. Die nächste Stufe ist die Vernunft selbst. Ich begreife die Wirklichkeit und zwar, weil der Geist mittels Religion und Kunst absolutes Wissen erlangt hat. Religion? Kunst? Absolutes Wissen? Ich erkenne in der Welt. Warum nennt Hegel das Entfremdung? Vernunft als Entfremdung?

Das Absolute Wissen rekapituliert den Geist. Jede der Stufen geht über die andere hinaus, bewahrt aber Elemente von ihr auf. Aufhebung in seiner Doppelbedeutung: Beenden und bewahren. Die Kraft der Negation.

Doppelt nein.

Zwischen jetzt und der Zukunft ist eine Spannung. Das Sein bildet sich um durch Negation: Dialektik. Jeder Gedanke hat einen

Totengräber und der Totengräber einen Totengräber, der ihn negiert. Und heraus kommt ein neues Kind, neues Leben, neuer Geist! Aber eine neue Religion?«

Doch die heimliche Verlobung ließ Karl keine Ruhe. Er schrieb an den Vater, er solle die Mutter, Henriette, einweihen, was der auch tat. Und er schrieb an Jenny, dass er seinen väterlichen Freund, seinen Lehrmeister und seiner Liebe Vater, Ludwig, um die Hand seiner Tochter bitten wollte. Seine Frau natürlich auch.

Doch Jenny war immer noch nicht bereit, den unhaltbaren Zustand zu beenden.

Sophie, die freche Schwester Karls und Jennys Freundin, die als Postillion d'amour fungierte, überbrachte Karl brieflich die bremsende Nachricht:

»Jenny hat mit mir über deinen Vorsatz gesprochen. Sie scheint deine Gründe zu billigen, fürchtet aber den Schritt selbst, und das lässt sich sehr begreifen. Ich meinerseits halte ihn für gut und löblich. So wie sie es andeutet, sollst du den Brief nicht direkt schicken. Der Meinung kann ich nicht beipflichten!«

Karl war sauer. Ziemlich sauer. Jenny wollte nicht, dass er um ihre Hand anhielt.

Und er fraß Hegel auf. Der Qualm in der Stube nahm zu, das Öl in der Lampe ab und Karl aß kaum noch. Er wurde immer dünner, der Suppenkarl im Morgenrock. Durchwachte, durchlesene, durchqualmte Nächte. Und immer wieder studierte er Hegel:

»Das Selbstbewusstsein ist *an* und *für sich*, indem und dadurch, dass es für ein Anderes an und für sich ist; d. h. es ist nur als ein Anerkanntes …

Zwei entgegengesetzte Gestalten des Bewusstseins: die eine das selbstständige, welchem das Fürsichsein, die andere das unselbstständige, dem das Leben oder das Sein für ein anderes das Wesen ist; jenes ist der *Herr*, dies der *Knecht* …«

Karl riss es hoch. Er drückte den feuchten, zerfallenen Stummel aus, steckte sich eine neue Zigarre an der Öllampe an, hob das Buch mit dem Goldrand, ruderte und lief durch die Stube wie ein Panther. Doch der Qualm war sein Käfig. Ihm drohte der Kopf zu zerspringen.

»Der Herr aber ist die Macht über dies Sein ... dies Sein aber die Macht über den Anderen ist, so hat er diesen anderen .... unter sich ...

Ebenso das andere Moment, dass dies Tun des zweiten das eigen Tun des ersten ist; denn was der Knecht tut, ist eigentlich Tun des Herrn ... er ist die reine negative Macht.«

Das Buch wog schwer in der Hand. Die Luft schwer auf der Lunge. Karl wurde klar: ohne die Anerkennung des Knechtes kein Herr. Der Herr ist also abhängiger als der Knecht.

Und das Buch des Meisters sprach weiter: »Die *Wahrheit* des selbstständigen Bewusstseins ist demnach das *knechtische Bewusstsein.*

Denn es hat die Furcht des Todes, des absoluten Herren empfunden ... das absolute Flüssigwerden alles Bestehenden ist aber das einfache Wesen des Selbstbewusstseins, die absolute Negativität.

Das Gefühl der absoluten Macht aber überhaupt, und im einzelnen des Dienstes ist nur die Auflösung *an sich.*«

Karl brach zusammen.

Jenny spürte Karls Not über 1125 Meilen hinweg, sie spürte seine Atemlosigkeit, seinen Ärger und sie spürte sein Verlangen nach ihr.

Sie musste handeln, wollte sie ihn nicht verlieren. Sie nahm all ihren Mut zusammen – sie hatte viel Mut – und ging zum Vater. Wenn einer es ihm unterreiben konnte, dann sie, sein Herzensmädchen.

Die Zimmerwirtin brauchte eine Weile, bis sie, die Schürze vor den Mund haltend, ihn in dem Qualm ausfindig machen konnte.

Der Doktor schüttelte den Kopf, nachdem er das Hörrohr von Karls Brust abgesetzt hatte.

»Der junge Mann braucht frische Luft.« Wer hätte das gedacht. Der Eigensinn, eine Freiheit, so würde Hegel sagen, welche noch innerhalb der Knechtschaft stehenbleibt, war in Karls Fall eigensinnig ungesund.

Also frische Luft und Bier im Gartenlokal.

Auch dort kann man rauchen, trinken und lesen und man trifft

Menschen. In diesem Fall Gesinnungsgenossen, zumindest zeitweise. Die hatten einen Doktorclub aufgemacht. Keinen der Mediziner, sondern der Philosophen.

Hegel war schon einige Jahre tot.

Und die Schüler Hegels hatten sich gespalten. Es gab die Konservativen, die den Weltgeist der Vernunft im Staat und in der Kirche Preußens verwirklicht sahen, und es gab die, die Hegel einfach nur neu interpretierten, die Junghegelianer. Diesen Doktorclub traf Karl, immer noch schwachbrüstig, aber streitlustig, in der verordneten frischen Luft, in Stralow im Gartenlokal. Das lag an der Spree, die allerdings dazu beitrug, der frischen Luft schon wieder etwas von ihrer Frische zu nehmen, denn die Industrie, die sich grade frisch in Berlin angesiedelt hatte, produzierte auch Abwässer, die den Fluss manchmal in allen Farben schillern ließen und die berühmte Berliner Luft mit besonderem Duft versorgten.

Geständnis

Jenny stand schon vor der Tür, dann ging sie wieder weg. Die Treppe runter und wieder hoch. Das war schwierig mit den vielen Reifen und Röcken, die sie extra für ihren Papa angelegt hatte. Und oben drüber das seidene Blaue. Die Treppe war schmal, das Haus alt, aber schön eingerichtet. Mama hatte Geschmack. Das hatte sich auf die Tochter übertragen. Jetzt stand sie wieder vor der Tür. Der Flieder duftete. Mutiges Mädchen. Sie zögerte kurz, dann klopfte sie. Bevor Ludwig »herein« sagen konnte, war sie drin.

»Meine Herzenstochter, was führt dich zu mir? Sicherlich Großes, sonst hättest du nicht eines deiner schönsten Kleider an …«

Küsschen links, Küsschen rechts, das hatten sie von den Franzosen.

»… und doppelt Flieder aufgelegt. Ich vermute einen großen Wunsch dahinter. Gestehe!«

Jetzt bleibt nur die Flucht nach vorn, dachte sich Jenny.

»Mein guter alter Vater, Ihr habt mich durchschaut. Vor Euch kniet Eure Tochter. Ich bin so betrübt, ich bin so unglücklich, ich leide, Ihr müsst mich erlösen.«

»Krank bist du nicht, edle Tochter, was dann?« Ludwig ironisierte gern und hatte das »edle« übermäßig betont.

»Krank an der Seele, mein lieber Vater Ludwig, mein Herzensguter, meine Seele dürstet, dürstet …«

Ludwig ahnte, was nun kommen sollte. Doch sein Blick zeigte weiter Offenheit.

»Ihr wollt euch verloben, habe ich recht, aber sagt mir nicht, es sei cette terrible Lieutenant prussien, dieser Pannwitz!«

»Nein, im Gegenteil … es ist Karl.«

Ludwig schien leicht zu wanken.

»Karl Marx?«

»Ja, ich habe ihn nicht nur lieb, ich liebe ihn wie keinen anderen.«

Der drahtige Pensionär musste sich jetzt tatsächlich setzen. Auf der Stirn bildeten sich Falten.

»Dann doch lieber den Prussien.«

»Papa, was sagt Ihr da?«

»Karl ist zu jung für dich.«

»Also ich zu alt!«

Jenny musste jetzt eine Inszenierung bringen, sonst war alles zu spät. Sie warf sich vor ihren Vater auf den Boden, es rauschte mächtig, und ließ die Tränen fließen.

»Er ist der Einzige, er oder keiner.«

»Bei aller Freundschaft«, Ludwig wurde ernst, »die Marxens sind arme Schlucker.« Er erschrak über sich selbst: »Non, ça ne va pas, mais sagen wir, sie sind nicht besonders begütert und wir auch nicht und wer weiß, ob Karl je den Beruf des Anwalts ergreift wie sein teurer Vater … Jetzt ist er jedenfalls ein armer Studiosus … der, so sagt man mir – von Heinrich habe ich es nicht, er lässt ja nichts heraus –, Geld verbrauche wie andere Bier.«

Jennys Schluchzen wurde heftiger.

Louise unterbrach die entscheidende Szene und brachte nochmals Lait de poule, verquirlte Eier, das Kompott mit Brandy und Austern.

Sie schob dabei Tussy grob zur Seite und flößte, ihre Brüste weit vorgebeugt zum General, ihm die geile Mischung ein, sodass der beim Schlucken – auch ohne Brille – tiefe Einblicke bekam. Der General würde dann sehr bald, betäubt mit bestem Brandy, einschlafen.

»Die Zeit ist um!«

Tussy nahm ihre Taschenuhr, klappte sie auf. »Nein, noch 10 Minuten.«

›Dieses miese Weibsstück‹, dachte Louise, ›nicht nur, dass sie sich Männerutensilien aneignet, sie soll sogar rauchen, und zwar so dicke und teure Zigarren wie der alte General, sondern sie hat auch den Befehlston von Männern drauf.‹

Und prompt verhielt sich Tussy so: »Danach können Sie mir mein Zimmer richten.«

Louise war auf 180. Der General fertig mit Schlucken und Gucken. Früher hätte er zugegriffen, und die Frauenzimmer damals hatten sich auch gern von ihm greifen lassen. Aber jetzt, mit 70 eine 30jährige? Lächerlich! Schon wirkten der Brandy und das Ei. Die Austern schwammen längst im Magen und er wusste, dass er gleich wohlig wegdösen würde.

Louise rauschte raus. Die Tür knallte.

Jenny weinte flehentlich. Ludwig hatte keine Chance. Er würde ihr zustimmen müssen. Wann konnte er ihr je einen Wunsch abschlagen?

»Komm, Väterchen, gib dir einen Ruck.«

»Was wird Mutter und was werden die Marxens sagen?«

»Die wissen's bereits.«

»Und ich bin vermutlich der Letzte.«

»Nicht ganz, Mama wurde bislang auch mit der Nachricht verschont.«

Ludwig wurde durchsichtig.

»Und was hat Heinrich gesagt?«

»Er hat es für gut befunden.«

»Und Karl weit weg nach Berlin geschickt. Nun gut, ich will deiner bonne chance nicht im Wege stehen. Ich will mich also nicht verschließen. Nur verlange ich eine Probezeit bis zur Verlobung.«

»Wir sind schon verlobt …«

Jenny wagte sich mit tränenreichem Gesicht, schminkeverschmiert aus dem Meer des Seidenkleides.

Ludwig geriet noch faltenreicher und durchsichtiger.

»Mein vermaledeit gerissenes Mädchen. Bin ich hier der Nickneger eurer Herzen?«

Dann stand er auf, nahm Jennys Hand, zog sie mit ihrem marineblauen Rauschekleid nach oben, trocknete ihre Tränen mit einem Tüchlein und verkündete:

»Geheiratet wird erst, wenn er seinen Doktorhut in Händen hält und … eine Anstellung vorweisen kann. Ich will gern dabei behilflich sein.«

Jenny herzte ihn, drückte ihm fast die Luft ab. Ludwig drohte im Fliederduft zu ersticken.

»Hat Sie mich verstanden, mein Herzensmädchen?«

»Voll und ganz.«

»Doch Jennys Halbbruder, Ferdinand, ein durch und durch preußischer Adliger comme il faut, ein Reaktionär erster Güte, du weißt, er sollte noch Karriere machen im preußischen Herrschaftsapparat, versuchte eifersüchtig einen Keil zwischen die beiden zu …«

Der General war mitten im Satz eingeschlafen, die Zeit abgelaufen. Jeden Moment musste das vollbusige Raubtier hereinstürzen.

Tussy deckte den General zu. Doch plötzlich hörte sie Geräusche, dann eine männliche Stimme draußen, ein unterdrücktes Schnepfen-Jauchzen.

Der geheimnisvolle Gast war gekommen. Tussy zeigte sich neugierig, aber nicht neugierig genug, durchs Schlüsselloch zu linsen. Doch die Zeit war abgelaufen. Sie musste den Raum verlassen, und das tat sie auch. Jetzt nur zu gern, um zu spähen.

Als sie die Tür öffnete, hatte Louise grade eine andere, die zum roten Zimmer, schnell drückend mit ihrem Hinterteil geschlossen. Sie lächelte falsch.

Tussy lächelte falsch zurück.

»Ich zeige dir das grüne Zimmer.«

»Ich weiß, wo es liegt. Du musst dich nicht bemühen.«

Tussy kreuzte Louises unheimlich weiblichen Körper. Und griff unerwartet an. »Wer ist denn der hohe Besuch?«

»Hat es Euch my General nicht verraten?«

»Ich habe nicht gefragt. Also – ich werd's ja morgen früh sowieso erfahren!«

»Und das ist früh genug. Er hat Wichtiges mit Herrn Engels zu besprechen.«

»Mit Herrn Engels, soso! Warum sollte er sonst auch hier sein.«

Tussy grinste nochmal falsch, Louise falsch zurück und Tussy stand im grünen Zimmer. Staub, muffiger Geruch. Sie schob die vielen schweren Gardinen zur Seite und ließ Luft herein, hier in Regent's Park war es verhältnismäßig ruhig und die Londoner Luft recht gut.

Tussy zog ihr Set aus der Tasche, knipste die Zigarre an und entflammte sie, die feine, teure aus Cuba. Das Ding zog gut durch und beruhigte. Was Aveling wohl grade machte, sie hatte Sehnsucht nach ihm. Warum musste sie sich nur immer in verheiratete Männer verlieben. Und warum heiratete Aveling nicht sie. Tussy sah nach draußen. Spärliche Gasbeleuchtung, nasses Straßenpflaster. Leichter Nebel.

Sie würde das Erbe ihres Vaters weiterführen. Ja, das war der Auftrag des Vaters, das war der vom General und – das wichtigste – ihr eigener.

In Stralow draußen an der Spree in der gar nicht so frischen Berliner Luft wurde heftig diskutiert. Karl hatte sich mit Bruno Bauer, dem Anführer des Doktorclubs, angefreundet, einem Junghegelianer, der gar nicht mehr so jung war, an der Uni lehrte und bald mit einem Lehrverbot im unduldsamen Preußen belegt würde, würde er weiterhin so ketzerisch denken.

Man stritt über die Figur Jesus und darüber, ob sie je gelebt habe, und Bauer bezweifelte gar die Evangelien, er sah sie als Erfindung an, wie auch das Leben Jesu eine schöne, aber eben eine Erfindung gewesen sei, und Karl entfernte sich immer weiter von der Religion und von Hegel, der die ja für seine Lehre gebraucht hatte. War Karl die Negation von Hegel, der ihn doppelt aufhob? Wir werden sehen. Währenddessen geschah im schönen Trier im Westen des preußischen Reiches etwas gar nicht so Schönes. Da protestierte, ja intrigierte einer.

Der böse Ferdinand

»Herr Papa, ich bitte Sie untertänigst, dieser Verbindung nicht zuzustimmen. Wir sind von Adel, gehören zu den besseren Kreisen Triers, bei den Marxens herrschen allerhöchstens mittelmäßige Einkommensverhältnisse.«

»Die sind bei uns auch nicht viel besser, Ferdinand, geh du deinen Weg und lass Jenny den ihren gehen.«

»Seht Ihr nicht, Papa, dass sie in ihr Verderben rennt, wenn sie diesen halbwüchsigen, nichtsnutzigen …«

»Vergreife dich nicht im Ton.«

Und der Herr Papa Ludwig von Westphalen legte sich für seinen geistigen Zögling Karl mächtig ins Zeug: »Ich spreche nur meine innere Überzeugung aus, wenn ich beteuere, dass ich mich unaussprechlich glücklich schätze, dass Jenny mir und uns allen …«

»Mir nicht!«, unterbrach ihn Ferdinand.

Ludwig ließ sich nicht beirren: »… einen solch trefflichen, edlen Sohn und Bruder als Eigentum zu erwerben wusste – ein Kleinod … Was auch die edlere Welt keineswegs tadeln wird!«

Doch Ferdinand, statt handfester Preuße eher ein halbes Hemd mit fast durchsichtiger heller Haut, das einzige, was ihn dem Vater ähneln ließ, redete sich in Rage: »Aber ich!«

Er holte seine Worte tief aus dem leptosomen Körper. Und wenn er sich erregte, begleitete ein fast permanentes, unangenehm hohes Pfeifen seine Worte.

»Wollt Ihr Eure schönste Tochter diesem krausen krummnasigen Judenbengel zum Fraß vorwerfen? Könnt Ihr das vor Gott verantworten?«

»Lass Gott aus dem Spiel.«

»Jeden Tag bete ich, dieser Kelch möge an uns vorübergehen.«

»Bete du nur, bete, deine Schwester wird es nicht halten. Elle a sa propre tête!«

»Ich kann es nicht verantworten«, schrie Ferdinand plötzlich.

Doch der alte Westphalen blieb ruhig:

»Ich habe für meine Person nicht den geringsten Zweifel! Außerdem ist eine längere Verlobungszeit beschlossen.«

Rot vor Zorn hatte Ferdinand nicht mehr zugehört. Er verachtete alles an Karl, also würde er ihm ein Leben lang übel mitspielen müssen.

Dünne Wände

Spät nachts wachte Tussy in ihrem Himmelbett auf. Geräusche kamen aus dem roten Zimmer. Unangenehme Geräusche.

Nicht, dass sie sie nicht kannte. Und mit Aveling ließ sie sich gerne und heftig gehen, aber solcher Lärm war nur für zwei bestimmt, und wenn man als Dritte zwangsweise lauschen musste, war das nur peinlich. Tussy hielt sich die Ohren zu und kroch dann unter die Decke, bis sie keine Luft mehr bekam. Und die im roten Zimmer wurden immer lauter. Dieses »schamlose Mensch« ließ sich von dem geheimnisvollen Besuch besteigen und musste es auch noch aller Welt verkünden. Louises Stimme war tief und tief drang sie durch die Wand. Der Mann klang fast piepsig dagegen, wie ein alter Kater, sicher auch schon ein älteres Semester, und jetzt war nur sie zu hören. Tussy verstieg sich auf's Singen. Wenn die sie hörten, dann würden sie vielleicht aufhören oder leiser sein.

Und Tussy, die waschechte Britin, sang:

»Kein schöner Land in dieser Zeit, als das unsre weit und breit. Wo wir uns fihinden wohl unter Lihinden, zur Schlafenszeit.«

Bewusst hatte sie »Abendszeit« durch »Schlafenszeit« ausgetauscht.

Doch so sehr sie auch sang, das Liebesgeschrei verstummte nicht. Tussy schielte auf die Kerze am Nachttisch, sollte sie sich wie Odysseus das warme Wachs in die Ohren stopfen. Nein, dann wäre die Milchkuh da drüben eine Sirene, und das wäre zuviel der Ehre. Also hielt sie sich weiter die Ohren zu, bis die Kopulanten endlich verstummten. Tussy war aber jetzt wach und schlief nicht mehr ein.

Auch Ferdinand von Westphalen hatte die ganze Nacht wachgelegen. Er machte sich nicht etwa Sorgen um seine Karriere, denn wie es aussah, würde seine Beförderung zum Oberregierungsrat in Trier bald anstehen. Und diese Stellung würde er zum Sprungbrett nach ganz oben in der preußischen Hierarchie benutzen. Seine Karriere ließ ihn eher träumen, ja, sie war die Erfüllung all seiner Träume. Nein, Sorgen machte ihm das Tun seiner Schwester Jenny. Nun, sie war genau genommen nur seine Halbschwester, denn er stammte aus der ersten Ehe seines Vaters Ludwig. Das schien ihn noch mehr anzuspornen, dieses göttliche Wesen zu schützen, deren Blick, deren Duft und deren Kleiderrauschen ihm so manches Mal Gänsehaut beschert hatte. Ferdinand teilte auch nicht die liberalen Ansichten Ludwigs. Das Rheinland war in vieler Hinsicht welsch, also mit französischem Gift getränkt. Und dieser Karl Marx hatte all dieses Welsche in sich aufgenommen, er war wie die, so glaubte es Ferdinand jedenfalls. Denn Ferdinand hasste die Französische Revolution, er hasste Napoleon, er hasste die schnell denkenden Franzosen, die aus den geheiligten Trierer Kirchen erst Pferdeställe und dann Tempel der Vernunft gemacht hatten. Vernunft, Demokratie und Pferdemist waren für Ferdinand Synonyme. Autorität, Ordnung, Gerechtigkeit waren seine Ideale, die er der Gleichheit, Freiheit und Brüderlichkeit der Franzosen entgegensetzte. Dieses ganze Franzosentum rief nachgerade Ekel in ihm hervor. Wie dieser schreckliche Karl.

Die Verbindung zwischen Jenny und diesem Kretin musste er daher unter allen Umständen verhindern. Sein Vater hatte sich durch

Jenny in einen Kokon einspinnen lassen und wusste nicht mehr, was er tat.

Und noch vor dem Morgengrauen war ihm die rettende Idee gekommen.

Leutnant Pannwitz wunderte sich sehr über Ferdinands Brief. Der Leutnant war inzwischen in Köln stationiert, stand kurz vor dem Oberleutnant, hatte aber noch nicht die richtige Partie gemacht. Die im Brief angedeutete Aufgabe, das schönste Mädchen Triers, die ungekrönte Ballkönigin – die er längst in anderen Händen glaubte – doch noch zu erobern, spornte ihn an. Ferdinand hatte an seine Vaterlandsliebe appelliert und dass es für ihn eine Ehre sein müsste, eine rheinpreußische Adelstochter aus den Fängen des geistigen – und nicht nur des geistigen – Franzosentums zu retten. Pannwitz erklärte sich sofort bereit, ein solches Opfer für Preußen zu bringen. Noch dazu hatte der künftige Oberregierungsrat von Westphalen auch einige Taler in Aussicht gestellt, die Pannwitz natürlich erst zurückweisen und dann doch annehmen wollte.

Also bat er gleich am nächsten Tag um Urlaub, ließ seinen Burschen das Pferd aufzäumen und machte sich wenige Tage später hoch zu Ross auf den Weg nach Trier.

Jenny hatte sich erst ablehnend gezeigt, dann aber doch dem schmucken Leutnant einen harmlosen Spaziergang an die Mosel nicht abschlagen wollen.

Natürlich wurden sie gesehen, als sie zum Ufer wanderten, und auch, dass sie sich lebhaft – so ein preußischer Leutnant lebhaft sein kann – unterhielten, ja gar miteinander scherzten. Aber mehr war da nicht. Pannwitz hatte sich für mehrere Tage einquartiert, aber schon den zweiten Besuch wehrte Jenny ab, und eine Einladung zum Ball konnte und wollte sie nicht annehmen. Ihre Ausrede, sie sei zu alt für solche Vergnügungen – sie war grade 22 geworden –, kam Pannwitz wie ein schlechter Scherz vor. Doch Jenny blieb standhaft. Schließlich streckte er die Waffen und ritt zurück nach Köln. Jetzt konnte nur ein Krieg helfen. Doch der ließ noch 10 Jahre auf sich warten.

Die beiden Hausmägde hatten im großen Speisezimmer aufgetischt.

Es war schon 10 Uhr morgens und Tussy saß allein am Tisch. Der General schlief noch und die pralle Louise hatte sich noch nicht blicken lassen. Irgendwann musste sie ja herauskommen. Samt ihrem ältlichen Liebhaber. Tussy hatte den Lärm der Nacht verdrängt und genoss jetzt den Augenblick, las die *Times* und legte sich ordentlich Rührei und Speck auf, die unter silbernen Glocken goldgelb darauf gewartet hatten, verspeist zu werden.

Da kam eine der Hausmägde und bat Tussy, sie solle dem General, der grade aufgewacht sei, doch etwas Rührei bringen. Mit Vergnügen folgte Tussy der Generalsordre. Der alte große schlanke Mann saß aufrecht im Bett, ihm schien es heute besser zu gehen, und strahlte. Während er vorsichtig das Gelb löffelte, fragte er: »Wo waren wir gestern stehengeblieben?«

Tussy: »Karl studierte in Berlin.«

Engels: »Ja, die Philosophie ist manchmal kein sinnlich-übersinnliches, sondern ein staubtrockenes Ding. Sehr schnell kommt man da vom Wege ab und verläuft sich im Irrgarten der Vernunft …«

Verwilderung im Gelehrtenschlafrock

Karl saß in einer düsteren Stube, rauchte eine schlechte Zigarre und machte wie verrückt Exzerpte aus Büchern. Die Öllampe spendete nur noch schwaches Licht.

Dann flüsterte er und krakelte mit der Feder, die er immer wieder ins Tintenfass tauchte:

»Indem wir die Natur als vernünftig erkennen, hört unsere Abhängigkeit von derselben auf. Sie ist kein Schrecken unsres Bewusstseins mehr … Nur indem die Natur ganz freigelassen wird von der bewussten Vernunft, als Vernunft in ihr selber betrachtet wird, ist sie ganz Eigentum der Vernunft. Jede Beziehung zu ihr als solche ist zugleich ein Entfremdetsein derselben.«

Da ging plötzlich die Türe auf – und Vater Marx stand da. Es zog. Die Öllampe flackerte.

»Vater, Ihr?«

»Verzeih mir, wenn ich hier so hereinplatze, aber …«

Ihm war schwindlig. Er musste sich setzen. Alles drehte sich dem Alten. Fast fiel er vom Stuhl.

»Um Himmels willen!«, rief Karl besorgt.

»Sprich du nicht vom Himmel!«

Karl brühte ihm Kaffee über dem alten Ofen auf. Flößte ihn seinem Vater ein. Doch Heinrich wurde nicht ruhiger. Er wirkte wie ein Gespenst.

»Ach, die Reise war so beschwerlich. Vier, nein fünf Tage in der Postkutsche.«

»Aber warum denn …? Du hättest mir doch das Geld auch schicken können.«

Papa Marx' buschige Augenbrauen schienen jetzt noch mehr himmelwärts gerichtet. Er war wütend. So wütend, wie Karl es ihm nie zugetraut hätte …

»Ich bin nicht gekommen, um dir Geld zu bringen. Ich will wissen, was du hier studierst, was du hier machst mit meinem Geld?«

Der Vater fixierte Karl, sah seinen ungepflegten Stoppelbart, seinen leicht speckigen Morgenrock. Die abgelatschten Pantoffeln.

Karl versuchte abzuwiegeln. Er ahnte, warum der Vater da war.

»Aber das habe ich Euch doch in meinem letzten Brief geschildert.«

»Gar nichts hast du.«

Der Vater hustete. Karl machte die Zigarre aus. Überall lag Asche herum und Staub. Der Vater fürchtete Verwahrlosung. Was wird nur, was wird nur mit ihm.

»Ich will Philosoph werden oder vielleicht Poet oder alles zusammen!«

»Mir ist gar nicht poetisch zumute. Ich habe dein letztes Machwerk gelesen, das du mir geschickt hast, und dem weise ich die Tür … Im Kern geht es jedoch um Jenny. In düsteren Momenten bedaure ich es, dass deren Eltern nachträglich die Einwilligung zur Verlobung gegeben haben. Mir geht es um das Wohl dieses Engelmädchens, das ich wie eine Tochter liebe und um deren Glück ich sehr bange. Du, Karl, hast die Pflicht übernommen, dich selbst dem Wohl dieses Mädchens zu opfern, das die größten Opfer brachte, indem sie ihre glänzenden Aussichten für eine schwankende und graue Zukunft aufgegeben hat.«

Vater Marx war der Kragen zu eng. Er riss daran. »Luft. Luft.« Karl stieß das Fenster auf und die Läden. Die Spinnweben an der Decke schwangen hin und her. Draußen klapperten Hufe auf Kopfsteinpflaster. Von Weitem war Jahrmarktslärm zu hören. Vater Marx sah sich schon im Jahrmarkt, hier mitten im Zimmer.

»Aber was erzählst du da, teurer Vater!«

So langsam redete sich der Alte in Rage. Seine Stimme war dabei leicht weinerlich. Es musste raus aus ihm. Wann, wenn nicht jetzt.

»Und du hast diese Pflicht verletzt durch Ordnungslosigkeit, dumpfes Herumschweben in allen Teilen des Wissens, dumpfes Brüten bei der düsteren Öllampe; Verwilderung im Gelehrtenschlafrock und mit ungekämmtem Haar. Du trittst in die Fußstapfen von Unholden, die einen Schwall Worte als Geburt eines Genies feiern. Du verschwendest deine Gaben und du durchwachst Nächte, um Ungeheuer zu gebären …«

Jetzt kam Karl in Rage, erhob sich und ging auf und ab. Der Alte war auch seinen Weg gegangen, hatte sich taufen lassen, damit sie ihm nicht als »Christusmörder« den Anwaltsberuf verwehrten. Hatte er da seinen Vater gefragt? Wohl kaum.

»Bei allem Respekt, Vater, es ist mein Leben!«

Vater Marx atmete jetzt wieder schwer. Er spürte die frische Luft, die er aber nicht einsaugen konnte. Er griff sich an die Brust.

»Und dann deine kränkelnde Empfindsamkeit … nie darf man dir sagen, was man empfindet, schon zieht er sich zurück ins Schneckenhaus, der empfindsame Sohn. Und als wären wir Goldmännchen, verfügt der Herr Sohn in einem Jahr über beinahe 700 Taler gegen alle Abrede, gegen alle Gebräuche, wo die Reichsten nicht einmal 500 ausgeben!« Jetzt wurde Karl trotzig. Was sollte er dem Vater antworten? Sollte er ihm das Wesen des Geldes erklären. Der Alte würde es nicht begreifen. »Geld ist die sichtbare Gottheit, die Verwandlung aller menschlichen und natürlichen Eigenschaften in ihr

Gegenteil, die allgemeine Verwechslung und Verkehrung der Dinge. Es ist die allgemeine Hure, der allgemeine Kuppler der Menschen und Völker. Die Verkehrung und Verwechslung aller menschlichen und natürlichen Qualitäten, die Verbrüderung der Unmöglichkeiten. Die *göttliche* Kraft des Geldes liegt in seinem *Wesen* als dem entfremdeten, entäußernden und sich veräußernden *Gattungswesen* der Menschen. Es ist das entäußerte *Vermögen* der *Menschheit*.«

»Und ich will es haben!«

Karl sprach nicht aus, was er dachte, sondern antwortete: »Ich erfinde eben Neues, ich experimentiere, das kostet Zeit. Und mir fehlen noch 160 Taler.«

»Jaja, wie kann ein Mann, der alle 8 oder 14 Tage neue Systeme erfindet und die alten, mühsam erwirkten Arbeiten zerreißen muss, wie kann der sich mit Kleinigkeiten abgeben. 160 Taler, was ist das schon. Mein Sohn, du ruinierst mich.«

Karl lenkte ab, musste ablenken und kam dabei zum Zentrum des Streites.

»Ich bin, wie ich bin, und ich liebe Jenny, und wir werden heiraten.«

Der Vater sah sich jetzt falsch verstanden. »Nein, nein …«

Heinrich wurde noch weißer im Gesicht. Oder war es grün? Nein, die Öllampe lieferte eine falsche Gesichtsfarbe.

»So glaube mir doch, ich habe nichts gegen Jenny, im Gegenteil, aber du hast sie an dein Schicksal gekettet und damit einer Welt ausgesetzt, die voller Gefahren und trüber Aussichten ist.«

»Trübe Aussichten«, fragte sich Karl. »Nicht mit mir. Karl Marx erobert die Welt. Hast du's nicht Jenny versprochen, sie ihr zu schenken?«

Der Vater schwächelte. Jetzt musste Karl ihm den entscheidenden Schlag versetzen. Er schob sich die schwarzen Wuschelhaare nach hinten und griff an.

»Teurer geliebter Vater, ich werde Euch immer lieben, aber Jenny gehört zu mir und ich gehöre der Philosophie. Ich werde alles umstoßen. – Hast du die 160 Taler mitgebracht?«

Der Vater erhob sich, jetzt ganz ruhig, zählte Karl das Geld auf den vollgestellten Schreibtisch und ging. Er blieb noch ein paar

Tage in Berlin, traf sich erneut mit Karl, aber es wurde nicht mehr über Geld und auch nicht über Jenny gesprochen. Dann nahm er die Strapazen der Rückreise auf sich.

»General, das hast du erfunden. Großvater war nie bei Karl in Berlin.«

»Und wenn ich dir's sage!«

Er hatte fast ganz aufgegessen, als sich ein etwas dickeres Stück Ei in des Generals entzündeter Speiseröhre querlegte. Engels schluckte vergeblich. Es rumorte. Druck legte sich auf seine Brust.

»Doch nicht flüssig genug«, scherzte er. »Hast du vielleicht ein Tuch für mich?«

Tussy wusste, was jetzt kam, eilte zur Kommode und zog eins heraus.

Der General beugte sich vor, steckte den Finger in den Mund und schon war das Ei wieder am Tageslicht, perfekt aufgefangen von Tussys Tuch.

»I'm sorry.«

»Macht doch nichts«, wollte Tussy sagen, als sie draußen Geräusche hörte.

Engels hatte sich schon wieder erholt: »Aha, der große Vorsitzende ist aufgewacht. Ich höre seine goldene Taschenuhr bis hierher ticken.«

Tussy durchfuhr es heiß und kalt.

Und der General bat: »Tu mir einen Gefallen und sage ihm, he should wait a little bit, ich müsse noch etwas ruhen, bis ich ihn empfangen könne. And hurry up, sonst sieht er mich noch in misslicher Lage. Das Ergebnis meiner gymnastischen Übung gib einer der Mägde.«

Tussy folgte brav und ging samt zerknülltem Tuch hinaus zum Frühstücksliebespaar.

Im Salon

Auch Karl bekam Besuch. Bruno Bauer, der schon etwas ältere Junghegelianer, wollte ihn aus der Schreibstube befreien, in der er, so meinte Bruno, versauere. Er hatte die vortreffliche Idee, ihn in den Salon einer geheimnisvollen Frau einzuladen, deren Namen er nicht verraten wollte. Man treffe sich bei ihr jeden Donnerstag. Sie habe einen gepflegten Salon, in dem viel gut denkendes und diskutierendes Volk zusammenkomme. Karl wollte nicht hingehen, aber Bruno meinte, bevor ihm das Dach auf den Kopf falle und er dann weder denken noch dichten noch schreiben könne, sondern erneut zur Kränklichkeit tendiere, sei es ihm eine Pflicht, bei diesem Salon dabei zu sein.

Der Raum war ziemlich düster und spärliches Kerzenlicht flackerte, als Bauer und Karl eintraten. Niemand nahm von ihnen Notiz. Eine Frau plapperte gerade und mehrere männliche Gestalten saßen auf Kissen vor den Kerzen, so nur als Schattenrisse erkennbar, und hörten aufmerksam zu. Jetzt erkannte er eine kleine Gestalt auf einem vermutlich grünen Sofa, die ihre angezogenen Beinen fest an den Körper gedrückt, mit recht hohem Diskant eine offensichtlich sehr amüsante Geschichte erzählte: »Goethes Frau Christiane konnte mich nicht leiden – das zeigte sie mir jeden Tag. Aber meine Schwangerschaft beflügelte mich und ich nahm kein Blatt vor den Mund. In diesen Tagen war eine große Kunstausstellung in Weimar. Goethes Freund Johann Heinrich Meyer zeigte seine Bilder. Für meine Begriffe waren sie ziemlich abgeschmackt und ich ließ einige Bemerkungen über den Wert der Gemälde fallen. Das Wort ›Kunschtmeyer‹ war mit dabei. Da ging das wohlgenährte Goethesche Eheweib wie ein Rhinozeros auf mich zu und riss mir die Brille von der Nase. Jetzt kannte ich kein Halten mehr und nannte die Füllige eine ›wahnsinnige Blutwurst‹.«

Die Zuhörer amüsierten sich köstlich. Bauer und Karl waren inzwischen auch auf Kissen gelandet.

»Das hörte leider der Geheimrat«, fuhr sie fort, »und ich und Achim, mein frisch angetrauter Ehemann, hatten fortan Hausverbot im Hause des Dichterfürsten.«

»Stimmt es«, fragte einer der Zuhörer, »dass Goethe später geschrieben hat, er sei froh, ›die Tollhäuslerin‹, damit wart Ihr gemeint, los zu sein?«

»Weimarer Klatsch, wir hatten weiterhin Kontakt und mein Buch fand durchaus Gnade bei ihm.«

Bauer flüsterte Karl zu: »Das Buch, von dem sie eben sprach, war zwei Jahre zuvor erschienen und hieß *Goethes Briefwechsel mit einem Kinde*.«

Doch das Kind war jetzt neugierig geworden.

»Verehrtester Bruno, wollt ihr mir nicht den jungen schwarzhaarigen Wirrkopf vorstellen, der grade hier hereingeschneit gekommen ist.«

Die Schatten drehten sich nach Karl um.

»Verzeiht, ich war so von Eurer Erzählung in Bann geschlagen, dass ich ganz vergaß …«, säuselte Bauer, »darf ich vorstellen: Karl Marx, Studiosus der Philosophie.«

Die nur halbseitig beleuchtete, dadurch halbseitig schwarze Frau rutschte von der grünen Couch und erst jetzt sah Karl, dass sie klein und leicht verwachsen war. Mit ihren großen braunen Mandelaugen kugelte sie auf Karl zu, der höflich aufsprang und jetzt gleich eineinhalb Köpfe größer war als die Gnomin.

Die streckte ihm forsch ihre Hand entgegen.

Bruno: »Bettina von Arnim, Schriftstellerin.«

»Und Mutter!«, fügte Bettina hinzu.

Karl erschrak. Das war die berühmte Bettina von Arnim – diese Zwergin? Ihre Glubschaugen drangen tief in Karl ein. Merkwürdig, dachte er, keine Schönheit, aber eine Weibsperson mit Charisma. Schließlich wandte er verlegen den Blick ab. Und schon hatte sie ihn auf die grüne Couch gebeten.

Man trank nun Kräutertee und lauschte erneut der Meisterin mit der hohen Stimme. Sie schreibe an einem neuen Buch über die Armut in Berlin und widme es dem preußischen König Friedrich Wilhelm IV., einem König, von dem man sich liberale Reformen erwartet, der diese Erwartungen aber nie erfüllt hatte.

Karl wandte ein, dass sie mit einem solchen Buche vermutlich unter das Verbot der Zensur fallen würde, wie man ja auch schon den großen Meister Hegel, je länger er tot sei, als Staatsfeind betrachte und wie der hier anwesende Freund Bruno ob seiner Freidenkerei um seine Lehrtätigkeit bangen müsse.

Die von Arnim durchzuckte es, was Karl auf der Couch deutlich spürte. Sie sei keine Revolutionärin, fuhr sie ihm dazwischen, sie wünsche nur die Armut gelindert, was auch im Interesse des Königs sein müsse. Im Übrigen schwebe ihr ein Volkskaisertum vor. Einer der Zuhörer – Karl sah nur den Schattenriss seines scharf geschnittenen Gesichts – ließ ein lautes »ha!« los, was wohl despektierlich in Bezug auf den ›Volkskaiser‹ gemeint war. Nachdem die Meisterin ihren Monolog beendet hatte, durfte jeder der Herren – während sie einen Apfel nach dem anderen aus einer Schale neben sich holte und ratzeputz samt Kernhaus vertilgte – nun etwas vortragen. Bruno hob an, zweifelte erneut an der Echtheit des Gottessohns, lobte die Evangelien als kluge Erfindung in den Himmel und kam, ganz Hegelschüler, auf sein Lieblingsthema, das Selbstbewusstsein. Das Selbstbewusstsein des Menschen entwickle sich und erkenne, dass die Kräfte, die er für außerhalb gehalten habe, wie eben die Religion, eine Schöpfung, eine Erfindung seiner selbst sei. Die Zwergin jonglierte währenddessen mit zwei Äpfeln, warf sie lässig in die Luft, fing sie auf und bot Karl einen davon an, doch der schüttelte brav den Kopf und hatte sich auch schon wieder eine dicke billige Zigarre in den Mund gesteckt. Während er Streichhölzer suchte, dozierte Bruno weiter. Das Selbstbewusstsein habe die Aufgabe, mit seiner Hauptwaffe, der philosophischen Kritik, alle Kräfte zu entlarven, die der Entwicklung des Selbstbewusstseins entgegenstünden.

»Und eine solche Kraft oder Gewalt, die dem entgegensteht, ist die Religion«, warf Karl, immer noch ohne Hölzchen, ein.

Wieder kam ein »ha!« aus der Ecke des scharfgeschnittenen Männleins.

Bettina übernahm apfelkauend die Moderation: »Lieber Max, habt Ihr noch mehr beizutragen als Euer ›ha‹, so bringt es gerne vor.«

Der angesprochene Max reckte seinen Hals aus dem Schatten und Karl erkannte jetzt einen schmalen Kopf mit hoher Stirn, zurückgekämmten Locken und enganliegender Brille. Und der legte gleich los:

»Unser Atheist Bauer ist ein frommer Mann!« Gelächter.

Bettina, grade den Krotzen zum Mund führend: »Lieber Max, könntet Ihr das etwas präzisieren.« Gleichzeitig hatte sie auch schon Streichhölzer in der Hand und warf sie Karl zu, der sie lässig mit der Linken auffing.

»Nun ja«, Max legte los, »das Jenseits außer uns ist längst weggefegt, dazu bedarf es eines Bruno Bauers nicht, jedoch das Jenseits in uns ist ein neuer Himmel geworden und ruft uns zu neuen Himmelsstürmereien auf.«

Karl fühlte sich angezogen von diesem Gedanken. Doch der Brillen-Max holte noch weiter aus:

»Was soll nicht alles meine Sache sein? Die Sache Gottes, die Sache der Menschheit, der Wahrheit, Freiheit, ferner die Sache seines Volkes, seines Fürsten! Gott, der Fürst und die Menschheit kümmern sich aber nur um das Ihrige. Und ich? Ich ziehe meine Lehre daraus und will statt jenen großen Egoisten lieber selber ein Egoist sein!«

Bettina hörte auf zu kauen. Die anderen waren sprachlos.

Karl schaltete schnell. Der Mann reizte ihn zum Widerspruch:

»Aber ist nicht Gott, Wahrheit und Menschheit näher betrachtet, deren Egoismus genauso eingebildet wie Eurer. Und macht Ihr ihnen deshalb nicht fälschlicherweise Konkurrenz?«

»Ich brauche keine Wahrheit, keinen Gott und keine Menschheit, ich stelle mich auf mich, der ich so gut wie Gott das Nichts von allem andern, der ich mein Alles, der ich der Einzige bin!«, Max war laut geworden und aufgestanden. Jetzt fuhr er brüllend fort:

»Ich bin Nichts im Sinne der Leerheit, sondern das schöpferische Nichts, das Nichts, aus welchem ich selbst als Schöpfer Alles schaffe!«

Bettina waren die Äpfel ausgegangen und die Magd brachte neuen Tee.

Alle schwiegen. In das Schweigen hinein musste Karl sticheln:

»Bis dahin kann ich Ihnen folgen, nur den letzten Satz, werter Max …?«

»Max Stirner.«

»Werter Stirner, habe ich die Stirn, nicht ganz zu verstehen, oder wolltet Ihr damit sagen: ›Ich bin Alles in der Leerheit des Unsinns, *sondern* der nichtige Schöpfer, das Alles, aus welchem ich selbst als Schöpfer Nichts schaffe?‹« Wieder Schweigen. Das war eine ungeheure Provokation. Stirner lief rot an und setzte sich.

»Werter Karl, das war nicht lustig, sondern gemein!«, mischte sich Bettina ein.

»Freund Stirner wird ihn schon nicht gleich zum Duell fordern. Nicht wahr, Max?«, versuchte Bauer zu schlichten.

»Lasst ihn nur reden, ich fühle mich niemandem verpflichtet. Staat, Recht, Eigentum, Ehe, Menschheit gehen mich nichts an. Die Welt muss zu meinem Eigentum werden, mit der ich anfange, was ich will.« Stirner setzte Marken.

»Die Welt ja, aber der Geist?«, provozierte Karl weiter.

Stirner schoss zurück: »Der Geist ist entweder arm oder reich. Eurer aber scheint arm zu sein. Ich aber versuche, reich an Geist zu werden. Mein Geist muss zum Material herabsinken, vor dem ich keine heilige Scheu mehr habe.«

Karl trieb es auf die Spitze: »Ich vermute, Ihr seid selbst ein Heiliger, ein Säulenheiliger des Nichts.«

»Und Ihr, wer seid Ihr, dass Ihr Euch so über mich erhebt?«

»Marx, Karl Marx.«

»Werter Marx, ich sage Euch eines, Ihr müsst von mir lernen, und wenn das, was Ihr sagt, längst vergessen sein wird, wird meine Lehre sich auf der ganzen Welt verbreitet haben.«

»Wohl kaum, denn Eure ist keine Lehre, sondern Leere.«

Stirner war gegangen.

Sollte ich je eine Zeitung machen, dachte Karl, dann muss ich den drolligen Kerl mitschreiben lassen. Er redet Unsinn, und doch reizt er mich, fordert er mich heraus. Die Negation seiner negativen Ideen kann nur Positives hervorbringen.

Die andern rüsteten zum Aufbruch. Karl kam schwer aus dem Sofa und ließ Bruno allein nach Hause gehen. Die Zwergin hatte zum Abschluss Apfelschnaps ausgeschenkt und Karl gebeten, noch etwas zu bleiben. Die Kerzen waren schon heruntergebrannt und keine Magd erschien, um sie zu erneuern.

»Wo wohl ihr Achim weilt«, fragte sich Karl. Bettina war mindestens 30 Jahre älter als er und verwachsen war sie auch. Aber ihre großen braunen Augen hatten etwas Anziehendes und erinnerten Karl an seine Jenny.

»Noch ein Schnäpschen?«, fragte die Zwergin.

»Gerne«, hauchte Karl.

Wieder ging eine Kerze aus, erlosch die Flamme und zog eine kleine Rauchfahne nach sich. Bettina lächelte und zeigte ihre Falten. Karl verspürte plötzlich den Drang, in dieses kleine verwachsen-erotische Wesen einzudringen.

Ähnliches hatte der große Vorsitzende schon hinter sich. August Bebel, der kleine drahtige Mann mit dem Spitzbart, den schicken karierten Hosen, blitzblanken Stiefeln und einem exakt sitzenden Gehrock sprang auf und begrüßte Tussy überschwänglich: »Liebste Eleanor, wie schön, die jüngste und schönste Tochter des Mohren wiederzusehen.«

August war ein Schmeichler, für seine Mitte fünfzig noch sehr fit, und herzlich umarmte er Tussy. Louise blieb dagegen am Tisch sitzen und schlürfte ihren Tee.

Bebel wies Tussy, als wäre er der Gastgeber, einen Platz und setzte sich selbst wieder ungeniert neben die Vollbusige.

»Wie geht es dem großen General, ist er auf dem Wege der Besserung?«

Louise griff ein: »Jedenfalls wird er bestens von mir versorgt.«

Sie schob Bebel die Bol mit Süßigkeiten zu. Er konnte nicht widerstehen und griff hinein. Zitronenbonbons, welche Köstlichkeit. Süßes war eines seiner Laster, vor dem seine Frau Julie Engels gewarnt und ihn gebeten hatte, ihren Mann davor zu bewahren. Louise aber wusste, dass sie ihn damit ködern konnte.

Bebel, ein Bonbon lutschend: »Das bezweifle ich in keiner Weise, meine Hexe, aber lass Tussy doch erzählen.«

»Meine Hexe!« Der große Bebel, blendender Redner im Reichstag, Volkstribun, mehrfach vom Bismarck-Regime zu Festungshaft verurteilt, unumstrittener Vorsitzender der SPD, der rote Gegenkaiser, Bestsellerautor von *Die Frau und der Sozialismus*, in dem er für die Gleichberechtigung des schönen Geschlechts und gegen alle bürgerliche Scheinheiligkeit gewettert hatte, machte keinerlei Anstalten, sein Verhältnis mit Louise, seiner prallen Mätresse, zu verheimlichen. Zuhause saßen Julie, seine Frau, seine Kinder – und er vergnügte sich hier schamlos mit der abgelegten Kuh seines Parteigenossen Kautsky. Tussy konnte nur mühsam ihre Abscheu verbergen. Doch sie blieb höflich und lächelte, das hatte sie von Lenchen gelernt: zu allem immer lächeln.

»Dem General geht es gar nicht gut. Ich weiß nicht, ob er das Bett jemals wird wieder verlassen können.«

»Das ist ja schrecklich«, Bebel schien echt besorgt, »hat er denn die beste ärztliche Versorgung?«

»Ja, die hat er«, Louise war schon beleidigt, »Dr. Freyberger kümmert sich um ihn.«

Dr. Freyberger, auch das noch. Ein Antisemit mit Arztkoffer, der sich sozialistisch gab, es aber nicht war, und wie Tussy richtig vermutete, auch ein Auge auf die laszive Louise geworfen hatte.

Doch was wollte Bebel hier? Tussy überlegte – und hatte einen Verdacht.

Zwist

Auch Jenny schlug sich mit Verdächtigungen herum. Karls Briefe wurden spärlicher. War da eine andere Frau? Oder war er immer noch böse auf sie? Dabei hatte sie doch das Einverständnis des Vaters regelrecht erkämpft. Warum zeigte Karl keine Dankbarkeit oder schickte wenigstens ein Schreiben? Sie wurde ganz verrückt vor Warten. Verlöre sie Karl, bliebe ihr nur der Tod.

Über ein Jahr waren sie schon getrennt. Ihr Verlangen nach Karl wurde von Tag zu Tag größer, sie konnte gar nicht mehr richtig denken. Würde er jetzt hereinkommen, sie würde sich ihm auf der Stelle hingeben. Doch wer hereinkam, war Sophie, die Freundin, die Gute. Vater Marx ging es schlecht, die Reise hatte ihn überanstrengt, er lag seit Tagen im Bett und die Schwindsucht war zurückgekehrt. Verfluchte Krankheit.

Jenny eilte zu Heinrich. Der lag weiß wie das Laken im Bett und hustete.

Jenny hatte Rotwein aus Frankreich mitgebracht und versuchte, Heinrich ein paar Schlucke einzuflößen. Doch er spuckte alles wieder aus und man wusste nicht, was Rotwein und was Blut aus der Lunge war.

Die Mägde wechselten die Bettwäsche und Heinrich kauerte so lange im Ohrensessel.

»Mein Herzensmädchen, wie geht es dir?«

»Nicht so schlecht wie Euch, ehrwürdiger Verlobten-Vater. Ich schreibe Karl, er soll zu Euch kommen.« – Ein kleiner Hintergedanke war dabei, aber wer wollte es Jenny vergällen.

»Nein, nein – es reicht, wenn Karl Ostern kommt, meinethalben muss er sich nicht bemühen. Er soll sich auf sein Studium konzentrieren.«

Heinrich blickte Jenny lange an: »Wie haben wir nur dich verdient, ich kann es immer noch nicht glauben.« Und jetzt kam ihm der Gedanke: »Oder sollen wir Karl deinetwegen rufen, du hast ihn doch schon Monate nicht mehr gesehen?«

»Über ein Jahr!« Aber sie bremste sogleich: »Nein, wegen mir doch nicht, allerhöchstens wegen Euch.«

»Ich mache mir große Sorgen um eure Zukunft.« Heinrichs altes Lied.

»Das brauchst du nicht, Karl wird seinen Doktor machen …«

»Im Doktorclub sitzt er ja schon«, fügte Heinrich bitter hinzu.

Jenny lächelte unwiderstehlich.

»Und in Bonn wird ihm Bauer eine akademische Stelle verschaffen und dann können wir getrost heiraten.«

»Ich habe ihn nach Berlin geschickt nicht nur wegen des geistigen Klimas, ich wollte, dass er sich prüft, dass er weiß, was er an dir hat und dass er sich dich verdienen muss.«

»Nur gehören zwei dazu und so habt Ihr mir diese Prüfung – unterstützt von meinem Vater – auch auferlegt.«

Jenny setzte sich neben Heinrich, nahm seine Hände und verbreitete Fliederduft.

»Mein Goldmädchen, schreib ihm, schiebe meinethalben mich vor. Karl soll nach Trier kommen.«

Karl ließ sich das nicht zweimal sagen. Auch seine Sehnsucht nach Jenny war groß und er machte sich wirklich Sorgen um den Vater. Noch gab es keine Eisenbahn durch Deutschland, nicht einmal von Berlin nach Potsdam, nur Nürnberg – Fürth. Und so bestieg er die Postkutsche, genannt Schnellpost, und durchquerte mühsam das Land und fünf Fürstentümer, berappte Brücken- und Wegezoll und versuchte seine Gedanken zu ordnen. Doch da war hauptsächlich Jenny, manchmal blitzte auch die Zwergin mit ihren Kulleraugen auf. Er machte sich Notizen mit einem Blei, doch das Rumpeln der Kutsche verursachte so manchen nicht vorgesehenen Strich. Eine dürre alte Zwetschge gegenüber, die einen überkandidelten Hut trug, kicherte jedes Mal mit kratziger Stimme und ein bleicher Pfaffe vertiefte sich mehr und mehr in sein Brevier. Wenigstens betrieben sie keine Konversation, und so konnte Karl versuchen, seinen chaotischen Geist weniger chaotisch zu Papier zu bringen:

»Die Philosophie ist an einem Wendepunkt angelangt. Wie Prometheus, der das Feuer vom Himmel gestohlen, so wendet sich die Philosophie, die zur Welt sich erweitert hat, gegen die erscheinende Welt. Sie wendet sich gegen Hegel! Und wird Athen von der Verwüstung bedroht, so gilt es, wie Themistokles empfahl, zur See ein neues Athen zu gründen.«

»Na, sind Sie Schriftsteller?«, fragte die Zwetschge gegenüber berlinerisch schnoddrig.

»Nein, Philosoph.«

»Noch besser. Und wat philosophieren Se?«

»Ich interpretiere die Welt.«

»Interpretieren kann jeder, verändern müssen se Se.«

Edgar hatte gepetzt. Karl erfuhr von Pannwitz' Werben und dass Jenny scherzend mit ihm durch Trier flaniert sei.

Karl war zornig, aber erst beim Vater gewesen, der sich sehr gefreut und richtig Farbe bekommen hatte.

Doch dann machte er sich voller Wut auf den Weg zu den Westphalens.

Jenny konnte es kaum erwarten, ihr Schwarzwildchen zu sehen, doch dass er wirklich schwarz und wild bei ihr ankam, versetzte sie in einen Schockzustand. Statt der Waffen der Kritik benutzte Karl die Kritik der Waffen und schoss eine volle Breitseite.

»Du bist ein gemeines Mädchen, hintergehst mich, sobald ich die Stadt verlassen habe.«

»Wie kannst du so etwas sagen? Habe ich dich je …«

»Wer sich so beträgt, ist nun mal einfach gemein.«

Jenny brach in Tränen aus.

»Aber es ist doch nichts geschehen, Schwarzwildchen, darf ich mich nicht mehr unterhalten? Soll ich schweigen all die Monate ohne dich? Darf ich nicht durch die Stadt flanieren und wenigstens etwas Lebensfreude vor mir hertragen?«

»Nicht mit diesem preußischen Ochsen.«

Jenny vergrub sich in ihrem blauen Seidenkleid, das – extra angelegt für ihr Schwarzwildchen – jetzt dunkle Flecken von ihren Tränen bekam.

Jenny versuchte es mit Widerstand.

»Ich lasse es mir nicht verbieten, fröhlich zu sein und mich mit Menschen zu umgeben. Das wirst du nicht anders handhaben als ich. Was dir zusteht, muss auch mir zustehen.«

»Ich studiere und diskutiere hochwissenschaftlich mit meinen Freunden, das ist ganz was anderes.«

»Und rauchst und trinkst und bist gesellig, während ich zuhause versauere.«

»Lies ein Buch«, war sein Ratschlag.

»Die meisten langweilen mich und sind billig und flach. Ich bräuchte eines, das ich nicht gleich verstehe, dann ging's mir vielleicht besser. Und Karl, Berlin ist eine große Stadt, da gibt es nicht nur Mannsbilder. Siehst du da denn nie ein Weib an oder vielleicht«,

Jenny traf den Nagel auf den Kopf, »diskutiert eine von ihnen mit. Es soll Frauen in Berlin geben, die sich einen Doktor angeln wollen und sich nicht scheuen, in die philosophische Diskussion einzutreten.«

Karl sah sich auf dünnes Eis gedrängt und musste es schnellstens verlassen.

»Ich habe gar keine Zeit, mit Weibsbildern zu diskutieren, die gibt es auch nicht an der Universität. Außerdem muss ich meine Dissertation vorbereiten«, und jetzt geriet er wieder in Rage, »während du dich liederlich von preußischen Militärkaspern umgarnen lässt.«

Jenny gab sofort wieder Kontra, es war ihre einzige Chance:

»Du wirst mich nicht in einen goldenen Käfig sperren können, Karl, ich bin ein Mensch aus Fleisch und Blut.«

»Eine Menschin, die mich betrügt.«

»Erlaube mal, Karl«, »Karl« sagte sie kalt. »Meine Seel ist reiner als rein, ich habe mir nichts vorzuwerfen.«

»Wie konntest du mir das antun?«, bohrte Karl wieder.

Jenny versuchte es jetzt mit Unterwürfigkeit:

»Aber Engelchen, warum vertraust du mir nicht, wenn ich doch sage, dass nichts geschehen ist.«

»Der Kontakt mit diesem Militär ist geschehen genug.«

»Herzchen, so versteh doch, ich kann eben oft recht munter und neckisch sein, oft mit ganz Fremden scherzen und ein Gespräch führen – Dinge, die ich mit dir nicht kann.«

»Ah, jetzt kommt es heraus, dein Karl ist ein humorloser Studiosus, der dich langweilt, und deswegen musst du dich Fremden hingeben! Ich bin empört.«

»Süßes Herzchen, du weißt doch, für unsere Liebe würde ich alles hingeben, aber wenn du so sprichst, kann ich sie nicht jung und frisch erhalten.«

»Ach, jetzt bin ich auch noch schuld, weil ich mich zurecht empöre.«

Karl war immer lauter geworden, als plötzlich seine Schwester Sophie, Jennys Herzensfreundin, eintrat. Sicher hatte sie gelauscht. Sie reichte Karl einen Brief.

»Das ist kurz nach dir gekommen, ich dachte mir, es ist wichtig, und deswegen habe ich das Schreiben gleich hierhergebracht.« Und kokett: »Er duftet gut. Vielleicht ein bisschen billig, nach überreifen Äpfeln.«

Karl sah auf den Brief, er war von der Zwergin. Heiß und kalt durchlief es ihn. Wie konnte dieses kleine Aas ihm hierher nach Trier schreiben und wie konnte Sophie ... Das hatte das Schwesterherz fein angestellt, ihm den Brief auch noch jetzt und hier zu präsentieren. Sie halten einfach immer zusammen, die Weiber, dachte er.

Karl wollte weiterdonnern. Doch Jenny bekam jetzt Oberwasser.

»Ein duftendes Schreiben, benutzen das deine Hegelinge, Parfüm? Ein apfelduftender Doktorclub? Wohl kaum.« Jenny versuchte einen Blick auf den Brief zu ergattern, doch Karl zog ihn weg, um ihn einzustecken. Sophie grinste hinter seinem Rücken. Das hatte sie prima eingefädelt.

»Du sagst mir auf der Stelle, von wem der Brief ist!«, befahl Jenny. Sophie kicherte.

Karl: »Raus!«

Sophie: »Das ist Jennys Haus und nicht deins!«

»Sophie!«, der Ton sagte, ›geh jetzt bitte!‹

Karls Schwester zog sich zurück und lauschte draußen weiter an der Tür. Aber was heißt lauschen? Die Unterhaltung wurde so laut, dass man sie auch noch locker im Keller hätte verfolgen können.

Jenny war außer sich: »Zeig mir den Brief!«

»Nein!«

»Dann sind wir geschiedene Leute!«

»Ich lasse mich nicht erpressen!«

Jenny säuselte: »Dann zeig mir wenigstens die Absenderin.«

»Nein!«

Jenny wurde jetzt laut: »Von wem ist der Brief? Auf der Stelle zeigst du mir ...«

Und da, ein Moment Stille. Vermutlich rückte Karl den Brief heraus oder zeigte Jenny wenigstens die Absenderin. Sophie hielt sich die Ohren zu. Sie ahnte, was jetzt kommen würde.

Doch Jenny schrie nicht. Sophie nahm die Hände wieder von den Ohren. Jenny schluchzte fürchterlich: »Bettina von Armin!«

»Arnim, nicht Armin«, Karls Schulmeisterei war hier mehr als unangebracht.

Jenny weinte und weinte. Sophie musste jetzt wieder ran an die Tür, um etwas zu verstehen.

Jenny: »Verkehrst du mit ihr?«

Karl: »Nicht so, wie du denkst.«

Ludwig, Jennys Herr Papa, stand jetzt hinter Sophie.

»Schäm dich und geh!« Folgsam rauschte Sophie die Treppe hinunter.

Ludwig konnte nun aber auch nicht an sich halten und legte sein Ohr an die Tür.

In der Regent's Park Road dagegen ging eine Tür auf. Das große Lama stand vor ihnen, aufrecht, im besten Anzug und in militärischer Haltung, so wie er es bei den Dragonern gelernt hatte. Es war kein echtes Lama, sondern der General. Keiner wusste, warum man ihn so nannte. Er war der Vollstrecker, manche behaupteten gar, der Erfinder des Marxismus. Karl hatte immer gern das Bonmot verbreitet: »Ich bin alles, nur kein Marxist.« Nun, Engels war es, wobei er selbst damit sein Licht unter den Scheffel stellte, denn ohne ihn, sein Geld, seinen Rat, ja seine Teilhaberschaft wäre Marx nichts und sein Werk noch weniger geworden. *Engelismus* klang stupid, *Marx- und Engelismus* auch. Also blieb nur *Marxismus*. Und jetzt war der General der Gralshüter desselben. Aber warum »Lama«?

Tussy hatte sich die Erklärung zurechtgelegt, dass der General auf alle spuckte, die von der Lehre abwichen, und dies tat er auch aus großer Ferne und oft von London nach Berlin. Er und Mohr hatten das immer wieder getan und Bebel war einer von denen gewesen, auf den sie gespuckt hatten. Als er sich mit Lassalles und seinen Mannen zur SPD vereinigte oder als er und Wilhelm Liebknecht der SPD ein Programm gaben, da hatten Mohr und der General nur Hohn und Spott dafür. Und Mohr schrieb eine Abrechnung mit der SPD, in der er deren Programm zerpflückte und sich ein einziges Mal darüber ausließ, wie es denn nach der Revolution konkret weiterginge. Tussy hielt diesen Text immer für einen seiner spannendsten. Mohr stellte klar, dass die Sozialdemokraten, Bebel, Liebknecht und Bernstein gar nichts kapiert hatten, und das schmierten er und der General ihnen dick aufs Brot. Doch Bebel war das wurst, er war Praktiker und scherte sich nicht um die Theorie. Die Sozialdemokratie bekam bei Wahlen immer mehr Stimmen, würde irgendwann die Mehrheit haben und dann zur Macht drängen, und wenn sie die nicht bekäme, würde es automatisch zur Revolution führen. Eine Selffulfilling Prophecy. Eduard (Ede) Bernstein, ein revisionistischer Genosse gar, hatte geglaubt, es würde ganz ohne Revolution gehen und der Kapitalismus würde sich sozusagen selbst zum Guten wandeln – und am Ende käme der Sozialismus praktisch durch permanente Reform von selbst. Der General aber war immer für Revolution gewesen und hatte nie geglaubt, dass die Kapitalisten sich freiwillig verdrücken würden. Aber mit jedem Wahlerfolg der vereinigten SPD schien er doch immer mehr zu glauben, man könne alles mittels Wahlen erreichen.

Bis, ja bis er Tussy gestern am Krankenbett das Gegenteil erzählte. War der General auf seine alten Tage wieder zum Sturm und Drang, zur Revolution zurückgekehrt? Tussy hoffte es, denn Engels wollte sie als Testamentsvollstreckerin einsetzen, sie sollte das Banner hochhalten, weil sie an die Revolution glaubte, und jetzt war ihr auch klar, warum Bebel da war. Es ging um Mohrs Erbe. Der große Vorsitzende und die SPD wollten es ihr streitig machen. Bei Tussy schrillten alle Alarmglocken.

Heinrich geht

Karl dagegen brummte der Kopf. Er war im heftigen Streit von Jenny weggegangen. Er redete sich ein, dass Jenny ihn betrogen hatte, obwohl sie dauernd das Gegenteil beschwor. Und sie hatte ihm vorgeworfen, sie betrogen zu haben. Wollte er allen Schutt in seinem Kopf wegräumen, dann musste er zugeben, dass er einem

Treuebruch näher gewesen war als sie. Oder war das bereits geschehen? Karl schien es selbst nicht zu wissen. Er hatte in jener Nacht zu viel Apfelschnaps getrunken und die Gnomin hatte ihn mit ihren Augen verschlungen. Er riss den Brief auf, den er mit aller Kraft vor Jenny verteidigt hatte. Auch dem Brief war nicht zu entnehmen, was in jener dunklen Nacht im dunklen Salon geschehen war. Belanglosigkeiten und Witzeleien, die keine waren, durchzogen den Brief und am Schluss ein Gedicht, das ihm Respekt abverlangte. Die Arnim konnte also nicht nur Anekdoten erzählen, sondern tatsächlich gut dichten. Ihr Gedicht war besser als alle seine Gedichte. Für Jenny hatte er ein ganzes Buch mit Sonetten und anderen Versen gebastelt, aber wegen des Streites nicht übergeben – und jetzt war ihm klar, dass sie Mittelmaß, wenn nicht sogar schlecht waren, im Vergleich zu dem, was die Zwergin fabriziert hatte.

Karl verbrannte den Brief samt Gedicht und entsorgte die Asche sorgfältig. War einer oder eine besser als er, konnte er das nicht ertragen. Außerdem konnte man den Brief vielleicht doch missverstehen als eine Liebeserklärung, wenn man genügend Phantasie hatte, und die hatte Jenny. Er würde zukünftig die Finger von der Zwergin lassen und irgendwie musste er die Sache mit Jenny wieder einrenken. Nicht, dass die Arme noch Hand an sich legte. Karl verdrängte den Gedanken, schob den Streit mit seiner großen Liebe einfach beiseite und kümmerte sich um den kranken Vater.

Der war gar nicht gut beieinander. Aschfahl und schwach lag er im Bett. Mutter Marx hatte die besten Speisen kochen lassen und Karl versuchte, sie dem Vater schmackhaft zu machen, doch am Hühnerbein wollte Heinrich nur wenig nagen, die Suppe jedoch ließ er sich einflößen.

»Mit mir geht es zu Ende, Sohn. Ich kann dir nicht viel hinterlassen, aber nutze das Wenige, was ich dir geben kann, werde ein ordentlicher Doktor, entsage aber dem Doktorclub und suche eine ordentliche Stelle. Und sei deiner Jenny immer treu, die hat es verdient.«

»Ich verspreche es, Vater, ich werde nie eine andere anfassen.«

»Versprich nie, was du nicht halten kannst.« Heinrich ärgerte sich selbst über die leere Floskel, aber was sollte er seinem Sohn auch anderes sagen. Der neigte zur Maßlosigkeit im Denken wie im Geldausgeben, und wer so von Natur aus war, war auch in der Liebe maßlos. Heinrich konnte sich nicht erklären, woher Karl das hatte. Sein Vater, sein Großvater, seine Frau und deren Mütter, alle waren es brave und gläubige Menschen gewesen, die dem Kaiser gaben, was des Kaisers ist, aber eben auch nicht mehr. Karl, so dachte Heinrich, würde vielleicht eines Tages dem Kaiser was anderes geben: die Guillotine. Das ließ ihn erschaudern und gleichzeitig mischte sich Ehrfurcht in dieses Schaudern. Karl war ein Mensch, der fähig war, alle Grenzen zu überschreiten, jetzt noch nicht, jetzt war in ihm ein wirres Suchen, aber eines Tages würde er Großes leisten, vielleicht war er ein Napoleon des Geistes. Karls Denken würde überschreiten. Was, das wusste Heinrich nicht. Und vielleicht war er ein Heilsbringer, ein neuer … nein, Heinrich wagte nicht weiter zu sinnieren. Jenny würde ihm eine gute Gefährtin sein, sie würde ihm Maß und Ziel geben und ihn in die richtigen Bahnen leiten. Das war Heinrichs Hoffnung. Doch gleichzeitig wusste er, dass Jenny fast ebenso chaotisch und maßlos veranlagt war wie Karl. Sie würde mit ihm die Pfade legen, die Steine in den Fluss werfen, damit er ihn überschreiten konnte, und sie würde mit ihm ins Wasser fallen, wenn er danebentrat, und mit ihm aufstehen und ihn hochziehen, wenn er untertauchte, und sie würde ihn notfalls ans Ufer schleppen, aber ans jenseitige, denn sie würde ihn nie aufhalten, keiner würde die beiden je aufhalten können, wohin auch die Reise ginge. Heftiger Husten hinderte ihn daran, weiter zu phantasieren. Und doch war er stolz auf Jenny und seinen Sohn, sehr stolz.

Karl reichte ihm ein Tuch, das sich gleich blutig färbte. Die Schwindsucht, die Tuberkulose schlug immer größere Wunden in die Lunge seines Vaters.

Karl wollte noch einige Tage bleiben. Doch der Vater bat ihn zu fahren. Das Studium sei wichtiger.

Karl reiste ab, ohne Jenny wiedergesehen zu haben. Jenny hatte sich eingesperrt, sie wollte niemanden sehen und dachte nur an den Tod. Sie würde sich einen Mühlstein um den Hals hängen und mitten auf der Moselbrücke in ihrem schönsten Kleid, dem samtblauen, in den träge dahinziehenden Fluss springen. Das sollte er mal sehen, dieser Karl, was er mit ihr angerichtet hatte. Dieser Gedanke linderte den Schmerz und das Vorgefühl des Todes. Doch dann dachte sie an ihren armen Vater, der das nicht überleben würde, und an ihre arme Mutter, die sich noch Jahre mit schrecklich schlechtem Gewissen durchs Leben schleppen würde. Konnte sie den beiden das antun? Und dann dachte sie an den Aufprall im Wasser und wie der schwere Stein sie nach unten ziehen würde, sie keine Luft bekäme, wie ihr Kleid sich aufplustern würde, wie sie über sich die Sonnenstrahlen durchs Wasser ein letztes Mal sähe und wie es kein Entrinnen gäbe und das Nichts ganz schrecklich ohne Luft über sie käme – und da beschloss sie, sich nicht zu töten, sondern sich einen anderen zu suchen. Sie war noch jung genug und das Leben als Ballkönigin war dem Leben mit diesem eifersüchtigen Wirrkopf vorzuziehen. Sie würde sich einen Reichen von hohem Adel angeln, ihm viele Kinder schenken, ein gutes Leben führen mit Schloss, englischem Rasen und Springbrunnen. Schließlich aber schluchzte sie wieder verzweifelt auf, weil ein so langweiliges Leben für sie entsetzlich wäre. Da klopfte es an die Tür.

»Ich bin für niemanden zu sprechen.«

Das Klopfen wurde lauter. »Ich bin es, dein Vater.«

Jenny wischte sich die verlaufene Schminke notdürftig ab und machte auf. »Was wollt Ihr, Vater?«, fragte sie ungnädig.

»Traurige Nachricht, Heinrich ist eben verstorben.«

Es traf sie wie ein Donnerschlag.

Karl war inzwischen auf halbem Weg nach Berlin. Die Schnellpost machte Rast. Die Pferde wurden ausgetauscht, der Wegezoll eingesammelt. Karl klopfte sich den Staub von der Jacke und aus dem Gehirn. Was war er für ein Narr, dass er sich nicht von Jenny verabschiedet hatte. Das bereute er mächtig. Er setzte sogleich einen Brief auf. Um Leben, das von Jenny und das seinige, zu retten. Und welches wichtiger war, konnte er in diesem Moment nicht sagen, vermutlich das von Jenny. Es kostete ihn große Überwindung, einen Fehler einzugestehen. Er nahm sich vor, keine mehr zu machen. Dann brauchte er sich auch nie mehr zu entschuldigen.

Er war längst wieder in Berlin, als der Brief Jenny erreichte. Er kreuzte sich mit der Nachricht vom Ableben seines Vaters, die Jenny Karl in dürren Worten geschickt hatte.

Karl war todtraurig. Der Vater gegangen und die Liebe vielleicht auch. Doch in die dreckige Brühe der Spree wollte er sich nicht werfen, obwohl sein Kopf vollkommen leer war.

Nach Karls Entschuldigung schöpfte Jenny Hoffnung. Sie schrieb ihm erneut: »Ach, Karl, der Blick, mit dem du mich ansahst, noch jetzt durchbebt er mein Inneres. Mir war, als müsste das Herz brechen. Noch immer fühl ich den Schmerz, nur dumpfer, nicht mehr so stechend, aber noch immer tief genug. Doch dir genügte der Blick nicht, du musstest mich ganz niederschmettern.«

Karl brach in Tränen aus. Wie gemein war er doch.

Und Jenny schrieb weiter: »Karl, habe ich dir je etwas ähnliches gesagt? Ich war still, mein Herz hörte auf zu schlagen. Da fühltest du, was du getan, und batest um Verzeihung. Es war der 3. Mai. Am 7. Mai reisest du, am 10. war dein Vater nicht mehr. Es war zu viel. Das Vorgefühl des Todes, aber schrecklicher, denn es war noch kein Ende da, und jeder Tag brachte mehr Sorgen, mehr Schmerz, mehr Angst. Zwar ist das, was ich an jenem Tag empfunden, noch nicht wiedergekehrt. Das zweite Mal wäre es mein Tod. Karl, dass du mir sagen konntest, ich sei ein gemeines Mädchen, war nicht recht.«

Karl heulte Rotz und Wasser. Am liebsten wäre er sofort in eine Kutsche gesprungen und nach Trier zurückgefahren. Doch es ging nicht.

Sein Gesicht war bleich und die Hand an der Hosennaht zitterte ein wenig.

»My General«, spielte sich Louise hysterisch auf, »ihr solltet doch das Bett hüten.«

»Na, wenn so hoher Besuch sich angesagt hat, werde ich wohl kaum das Bett hüten.« Wie eine Eins ging Engels zum Tisch und setzte sich auf Tussys Seite. Ehe Bebel ihn mit seinen Worten umgarnen konnte, verlangte der General mit fester Stimme nach ordentlich Essen und Trinken. Nach Pilsner Bier und Braten. Er selbst wollte nur seine köstlich versüßte Suppe schlürfen. Und schon kam er auf den Punkt.

»Was führt dich zu mir, August?«

Bebel wollte in Anwesenheit von Tussy nicht loslegen. Tussy jetzt einfach rauszuschmeißen ging aber auch nicht. Also begann er zu plaudern.

»Ich wollte mich nach deiner Gesundheit erkundigen, Fredrick.«

»Du siehst doch, bestens!«

»Und von den Erfolgen der Partei berichten.«

Er betete die Wahlerfolge rauf und runter und erklärte, dass sie schon bald die Mehrheit wären.

Bald auch kam nun das Pilsener und dann der Braten. Der General hatte von beidem immer Vorrat in der Kammer und die Mägde – Louise rührte keine Hand – waren schnell und gut im Zubereiten von köstlichen Speisen. Niemand, auch Engels störte sich nicht daran, als Verfechter der klassenlosen Gesellschaft Mägde zu haben. Noch war man nicht im Kommunismus, also musste man zur Erreichung dieses Zustands auch noch auf Ausbeutung, gut bezahlte Ausbeutung, denn der General entlohnte nicht schlecht, zurückgreifen. Nie war er ohne Magd gewesen, selbst die Marxens hatten immer mindestens eine, das gute Lenchen, das erst bei den Westphalens, dann bei den Marxens und dann bei ihm gedient, ja manchmal auch diktiert hatte. Denn Mägde wie Lenchen waren diejenigen, die die Welt im Innersten zusammenhielten, das Chaos des Philosophierens, Studierens, Schreibens und Politisierens ordneten. Doch eine wie Lenchen sollte es nicht wieder geben, sie war unersetzlich und jetzt, 1895, auch schon bald fünf Jahre tot.

Nach Braten, süßer Suppe und Pilsener bat Engels darum, sich zurückziehen zu dürfen. Er brauche seinen Mittagsschlaf. Und er ließ Bebel und seine Louise sitzen und verschwand, aufrecht wie immer, im Schlafgemach. Kurz darauf bat er Tussy zu sich. Beide ahnten, warum Bebel hier aufgetaucht war, sprachen aber nicht darüber. So konnte ihm Tussy auch nicht ihre Ansicht über Louise darlegen und dass sie sie für eine Agentin der Partei hielt, eine Agentin der SPD. Engels setzte sich lieber erneut als Erzähler ein und nahm den Faden wieder auf.

Trennung

Drei lange Jahre sahen sich Karl und Jenny nicht mehr. Drei Jahre voller Verlangen, voller Sehnsucht, voller Angst, sie könnten sich verlieren.

Karl hatte den Salon der Zwergin nicht mehr aufgesucht, im Doktorclub draußen auf der Halbinsel Stralow und in einem Café in der Französischen Straße mit den Hegelingen, wie sie von Jenny tituliert wurden, heftig diskutiert. Und schließlich 1841 auch den Abschluss, den Doktor der Philosophie, angestrebt. Der liberale Kultusminister versetzte den religionskritischen Freund Karls, Bruno Bauer, nach Bonn, um ihn den Argusaugen der preußischen Zensur zu entziehen, und Bruno lockte mit einer akademischen Stelle in Bonn, sollte Karl endlich seinen Doktor gemacht haben. Und Karl machte ihn und widmete seine Dissertation seinem Lehrmeister Ludwig von Westphalen.

Dessen Sohn Ferdinand war inzwischen Oberregierungsrat und Chef der dortigen Spitzelabteilung geworden, vornehm umschrieben mit *Dirigent der Abteilung des Inneren der Regierung in Trier.*

Der Schwester machte er weiter Vorwürfe, mit was für einem Scheusal sie es zu tun habe. Noch vor Heinrichs Tod sei Karl abgereist, obwohl er gespürt habe, dass sein Vater sterbe. Und nicht einmal zur Beerdigung sei er hier gewesen. Und sie, seine Verlobte, habe er seit drei Jahren allein gelassen, vermutlich habe er längst eine andere in Berlin.

Alle Vorwürfe waren an Jenny abgeprallt bis auf den letzten. Den wollte sie nicht auf sich sitzen lassen.

»Was geht Euch das an, werter Bruder, ob sich Karl mit einer anderen vergnügt oder nicht, lebt Euer Leben und lasst meines und seines in Ruhe.«

»Ich werde nicht nachlassen, meine Schwester vor diesem Menschen zu schützen.«

»Ich kann selbst auf mich aufpassen, dazu brauche ich keinen preußischen Staatschutzbeamten!«

»Verhöhnt mich nur. Meine Aufgabe ist nicht nur die staatliche Ordnung hier, sondern auch meine Schwester vor Unheil zu bewahren, und ich werde nicht nachlassen ...«

»Bildet Euch nur nicht zu viel ein, weil Ihr jetzt diese Pöstchen erobert habt. Und ich sage Euch eins, lasst mein Leben in Frieden. Ich bin aus anderem Holz geschnitzt als Ihr, und wenn Ihr das nicht begreift, kann ich auch nicht helfen. Lasst mich und Karl endgültig in Ruhe. Mein Leben und das von Karl geht Euch nichts an.«

»Karl hat aufrührerische Gedanken, er zweifelt die Religion, ja die Ordnung des Staates an.« Das unangenehme Pfeifen in seiner Stimme war wieder da, das immer kam, wenn er sich aufregte.

»Ach, woher wisst Ihr das denn, hat er bereits Artikel veröffentlicht oder schreibt er Euch Briefe oder schaut Ihr gar in ihnen heimlich nach?«

Ferdinand fühlte sich ertappt. Tatsächlich hatte er einen Apparat aufgebaut, der die Post von in Verdacht geratenen Bürgern – konspirativ – über Wasserdampf öffnete und einsah, um sie dann später wieder unbemerkt zu verschließen. So hatte er auch Karls und Jennys Korrespondenz heimlich erbrochen und mit Neugier verschlungen.

Jenny schoss es durch den Kopf, dass Karl und sie fortan wirklich wichtige Dinge in Geheimschrift zu Papier bringen müssten, etwa mit italienischen Zitronen. Sie hatte gelesen, dass man mit diesem Saft unsichtbar schreiben könne, um das Ganze dann über Feuer wieder lesbar zu machen. Freilich musste man aufpassen, den Brief dabei nicht ganz zu verbrennen.

Und Ferdinand versuchte sich in Ausflüchten. Dass Karl aufrührerische Gedanken hege, sei schon längst von Mund zu Mund gegangen und von Berlin schneller, als sie sich denken könne, nach Trier getragen worden. Und in Trier verbreite sich ein solcher Klatsch natürlich in Windeseile.

»So, mein werter Bruder hört inzwischen auf Klatsch.«

Sie trat jetzt ganz nah an ihn heran und Jenny war nicht nur größer als er, sondern dieser Fliederduft und diese Nähe machte ihm fast Angst. Instinktiv wich er etwas zurück. Doch Jenny rückte nach. Ihre beachtliche Oberweite berührte schon sein Wams. Ein warmer Schauer raste über seinen ganzen Körper. Er bekam eine Gänsehaut.

»Ich habe dich immer für einen konservativen, aber seriösen Menschen und Bruder gehalten, der auf das Geschwätz der Leute nichts gibt«, schlug Jenny lustvoll in die offene Flanke, die ihr Ferdinand grade geboten hatte.

Ferdinand, in die Enge getrieben, schwieg. Jenny meinte sogar etwas Röte in seinem sonst bleichen und schmalen Gesicht wahrzunehmen.

Er versuchte, die Elektrisierung durch dieses weibliche Wesen mit einem Befreiungsschlag abzuschütteln:

»Er wird dich ruinieren. Denk an meine Worte, wenn es soweit ist.«

Jenny setzte noch einen drauf: »Und den Leutnant Pannwitz, den habt Ihr mir auf den Hals gejagt, nicht wahr?«

Ferdinand war geschlagen, vorerst. Jenny war er nicht gewachsen. Sie schien ihm in jeder Hinsicht überlegen, und das demütigte ihn nicht einmal, sondern löste einen merkwürdigen Reiz bei ihm aus. Erregt, stumm und ohne Gruß zog er sich zurück. Er schloss die Tür hinter sich.

Langsam, sehr langsam gingen für Jenny die Jahre der Trennung von Karl vorüber, sie lernte etwas Griechisch, las Hegel und beschwerte sich ironisch bei Karl: »Du hättest mich wohl ein bisschen loben können wegen meines Griechischen und meiner Gelehrsamkeit einen kleinen belobenden Artikel widmen können, so seid ihr aber nun mal, ihr Herren Hegelinge, nichts erkennt ihr an, und wenn es das Allervortrefflichste wäre, und so muss ich mich denn auch bescheiden und auf meinen eignen Lorbeeren ruhen.«

Karl war indes gar kein richtiger Hegeling mehr, sondern hatte sich von seinem Meister und auch von den Gesellen im Doktorclub gelöst. Er las die Schriften von Ludwig Feuerbach, einem Materialisten, und er begann sein eigenes System aufzubauen, was man seiner Doktorarbeit aber noch nicht ansah.

Verbotenes

Schließlich war es geschafft. Karl, inzwischen 21 Jahre alt, hatte den Doktorhut und er bestieg die Schnellpost, um nach Köln zu eilen, wo im Hotel Kölnischer Hof ein heimliches Treffen mit Jenny verabredet war. Bruder Edgar begleitete Jenny auf dem Dampfschiff nach Köln. Er wusste, dass er nur Anstandswauwau war, aber er tat es gern. Eben durchs juristische Examen gerasselt, konnte man ihn als Gleichgesinnten von Jennys und Karls liberal-demokratischer Haltung und später ihrer kommunistischen Ideen bezeichnen. Er spürte Jennys Erregung, als er mit ihr am Oberdeck saß, die ihr Schirmchen gegen die schwüle Hitze des Augusts aufgespannt hatte – und sie erinnerte sich an jene Liebeständelei hoch über der Mosel, bei der Karl sie gewonnen, nein, erobert hatte. Bislang aber waren sie beide unberührt und hatten nur heiße Küsse und Umarmungen ausgetauscht. Jetzt aber wollte sie aufs Ganze gehen. Sie hatte lange genug gewartet.

Und während Edgar sich sein erstes Sünner Kölsch im Bier-Esel zu einem Halven Hahn gönnte, rissen sich Karl und Jenny die Kleider in einer recht teuren Kammer des Kölnischen Hofes vom Leib. Was bei Karl nicht allzu lange dauerte, aber bei Jenny doch einige Zeit in Anspruch nahm, viele Schichten und Röcke waren abzutragen, bis ihr weißer Alabasterkörper zum Vorschein kam. Karl war über und über behaart und hatte etwas von einem wilden Tier, das heftig und zärtlich zugleich über sie herfiel. Jenny erregte seine behaarte Gier, seine zärtlichen Hände, die über ihre Haut strichen und ihren Pelz aufgestellt hätten, hätte sie ihn nicht vorher sorgfältig entfernt. Karl sah zum ersten Mal ihren perfekten glatten Körper, ihre runden prallen Brüste, an deren aufgestellten Igelnasen er sich festsaugte. Jenny war noch schöner, als er sie sich je vorgestellt hatte. Und alle Angst, er könne versagen, fiel von ihm ab, mühelos verband er sich mit der Liebe seines Lebens. Sie wurden eins. Und beide explodierten bald, sehr bald, sehr schnell und gleichzeitig. Jenny schrie und Karl brummte, und Jenny dachte, wenn das kein Kind wird, werden wir nie eins bekommen.

Und während Edgar sein viertes Sünner Kölsch genoss, genossen Karl und Jenny die Entspannung ihrer Körper, rochen ihre Körpersäfte, als sie nackt und engumschlungen in den weichen Federn lagen. So müsste es immer sein, dachte Jenny und Karl war froh, endlich seine Männlichkeit unter Beweis gestellt zu haben. Gleichzeitig arbeitete er sich schon wieder an Hegels Dialektik ab und tauchte in Feuerbachs Materialismus ein.

»Woran denkst du«, fragte Jenny. »An dich, nur an dich«, log Karl, und tatsächlich konnte nur Jenny ihn von seinen Gedanken abbringen, die ihm immer in den Kopf schossen, wenn er etwas anderes losgelassen hatte. Er spürte Jennys Wärme und er roch sie, wie sie ihn riechen konnte, und er wärmte ihre kalten zarten Füße.

Niemand außer Edgar, der nach acht Kölsch auch in sein Einzelzimmer im Kölnischen Hof gefunden hatte, erfuhr etwas von dieser heimlichen Vereinigung, mit der hier eine heilige Regel der bürgerlichen und christlichen Gesellschaft übertreten worden war. Aber beide bereuten nichts.

Und so schrieb Jenny nach Bonn, wo Karl auf eine Uni-Anstellung hoffte:

»Engelchen, ich fühle keine Reue. Ach, Karl, ich weiß sehr gut, was ich getan und wie ich vor der Welt geächtet wäre, ich weiß das alles, alles und dennoch bin ich froh und selig und gib selbst die Erinnerung an jene Stunden um keinen Schatz der Welt dahin.«

Und sie hatten Glück. Jenny war nicht schwanger.

Doch der Vater Ludwig, Karls Lehrmeister, wurde krank, schwer krank.

Und Karl bekam seinen Universitätsposten nicht. Denn sein Lehrer Bauer verlor seine Anstellung und so konnte Karl sich nicht habilitieren. Preußen zog die Daumenschrauben an. Auch liberale Denker wurden jetzt verfolgt und an der Spitze der Verfolgungen: Ferdinand von Westphalen.

Karl blieb nicht untätig. Zusammen mit anderen Junghegelianern, darunter auch der merkwürdige Stirner, gründeten sie in Köln die *Rheinische Zeitung*, für die Karl eifrig Artikel schrieb und deren Chefredakteur er bald wurde.

Doch er machte sich Sorgen um seinen ersten und besten Lehrmeister, seinen hoffentlich baldigen Schwiegervater, Ludwig von Westphalen.

Der war seit Monaten bettlägerig. Sein Geist war noch stark, doch seine Lebenskräfte entwichen ihm langsam.

Da bekam Ludwig Besuch von Ferdinand. Der gab sich erst pflegerisch, ließ sich von Lenchen eine starke Brühe machen und bringen und flößte sie seinem Vater ein.

»Ihr werdet Euch bald wieder erholen!«

»Wenn's nur wahr wäre.« Der einst drahtige Ludwig war nur noch ein Schatten seiner selbst.

»Warum habt Ihr Euch auch nicht geschont. Nie habt Ihr Euch geschont.«

»Wird das noch eine Gardinenpredigt?«

»Es käme mir nicht in den Sinn, Euch in dieser Stunde …«

»Sprich dich ruhig aus.«

Und Ferdinand konnte nicht an sich halten, es musste heraus.

»Nun, ich habe nie verstanden, warum Ihr Eurer zweiten Gattin, meiner verehrten Stiefmutter, bei der Erziehung der Kinder so freie Hand gelassen habt. Hinzu kam noch, dass das leitende Prinzip der Mutter darin bestand, den lieben Kindern ihren freien Willen zu lassen. Sie wurden von ihr – man kann es sagen – ins Angesicht gelobt, selbst wenn sie dumme Streiche machten. Und was sich nicht schickte, ward entschuldigt oder – nicht gesehen! Zu allem Überfluss wurden die Kinder dann auch noch bei Verwandten, ja selbst bei Fremden«, immer noch flößte er die Suppe seinem Vater ein, »über die Maßen gelobt.«

»Nur heraus damit, schütte dein Herz aus, solange ich noch hören kann.« Ludwigs Stimme war wieder fester jetzt.

Ferdinand tat sich keinen Zwang mehr an: »Ich halte deine Gattin für eine gleichgültige, ja abstoßende Persönlichkeit.«

»Schön, mein Sohn, dass du mir dies alles auf meinen Gang ins Jenseits mit auf den Weg gibst.«

Ferdinand teilte weiter aus: »Und Jenny, Jenny habt Ihr zu einem widerspenstigen Mädchen werden lassen, das diesem Wirrkopf hörig geworden ist.«

»Nicht immer die gleiche Leier, Ferdinand.«

Ludwig verweigerte den Rest der Suppe und Ferdinand stellte den Teller ab.

»Aber nun«, Ludwigs Augen bekamen wieder Kraft, »weiß ich endlich, woran ich bei dir bin. Du bist ein reaktionärer preußischer Bürokrat, der die Freiheit des Geistes nicht schätzt, der lieber Despoten dient, sich nach oben buckelt und nach unten tritt.«

»Vater, das habe ich nicht verdient.« Seine Stimme war wieder von diesem eigentümlichen Pfeifen begleitet.

»Nun, du wirst sicherlich noch mehr Karriere machen und diesem Staat noch mehr dienen als die meisten. Nur, Ferdinand, dieser Staat ist ein absolutistischer Militärstaat, der nur Unglück über die Menschheit gebracht hat und bringen wird, und das werden weder mein Weib noch meine Kinder tun. Im Gegenteil, die werden für die Freiheit kämpfen, allen voran Jenny und Karl. Zum Glück bist du jedoch der Einzige in der Familie, der preußenhörig ist, und ich verzeihe es dir.«

»Und ich kann Euch nicht verzeihen, dass Ihr diesen Verrückten in Eure Familie aufgenommen habt, denn er wird es sein, der mit seinen Ideen Unheil über Preußen, über Europa, ja die ganze Welt bringen wird. Der Traum der Vernunft, den er träumt, wird Ungeheuer gebieren.«

Ferdinand war wieder laut geworden. Da sprang die Tür auf und Karl polterte herein.

»War eben die Sprache auf mich gefallen? Wenn Ferdinand von Westphalen seine pfeifende Stimme erhebt, dann bin meist ich das Ziel seiner Flüche.«

Ohne Ferdinand weiter zu beachten, kniete sich Karl ans Bett seines Mentors.

»Mein Lehrmeister, was macht Ihr für Sachen? Ihr sollt froh und munter über die Weinberge spazieren und nicht in der Federbettengruft darniederliegen. Hat er Euch wieder Vorwürfe gemacht, was für einen schlechten Schwiegersohn Ihr bald haben werdet.«

Ferdinand war zutiefst beleidigt. Er wurde fast durchsichtig, und ohne ein Wort Karl gegenüber zu verlieren, tastete er sich an der

Bettlade mit hoch erhobenem Kopf zur Türe, um sich im Abgang Ludwig zuzuwenden:

»Ich muss wieder in die Abteilung, falls Ihr nochmals ein Gespräch mit mir wünscht, lasst mich rufen. Ich bin jederzeit bereit, Euch aufzusuchen.«

»Das wird nicht nötig sein, Herr Oberregierungsrat«, schoss Karl seine Kanone ab, »ich bin ja jetzt da und versuche Euch in Geist und Tat bei Eurem Vater zu ersetzen.«

Ferdinand trug sein Beleidigtsein ohne ein weiteres Wort aus der Türe.

Ludwigs Gemüt wurde durch die Frechheiten Karls wieder aufgemuntert. Dessen Bosheit gefiel ihm und er war neugierig.

»Was macht die *Rheinische Zeitung*?«

»Sie blüht und gedeiht, ich habe diverse Gesinnungsgenossen aus dem Doctorclub bei mir, Ruge, einen Radikaldemokraten, Hoffmann von Fallersleben, einen Einheitsdeutschen, Hess, einen utopischen Kommunisten, und Stirner, einen verbockten Freigeist. Und man hat mir den Chefredakteursposten angeboten.«

»Die Erde wird beben vor euren Gedanken. Eine wahrhaft illustre Truppe.«

»Es dürfte nicht einfach sein, die widersprüchlichen Charaktere zusammenzuhalten, doch das wird den Reiz der Zeitung ausmachen.«

»Habe ich einen neuen Saint-Simon, einen neuen Fourier, gar einen Thomas Morus an meinem Bette knien?«

»Auf das Ende des Letzten kann ich verzichten. Jedoch: Freiheit und Demokratie schreibe ich auf unsere Fahnen.«

»Geht vorsichtig damit um, sonst wird man euch schneller, als ihr glaubt, diese Fahnen entreißen oder euch gar mit Kanonenkugeln ins Visier nehmen. Mit Preußen und Kerlen wie Ferdinand ist nicht gut Kirschen essen.«

»Das wollen wir auch gar nicht. Kritik, Kampf und Kirschen will ich allein mit Jenny und meinen Freunden teilen.«

»Du weißt, wie es gemeint ist. Überspann den Bogen nicht, zumindest noch nicht.«

Karl wollte gar nicht von Ludwigs Seite weichen, auch Jenny war bald im Raum, sorgenvoll wegen Ludwig und froh zugleich über Karls Anwesenheit.

Ludwig schlief einige Male ein. Und wenn er erwachte, nahm Jenny seinen Kopf an ihre Brust und Karl seine Hand. Ludwig blickte die beiden an. Die Nacht kam, Gaslampen spendeten orangenes Licht. Die Kräfte wichen langsam aus Ludwig. Mehrfach nickte er an Jennys Mieder ein, um schließlich frühmorgens endgültig seinen Kopf zu senken. Jenny weinte. Auch Karl bekam mehr als feuchte Augen und heulend hielt er Ludwigs und Jennys Hand. Edgar schließlich griff in der Stube draußen in das Pendel der großen Standuhr und brachte es zum Stillstand. Sie zeigte 6 Uhr, am 3. März 1842. Und es war allen, als würde die Nacht draußen noch dunkler werden.

Jenny und Karl hatten jetzt ihre beiden Väter verloren. Mit ihren Müttern konnten sie nicht viel anfangen. Karl mit seiner noch weniger, vor allem weil sie ihm sein Erbe nicht auszahlte, sondern die Verwaltung desselben an einen Onkel namens Philips in Holland abgab – und der ließ sich Zeit, auch nur irgendetwas auszuzahlen. Doch noch hatte Karl eine gute Stellung bei der *Rheinischen Zeitung*, die von liberalen Bürgern und Aktienhaltern finanziert wurde.

Bald nach Ludwigs Tod zogen die Westphalens nach Kreuznach. So oft er konnte, war Karl jetzt bei Jenny, da Kreuznach mit dem Dampfschiff von Köln aus, rasend schnell für damalige Zeiten, erreicht werden konnte. Karl wollte endlich heiraten und Jenny verlangte ihre Mitgift.

Rheingrafenstein

Mitten in den Hochzeitsvorbereitungen, die die Liebenden wieder heiterer, man könnte fast sagen euphorischer stimmten, tauchte plötzlich die Zwergin von Arnim auf und wollte ihr neuestes Werk *Dies Buch gehört dem König* mit Karl besprechen.

Jenny war höchst alarmiert wegen der »kleinen Kröte«, wie sie die begabte Dichterin insgeheim bezeichnete. Das alte Weibsstück wollte ihr also doch ihren Karl abspenstig machen.

Impertinent stellte sie sich Jenny vor und flüsterte ihr zu, sie brauche sich keine Sorgen zu machen, sie sei sexuell nicht an Karl interessiert, sondern nur an seinem Rat als Arbeitsmann und Philosoph.

Jenny strafte sie mit Schweigen. Und Karl stand verlegen da, zuckte unbeholfen mit den Achseln und ließ sich von der Kröte aus dem Buch vorlesen: »Es war an einem recht sommerlichen Tag, ich denk nach, was aus dem lieben Sonnenschein all werden soll, den ich da so mutterselig allein in mich fressen muss …«

Ja, das gefiel Karl. Die Zwergin konnte schreiben:

»In dieser Welt, wo Böses und Gutes oft in so herzlicher Umarmung einander am Busen liegen, da haben irdische und himmlische Angelegenheiten gar einen künstlichen Verkehr.«

Karl dachte diesmal wirklich nicht an echten Verkehr, die Zwergin war in den wenigen Jahren, in denen er sie nicht mehr gesehen hatte, recht schnell alt geworden und ließ ihm nicht mehr das Blut in seinen Riemen schießen.

»General, bitte …«, protestierte Tussy.

Aber als Literatin und Gesellschaftskritikerin – ihr Buch ging tatsächlich über das Elend der Weber, Spinner und Tagelöhner im Vogtland – erregte sie sein Interesse.

Es war schon später Nachmittag und die Zwergin, die sich im gleichen Gasthof Zur Sonne wie Karl einquartiert hatte, schlug Karl vor, bei einem Spaziergang zum Rheingrafenstein, einem schroffen Felsen mit Burgruine und langem Steg am Rhein, weiter Gedanken auszutauschen. Karl war nicht Manns genug, sich zu widersetzen, obwohl ihm bewusst war, dass es dunkel werden würde, bis sie dort anlangten, und gefährlich.

»Karl, du wirst abstürzen, die kleine Kröte wird dich mit in die Tiefe reißen und ich werde mich dann aus Gram hinterherstürzen.«

Doch alles Bitten und Betteln half nichts. Karl begleitete, ausgerüstet mit einer Petroleumlampe, die Arnim auf dem steinigen Weg zum Rheingrafenstein.

Und die Unterhaltung war durchaus fruchtbar. Die kleine Arnim schilderte Karl das verfluchte Leben der Spinner und Weber und schärfte seinen Sinn für die Ausgebeuteten, auch den Steg – es war tatsächlich dunkel – überquerten sie mit der Lampe ohne Mühe. An dem einsamen Felsen angekommen, wollte die Zwergin noch etwas hinaufklettern. Karl riet dringend davon ab. Doch die Zwergin zog sich, für ihr Alter noch behände, hoch und ließ sich dann ein Stück weiter oben – gespielt ungeschickt, das konnte Karl gegen den Mond nicht erkennen – fallen und plumpste so mitten in die Arme von Karl, der sie blitzschnell reagierend auffing, dabei aber nach hinten fiel und mit ihr nah am Abgrund schwebte. Ohne Umschweife überzog der kleine Wicht nun Karl mit seinen Küssen und herzte ihn, wo es nur ging.

»Bettina, nicht, ich heirate demnächst.«

Aber Bettina ließ nicht ab von ihm, klammerte wie ein Affe und versuchte ihn zu erregen. Sie steckte ihm ihre Zunge in den Mund und ritt auf ihm. Doch Karl ließ alles kalt. Der Zeitpunkt, an dem er sich mit dem kleinen Weibchen hätte vereinigen können, war längst vorbei. Und so musste er sich zur Wehr setzen. Er stemmte sich gegen sie, gab sich einen Ruck und sprang auf. Die literarische Riesin und körperliche Zwergin musste vor dem Abgrund zurückgehalten werden, was ihm mühelos gelang. Sie biss ihm noch enttäuscht in die Hand. Er ließ es zu und schrie nicht einmal auf. Danach wanderten sie ruhig und wortlos zurück. Karl war verwundert, dass das kleine quirlige Wesen auch mal den Schnabel halten konnte. Als Bettina ihm kurz vor Kreuznach ihren letzten Apfel aus ihrem Täschchen anbot, lehnte Karl höflich ab. Das Buch werde sicher ein großer Erfolg, gab er noch an der Türe der Sonne von sich. Er und Bettina sahen sich nie mehr.

Als er zum Haus der Westphalens kam, fand er Jenny ganz zusammengesunken vor. Es sei wirklich nichts passiert, sie hätten sich nur über das Buch und Literatur unterhalten. Und Jenny glaubte es, Karl klang ehrlich. Als sie seine Wunde an der Hand sah, sagte er fast die Wahrheit: Frau von Arnim sei gestürzt und er habe sie an den schroffen Felsen hochziehen müssen und habe sich dabei verletzt. Jenny meinte zwar ironisch, die Verletzung sehe eher nach einem Biss von Vampirzähnen aus, ließ es aber auf sich beruhen, denn wie sie richtig vermutete, hatte Karl sich ihrer erwehrt und dafür die Quittung bekommen. Jetzt war sich Jenny sicher. Karl würde ihr treu bleiben.

Am nächsten Tag war die Kröte verschwunden und am übernächsten musste Karl schon wieder mit dem Dampfschiff nach Köln reisen, um die *Rheinische Zeitung* auf Vordermann zu bringen. Der Abschied von Jenny war wieder schrecklich. Das habe nun endlich bald ein Ende, säuselte Karl zärtlich und sprang auf das Schiff. Jenny winkte noch lange mit einem weißen Tuch in ihrer Hand, bis das Schiff hinter der nächsten Biegung verschwand.

Edward Aveling war in der Stadt. Tussy wollte ihn unbedingt treffen. In Engels' Haus konnte er nicht auftauchen, auch wenn Engels einiges von ihm hielt, doch Aveling hatte sich Geld vom General geliehen und nicht zurückgezahlt und traute sich daher nicht in die Regent's Park Road. Aveling war einer jener seltsamen Männer, klein, verwachsen, hässlich, die trotzdem eine ungeheure erotische Wirkung auf Frauen hatten. Er kleidete sich vornehm, was seine Erscheinung noch grotesker machte, hatte glasige Reptilaugen, abstehende Ohren, eine Schnapsnase und schüttere Haare, lebte getrennt von seiner Frau, hauste danach mit einer Freidenkerin zusammen und hatte sich, als diese in die Jahre kam, nach Marxens Tod an dessen jüngste Tochter, an Tussy herangemacht. Er war Arzt und Angeber, sprach von seiner Arbeit, als bekäme er alle Medizinerpreise der Erde, und war doch ohne Anstellung und mittellos und pumpte an, wen er nur anpumpen konnte. Auch die bildhübsche, schwarzhaarige Tussy, das Schneewittchen, war auf ihn und seinen erotischen Charme hereingefallen und folgte ihm aufs Wort. Obwohl sie von seinen zahlreichen Affären wusste, zögerte sie nicht, ihm zu Diensten zu sein, wann immer er es wollte. War er krank, pflegte sie ihn, schrieb er ihr, sie solle kommen, kam sie, wollte er sie im Bett haben, stieg sie ohne Zögern dazu, und verstieß er sie, ließ sie sich verstoßen, um ihm sofort wieder zu folgen, wenn er winkte. Sie war ihm hörig, auch wenn er mehr Darwin als Marx zu seinem Helden erklärte. Als sie hörte, dass er in der Stadt sei, musste sie zu ihm und gab somit unvernünftig das Schlachtfeld im Hause Engels zeitweise frei.

Louise und Bebel nutzten sofort die Gelegenheit und knöpften sich den General vor. Er war nach dem Mittagsschlaf weiter im Bett geblieben, da schwach und etwas wirr im Kopf, wozu der Champagner und der Portwein, den Louise ihm regelmäßig einflößte, beitrugen. Engels war sozusagen in aufgeräumter Lull-und-Lall-Stimmung, als Louise und Bebel den Generalangriff im wahrsten Sinne des Wortes starteten.

Engels hörte gar nicht richtig zu. Ihm war klar, dass Bebel an den Nachlass wollte. Und Bebel, eiskalt, wortgewaltig und sympathisch wie immer, schlug vor, ihn und Louise zum Testamentsvollstrecker des Generals zu ernennen. Dass Louise bei dem Coup da mitmachte, durchblickte Engels im Nebel des Alkohols nicht und er dachte daran, wie er Karl zum ersten Mal begegnet war.

Verboten

War es im Herbst 1842 oder im Frühjahr 1843? No matter! Karl liebte Spielzeug aller Art, besonders Eisenbahnen. Und Lokomotiven aus Blech, die man aufziehen konnte, hatten es ihm besonders angetan. Er starrte in das Schaufenster eines Spielzeugladens in Köln und war fasziniert von der auf eisernen Schienen Kreise ziehenden *Rocket*, Stevensons bahnbrechender Lokomotive. Karl musste hineingehen und von seinem hart verdienten Geld gleich ein solches teures Stück erwerben. Er bemerkte dabei nicht, dass ihm danach mehrere preußische Geheimpolizisten folgten und ihn wie schwarze Schatten begleiteten, als er durch die Gassen Kölns sich einem schiefen Haus näherte, an dem stolz das güldene Schild »Rheinische Zeitung« prangte, und die ebenso schiefe Treppe hinaufstieg, die gerne ächzte und stöhnte und einem jedes Mal sagen wollte, dass sie bald unter der Last der Jahre und Tritte zusammenkrachen würde. Karl polterte, wie es so seine Art war, die Lok gut eingepackt unterm Arm und eine qualmende Zigarre im Mund, die Stiege hoch. Die zwei Schatten versuchten, ihm lautlos zu folgen, was die alte Treppe nicht zuließ, die bei jedem Schritt der Spitzel, auch wenn sie noch so leise auftraten, laut knarrte. Diverse »Pssts« konnten die Geräusche auch nicht reduzieren. Endlich oben angelangt, vernahmen die Herren Polizisten, an der dicken Eichentür lauschend, einen lauten Streit. Und plötzlich – einer der Verfolger konnte seinen Holzkopf nicht mehr schnell in Sicherheit bringen, der nun mit der Tür kollidierte, die, aus ähnlichem Material wie der Kopf, aufsprang und ihn vor Schmerz laut aufschreien ließ – erschien meine Wenigkeit auf der Bühne der Geschichte.

Ich hatte blondes Haar, war blauäugig im wahrsten Sinne des Wortes, recht groß, fünf Fuß, sechs Zoll, Rheinisches Maß, also etwa 176 Zentimeter und durchaus gut gekleidet. Ich trug ein zusammengeleimtes Bündel Papiere dabei und war zornig.

Bulle 1: »Preußische Geheimpolizei, Ausweis!«

Ich zückte meine Brieftasche:

»Ich darf mich kurz vorstellen, Engels mein Name, Friedrich Engels, 22 Jahre alt, Fabrikantensohn aus Barmen.«

»Und wie ich sehe, kommen sie grade aus Manchester.«

»Sehr wohl, auch dort pflegt mein alter Herr eine Fabrik zu betreiben.«

Bulle 2: »Und was haben Sie hier zu suchen?«

»Geht Sie das was an?«

Bulle 3: »Wir können Sie auch mitnehmen.«

»Nun, das wäre die Sache nicht wert und dann würde Papa auch davon erfahren. Streit, Ärger. Mutters Migräne … ich gestehe.«

Bulle 2: »Gestehen ist immer gut!«

»Ich hatte einen kleinen Disput …«

Bulle 3: »Wir ham's gehört.«

Bulle 1: »Mit wem?«

»Na, mit ihm …«

Bulle 3: »Mit …?«

»Wenn ich das so sagen darf: mit einem extrem sturen Bock …«

Ich erinnere mich genau, wie die Spielzeugeisenbahn mit einem auf der Strecke gebliebenen Waggon kollidierte und entgleiste. Und wie Karl, immer noch ohne richtigen Bart, mir das Bündel Papier, das ich ihm zugeschickt hatte, zurück in meine Hände expediert hatte …

Karl: »Lassen Sie mich in Ruhe mit Ihrem kommunistischen Quatsch.«

Engels, laut: »Das ist weder kommunistisch noch Quatsch, das ist die Beschreibung der bitteren Realität.«

Karl, lauter: »Schließen Sie die Tür hinter sich … Und zwar von draußen!«

Engels: »Sie haben keine Ahnung vom Proletariat.«

Karl: »Aber Sie, Fabrikantensöhnchen!«

Engels: »Sesselfurzer!«

Das war zu viel. Er warf mit seiner neuen Lokomotive, die ihrem Namen alle Ehre machte, nach mir. Doch muss ich sagen, dass ich seinerzeit Sport trieb und die Geschicklichkeit meiner Hände trainierte, und so fing ich die *Rocket* auf. Es wäre auch viel zu schade gewesen, sie an der Wand zerschellen zu lassen. Technische Produktivkräfte zu zerstören, noch dazu solch revolutionäre, war nie in meinem Sinne.

Engels: »Sie sollten erst lernen, die Weichen richtig zu stellen.«

Ich zog die *Rocket* auf, hob sie auf die Schienen und ließ sie – nachdem ich fachgerecht eine Weiche gestellt hatte – ohne Kollision – laufen.

Der erste Geheimpolizist hatte in meinem Manuskript gestöbert und endlich gefunden, was er zu finden erhofft hatte:

»Aha, Proletariat, Komm-un-is-mus!« Mehr Text schaffte er nicht, da er nach drei Jahren die Schule hatten verlassen müssen, um als Bulle zum Lebensunterhalt der Scheißfamilie seines Scheißvaters beitragen zu müssen. Er blätterte zurück zum Deckblatt:

»Zur Lagen der Arbeiten …«

»Lage nicht Lagen, Zur Lage der Arbeitenden! …den!«

Bulle 1: »Arbeiten Klasse in England!«

»Sie sehen, England, das böse England, das muss sie gar nicht interessieren.«

Bulle 2: »Und ob uns das interessiert, vielleicht sind Sie ein Spion …«

Bulle 3: »Für England.«

»Sonst noch was?«

Bulle 1: »Das Buch ist beschlagnahmt.«

Ich sah, dass ich diesen drei minderbemittelten staatstragenden Subproletariern etwas auf die Sprünge helfen musste, und zückte meine Privatschatulle. Der Geldschein aus der Brieftasche wanderte in seine Hände. Der Bulle war sprachlos, beinahe:

»Sie wollen mich bestechen?«

»Stört Sie das?«

»Dann kriegen meine Kameraden auch was!«

»Sozial veranlagt?«

»Werden Sie nicht frech!«

Doch gleichzeitig drückte er mir mein Buch wieder in die Hand und besiegelte so die Handsalben. Auch seine Co-Spitzel bekamen je einen Schein und ich zog es vor, mich danach rasch zu entfernen.

Auf der ächzenden Treppe rief ich noch:

»Und wünsche frohes Stürmen der Festung.«

Nun, das war etwas unfein, aber ich gönnte Karl und seiner Truppe, die mich ebenfalls unfein hatten abblitzen lassen, eine kleine Abreibung.

Und die sollten sie auch bekommen.

Mit einem mittelalterlichen Holzrammbock, der grade, als ich abwärts stürmte, von weiteren Vasallen hochgebracht wurde, verschafften sie sich Zutritt zur liberalen Tagespresse. Ich war schon fast draußen, als ich es droben laut krachen hörte und die Häscher wohl in die Redaktion stürmten.

Karl erzählte die Geschichte immer wieder gern.

Die drei schlecht bezahlten Preußenknechte fragten jeden der anwesenden Schreiberlinge, ob er Karl Marx sei, weil es offensichtlich noch keinen Steckbrief von ihm gab.

Wie auch immer, der Erste, den sie antrafen, war der anarchistische Sturkopf Stirner. Er wurde zusammen mit Marx und den anderen Redakteuren beim Modelleisenbahnspielen »überrascht«. Alle zusammen waren sie gewarnt worden, dass die preußische Regierung einen Coup gegen sie vorhatte, und so hatten sie sämtliche Druckplatten und Artikel andernorts deponiert. Die Geheimbullen aber zeigten sich sehr verwundert, statt schreibenden spielende Redakteure vorzufinden.

Stirner war mit seinem Buch der *Einzige und sein Eigentum* recht bekannt geworden und hatte mit seiner egoistischen Ideologie natürlich Widerspruch bei Marx und mir erregt. Ich muss zugeben, bei Marx noch mehr als bei mir, ich hielt diesen vereinsamten Denker durchaus für interessant, Marx vermutlich zu Anfang auch. Mit seinem Kult des Egoismus stellte sich Stirner, der eigentlich Johann Caspar Schmidt hieß, gegen den preußischen Staat und gegen die protestantische Kirche. Das war schon mal interessant für uns. Doch sein übertriebener Idealismus konnte uns nicht gefallen, auch wenn ich zugeben muss, dass er uns als Dialektiker zur Negation reizte, also unseren historischen Materialismus positiv mitprägte. Er soll sogar so verrückte Vögel wie diesen Friedrich Nietzsche beeinflusst haben. Aber mit solchen Psychopathen wollten wir nie etwas zu tun haben.

Der Mann, der beim Koppeln weiterer Waggons an die *Rocket* hochgerissen wurde, hieß Hoffmann von Fallersleben, war der Älteste in der Runde und schon damals ein bekannter Mann, da er das *Lied der Deutschen*, später Nationalhymne des Reiches, gedichtet hatte. Solche Prominenten waren von Marx bewusst zur Mitarbeit an der *Rheinischen Zeitung* gebeten worden, um die Auflage und Bekanntheit des Blattes zu erhöhen. Außerdem soll er anfangs durchaus antipreußisch gesinnt gewesen sein. Deswegen war Hoffmann auch ausgewiesen worden, aber hatte der Ausweisung keine Folge geleistet. Marx hoffte damals, dass dies noch nicht bis zu den tumben Geheimpolizisten Kölns vorgedrungen wäre. Doch da hatte er sich getäuscht. Einer von ihnen trug ein dickes Buch bei sich, in dem Fallersleben verzeichnet war. Er wurde als Erster mitgenommen, man legte ihm sogar Eisen an. Bald darauf irrte er staatenlos durch die Fürstentümer und Kleinreiche Deutschlands auf der Suche nach einer neuen Heimat. Erst nach der Revolution 1848, an der er sich nicht beteiligte, wurde er zum Dank dafür wieder in den Schoß Hessens aufgenommen. Seine liberalen Ansichten wichen später mehr und mehr einer Deutschtümelei, die das *Deutschland, Deutschland über alles* wörtlich nahm und es nicht als Ansporn einer notwendigen nationalen Einigung sah. Er hetzte dann auch gegen Frankreich und die Juden, was ihn für uns unappetitlich machte. Tussy würde jetzt einwenden, Marx und ich hätten ja auch ähnliche Sprüche abgelassen, doch das geschah nie öffentlich und diente nur unserer Belustigung. Ja, Tussy, du würdest sagen, das ist kein Argument. Aber vielleicht dieses, dass Moses Hess einer unserer besten Freunde und – ich muss es zugeben – Inspiratoren wurde. Er war Jude und Sozialist und baute, um das Schienennetz zu erweitern, gerade eine Weiche in die Strecke ein. Grob gestört von den Polizisten wurde er gleich als zweifach gefährlich eingestuft. Mosi, wie wir ihn nannten, war einer der Ersten, der in Marxens Umgebung den Kommunismus gepredigt hatte, was Marx erst gar nicht gefiel, denn er fürchtete, dass seine Schöpfung dadurch gefährdet würde. Was tatsächlich der Fall war, doch auch Marxens damals noch liberal geprägter Kampf für eine radikale Demokratisierung war den Preußen schon mehr als ein Dorn im Auge.

Und wen haben wir da noch: Ja, der Mann, der soeben versuchte, einen Güterwagen mit abgebrannten Streichhölzern zu beladen, war Georg Herwegh, ein begabter Dichter mit flackernden Augen und manchmal recht nervösen Zuckungen, der später eine berühmte Arbeiterhymne schreiben sollte, die mir persönlich ans Herz wuchs:

Mann der Arbeit aufgewacht!
Und erkenne deine Macht!
Alle Räder stehen still,
wenn dein starker Arm es will.

Die Bullentruppe und vor allem ihr Anführer waren jedoch sehr schlecht auf diese Männer zu sprechen, welches durch die Tatsache verstärkt wurde, dass sie, obwohl alles durchwühlt und manches zerschlagen wurde, nichts staatsfeindlich Verwertbares in ihre wurstigen Finger bekamen. Spätere Geheimpolizisten haben in solchen Fällen dann selbst Staatsfeindliches ausgestreut und gefunden. Aber diese

Kerle waren einfach zu dumm dazu. Nachdem ihr Auftrag gelautet hatte, den Laden auszuheben, taten sie das auch ohne große Funde.

Da die Redaktion und ihr Chef Karl Marx auch nicht über größere Bestechungssummen verfügten, musste die ganze Bagage mit auf die Wache und dann zum Verhör. Vorher aber steckte man die Herren Redakteure tatsächlich noch in eine Zelle, deren Wand mit einem großen Hörrohr ausgestattet war. Als Hess anhob, so wurde es mir jedenfalls erzählt, und für mehr Radikalismus in meinem Sinne plädierte – er soll tatsächlich meinen Namen genannt haben –, verbat ihm Marx sofort das Wort, da er vermutete, dass die Zelle belauscht würde.

Tatsächlich saß hinter dem Rohr ein Beamter des preußischen Geheimdienstes, der uns noch öfter begegnen sollte. Sein Name war Stieber, Wilhelm Stieber. Ein besonderes Exemplar preußischer Perfidie. Er führte auch das Verhör und nahm sich als Ersten natürlich Marx vor.

»Gebens Sie's doch zu, Sie sind Jude und Kommunist.

»Kommunistische Bestrebungen habe ich in meiner Zeitung immer unterdrückt. Ich bin liberaler Demokrat.«

»Schlimm genug!«

»Zensoren wie Sie sind eine aussterbende Spezies. Die Freiheit der Presse lässt sich nicht mehr lange unterdrücken.«

»Das hat euch dieser Mist-Napoleon eingeflüstert …«

»Napoleon, nein, aber die Revolution, die Französische Revolution. Die war schon mal hier und die kommt wieder …«

»Nicht, solange es Preußen gibt.«

»Und sie macht Preußen kopflos …«

»Sie drohen seiner Majestät, Sie erlauben sich, dem König von Preußen, seiner Majestät Friedrich Wilhelm IV., die Guillotine zu wünschen …?« Stieber empörte sich, ja drohte mit der Faust.

»Das habe ich nicht gesagt, Sie müssen zuhören. Ich sprach von Preußen, einer aussterbenden Spezies von Staat …«

»Majestätsbeleidigung, Hochverrat, ich sperre Sie ein, bis Sie blau werden …«

»Schwarz muss es heißen, schwarz …«

»Pass auf, Nigger!«

Der Protokollant nahm alles auf, was gesprochen wurde, aber diese Entgleisungen Stiebers passten dem ersten Leser nicht ins Konzept. Dessen Name war Ferdinand von Westphalen.

»Herr Stieber, mir gefällt nicht, dass Sie sich im Verhör gehen lassen. Ein Verhör muss sachlich geführt werden, mit dem entsprechenden Nachdruck, aber nicht mit unflätigen Bemerkungen.«

»Wo sind denn hier unflätige Bemerkungen?«

»Nigger, Jude, so etwas hat in einem ordentlich geführten Verhör nichts verloren.«

»Das sind für mich keine Unflätigkeiten und ich erlaube mir zu bemerken, ich habe Ihnen das Protokoll nicht zur Verfügung gestellt, um mir Ihre Kritik anzuhören. Köln fällt nicht in Ihren Sicherheitsbereich, ich muss Ihnen also gar nichts zeigen.«

»Nun, das könnte sich bald ändern, Herr Stieber, ich empfehle Ihnen daher, mir weiterhin Informationen zukommen zu lassen. Außerdem ist Kleinstaaterei mitten in Preußen nicht angebracht. Um diesen Staat zu schützen, müssen wir alle zusammenhalten.«

Er legte Stieber einige Taler auf den Tisch.

»Doch nicht hier, Herr Oberregierungsrat. Hier haben alle Wände Ohren und Augen.«

»Stellen Sie sich nicht so an«, tuschelte Ferdinand, von Stiebers Ängstlichkeit angesteckt.

Schneller, als Westphalen schauen konnte, waren die Goldstücke in Stiebers Tasche verschwunden.

»Was geschieht weiter mit den festgesetzten Herren?«, wollte Ferdinand noch wissen.

»Da wir nichts Verdächtiges gefunden haben, werde ich sie wohl über kurz oder lang freilassen müssen. Außerdem wird ihr Blatt für alle Zeit verboten. Und diesen Marx, diesen Rädelsführer, würde ich, wenn es nach mir ginge, sofort erschießen lassen.«

»Nun, Stieber, so schnell schießen wir Preußen nicht. Noch nicht.«

»Aber der Kerl ist eindeutig Kommunist.«

»Ich habe seine Artikel gelesen, Kommunistisches fand ich darin nicht, er scheint mir eher so etwas wie ein Demokrat zu sein.«

»Das ist staatsgefährdend genug«, polterte Stieber, »wenn wir diesen Leuten den kleinen Finger geben und demokratische Gedanken zulassen, nehmen sie gleich die ganze Hand und schreiten zum Kommunismus.«

»Sie können nicht jeden Demokraten erschießen, Stieber, wir müssen diese Spezies geistig bekämpfen, nur so kommen wir gegen sie an.«

»Mir sind Knüppel und Gewehr lieber, Herr Oberregierungsrat von Westphalen, da kommen wir nicht zusammen. Bei der Gelegenheit, ist Herr Marx nicht Ihr Schwager?«

»Noch nicht – und ich werde es auch zu verhindern wissen.«

Karl saß in der Gemeinschaftszelle und kritzelte einen Brief in seiner Sauklaue. Doch die Adressatin kannte diese Klaue und auch später war sie neben mir und vielleicht noch Lenchen, ja zeitweise auch dir, Tussy, die Einzige, die sie entziffern konnte.

Auch Mosi war da. Stirner und Herwegh spielten Schach. Fallersleben, der vollkommen ruhig auf seine Ausweisung wartete, sah ihnen amüsiert zu. Mosi linste Karl über die Schulter: »Was Ernstes?«

»Sehr ernst. Wenn ich rauskomme, heirate ich.«

»Ist das nicht überstürzt?«

»Überstürzt, seit sieben Jahren sind wir verlobt.«

»Sieben Jahre?«

»In der Tat.«

Fallersleben unterbrach ihren Dialog mit fester Stimme: »Der Weg der Franzosen ist falsch, wir müssen einen eigenen Weg gehen, den der deutschen Nation, in der alles Fremde ausgetilgt ist.«

»Jeder ist fast überall fremd«, wusste Hitzkopf Stirner, »am fremdesten soll er sich selber sein. Dabei bin ich einzig. Erst wenn ich mein Eigner bin, bin ich selbst.«

»Stirner, dein Egoismus ennuyiert mich«, teilte Karl im Schreiben aus.

»Das ist kein Egoismus.«

»Dann nenn es Anarchismus«, schlug Hess vor.

»Unsinn, ihr versteht mich nicht«, war Stirners Antwort.

Hess war jedoch nicht zu bremsen: »Leben ist Austausch produktiver Lebenstätigkeit. Aber das Geld ist der Stempel unserer Sklaverei. Diese Sklaverei bestimmt alles. Anstelle aller Sinne ist die Entfremdung aller Sinne getreten. Der Sinn des Habens.«

Er sprach nun laut, damit es auch die Lauscher hörten: »Ich klage an – den Antagonismus von Armut und Reichtum.«

Wir nannten Mosi den kommunistischen Rabbi, er hatte sich erst schmerzlich vom Judentum gelöst und war dann einer der ersten Sozialisten in unserer Runde. Kommunismus und Sozialismus verstand man damals noch als Synonyme. Die begriffliche Trennung kam erst durch Marx und mich. Wie auch immer, Mosi schwärmte vom Menschen als gesellschaftlichem Wesen, vom Zusammenwirken der verschiedenen Individuen für ein und denselben Zweck.

Hess brüllte und verkniff sich ein Lachen: »Was wir brauchen, ist die Aufhebung der Klassengegensätze, die Gleichberechtigung von Mann und Weib. Und« – noch lauter zur Tür hin – »wir brauchen die freie Liebe.«

»Unsere Zeitung ist schon verboten«, erinnerte ihn Karl, »deine Anstrengungen sind vergeblich, Mosi. Und by the way, würdest du deine Frau mit mir teilen? Ich würd's nicht tun. Meine Jenny ist einzig und einzig und allein mein Eigentum.«

»Ich rede nicht von teilen. Eine Frau ist kein Ding, was man teilt, eine Frau soll das Recht zur freien Liebe haben, wie wir Männer auch.«

»Und wer bestimmt dann, mit wem?« Karl wurde neugierig.

»Sind die Klassengegensätze überwunden, regelt sich das von selbst.«

»Schön wär's«, gab Karl zurück, »ich unterwerfe mich lieber erstmal den Regeln der Ehe.«

Karl war damals tatsächlich noch ein Anhänger der monogamen Ehe. Das bin ich nie gewesen. Nur, was sollte an ihre Stelle treten, wenn es tatsächlich mal keine Klassen mehr gäbe. Polygamie? Und wie die? Ohne Ausbeutung? Das war mir damals ein Rätsel und ist es mir heute. Damals haben wir die Geschlechterfrage noch leichtsinnig weggewischt. Heute sehe ich das anders. Übrigens Mosi … Mosi hatte so seine Probleme mit Weibern. Und als er endlich eine gefunden hatte, hieß die nicht nur Sibylle und war ziemlich hässlich, sondern war auch noch eine Nutte. Mosi wollte sie unbedingt aus der Gosse ziehen, was ihm, wie zu erwarten war, nie richtig gelungen ist. Doch davon später.

Für Karl aber war es soweit. Er konnte seine geliebte Jenny endlich ehelichen.

Davor machte Ferdinand noch einen letzten Versuch. Er bat Jenny in sein Büro.

»Ich will gleich in medias res gehen. Wie kannst du unsere Familienehre so demütigen?«

»Der Einzige, der dies als Demütigung empfindet, bist du, Bruderherz. Apropos, es ist eine Demütigung für mich, hier einbestellt zu werden.«

Ferdinand überhörte den Vorwurf und schüttete sich wieder aus:

»Der Kerl ist ein Aufrührer, in seiner Seele hausen Wölfe!«

»Und in deiner kleinste Kleingeister. Aber Kleingeister reizen mich nicht zur Liebe, Wölfe schon.«

Ferdinand schluckte. Er wirkte recht winzig in seinem großen Ledersessel. Jenny hatte sich erst gar nicht hingesetzt. Jetzt stand sie, wie schon so oft, provozierend vor ihrem Halbbruder.

Ferdinand versuchte es mit Lügen: »Der Kerl ist Kommunist, ich habe Beweise, ich könnte ihn wegen Hochverrates anklagen lassen …«

Jenny beugte sich über den Tisch. Flieder, sie roch wieder nach Flieder.

»Du hast schon immer schlecht gelogen.«

Dieses widerständige, ausgenommen schöne Weib erregte ihn. Ferdinand musste sich beherrschen. Er sprang auf und lief zum Fenster. Ihm war heiß und kalt zugleich.

»Kommunisten teilen ihre Weiber«, stotterte er.

Jenny folgte ihm, rückte ihm sanft rauschend und süßlich herb duftend auf die Pelle, ohne ihn zu berühren. Sie spürte seine Erregung und spielte damit.

»Mein Herzensmann ist weder Kommunist noch Hochverräter, er passt nur nicht in dein preußisches Gefängnis, in deinen Kasernenhof des Denkens. Und nun höre gut zu, selbst wenn er Kommunist wäre und selbst wenn die die Frauen teilen würden, würde ich mit ihm gehen. Und du kannst sicher sein, ich würde mir auch so manchen Mann teilen, würde mir schon die richtigen Kämpfer für liberté, egalité und fraternité aussuchen. Und bestimmt wäre Karl le même entre les égaux. Der Primus unter Gleichen.«

»Ich bin des Französischen mächtig«, und wieder begleitete ein Pfeifen seine Sätze.

»Ich bin entsetzt, wie weit du schon in die Gosse abgestiegen bist.«

»Alles außerhalb deines Kasernenhofes des Geistes ist für dich Gosse. Wie kann ich da mit dir streiten.«

Sie ließ ab von ihm, dem ein stechender Schmerz durch den Schädel schoss: Ferdinand bekam seine Migräne, griff sich mit beiden Händen ans Haupt, das jeden Moment zu platzen drohte. Doch Jenny kannte nun keine Gnade mehr und hämmerte mit ihren Worten weiter auf des Halbbruders Schädel ein.

»Karl ist nun mal der Mann meines Lebens, und wenn ich mich wegen ihm in Lumpen hüllen und in bitterster Not durch die Welt vagabundieren müsste, ich würde es tun. Denn er ist der Einzige. Er ist mein Gatte.«

Ferdinand musste seinen Schmerz irgendwie loswerden – er wurde ausfallend:

»Nun, zur Begattung scheint es ja schon gekommen zu sein. Schmutz allerorten.«

»Ach, Bruderherz lässt uns beobachten.«

Der Schmerz in Ferdinands Kopf ließ nicht nach, das Pfeifen war jetzt im Schädel. Er ging zum Schreibtisch, holte ein Pulver aus der Schublade, löste es mit Wasser aus einem wohl für solche Fälle bereitstehenden Krug auf und goss sich das ein. Er konnte kaum noch reden vor Qual.

Jenny spürte seine Hilflosigkeit und pirschte sich wieder an ihn heran.

»Ich verbitte mir jede Einmischung.«

Sie hatte ihn im Griff. Noch ein paar garstige Worte aus ihrem Mund, und der Halbbruder wäre reif fürs Hospital gewesen. Doch soweit wollte es Jenny nicht kommen lassen. Einen Feind braucht jeder Mensch, dachte sie sich, und wenn es der eigene Bruder ist. Jenny ließ im entscheidenden Moment locker. Ferdinand kam wieder zu Luft. Jetzt erst recht, dachte er. Die Schmerzen wollte er Karl und Jenny heimzahlen. Sie hatten sich einen mächtigen Feind geschaffen, und es sollte nicht der einzige bleiben.

Doch Jenny und Karl waren unschlagbar. Das glaubte sie fest und nie mehr war ihr Glaube fester als an diesem Tag.

Das Brautpaar

Das neue Kleid war phantastisch. Grüne Seide glänzte in der Sonne des 19. Juni 1843, als das Brautpaar die Paulskirche von Kreuznach verließ. Jenny, deren Schönheit noch betont wurde durch den Schnitt und das changierende Kleid mit den schwulstigen Ärmeln, die rot glitzernden Ohrringe und der gleichfalls roten Korallenkette, die sie um ihren schneeweißen Hals trug, hielt einen rosafarbenen Rosen-Brautstrauß in Händen. Die ehemalige Ballkönigin hatte einfach Geschmack. Karl im dunklen Anzug, mit wilder schwarzer Haarpracht und noch feinem, kurzgeschnittenen Vollbart wirkte durchaus stattlich, auch wenn sein Äußeres ihn älter als 25 erscheinen ließ und Jenny in ihrem grünen Kleid weitaus jünger wirkte als 29. Jennys Mutter Caroline war da und Edgar, Jennys echter Bruder und Karls Bruder im Geiste. Meines Wissens war auch Karls Schwester Sophie, teure Freundin Jennys, als Einzige aus der Familie Marx dabei.

Sophie, der immer der Schalk im Nacken saß, musste später ein schreckliches Schicksal ertragen, sie wurde mentally disturbed. Im Oktober 1883, also gut vierzig Jahre nach diesem schönen Ereignis lieferte man sie mit Gehirnerweichung in die Irrenanstalt Düren ein, da sie damals in Aachen wohnte. Sie schrie, sie tobte und fiel dann in dumpfes Brüten. Tussy, die ihre Tante nie zu Gesicht bekam, hatte große Angst, einmal das gleiche Schicksal zu erleiden wie die Schwester ihres Vaters und beste Freundin Jennys.

Das strahlend schöne Bild der Hochzeit, ihre Mutter in dem grünen Kleid mit den rosa Rosen, vermischte sich jetzt bei Tussy mit ihrer Vorstellung vom traurigen Ende ihrer Tante, deren bigotter katholischer Glaube sie nicht vor der Geisteskrankheit bewahrt hatte.

Dies alles schoss Tussy durch den Kopf, als Dr. Edward Aveling, der kleine Mephistopheles, von dem sie nie loskommen sollte, in der billigen Absteige über sie herfiel, ihr sein Ding überall hineinsteckte, wo es nicht hingehörte, und stöhnend seine Säfte immer wieder abspritzte.

Sie wusste, dass dieser bösartige Quasimodo sie nur ausnutzte, dass er ihr trotz aller Dauergeilheit kein Kind machen konnte. Sie wusste, dass dieses sterile Teufelchen sie kurz danach wieder anpumpen, ihr von Charles Darwin erzählen und prophezeien würde, bald eine ganz ähnliche Entdeckung der Welt präsentieren zu können. Und Tussy wusste, dass dies alles gelogen war und er bald wieder verschwinden würde, sobald er seine Triebe ausgelebt und sein Geld eingesackt hatte. Er würde dann wieder zu dieser Freidenkerin fahren oder zu irgendeinem anderen Weib oder zu einer Nutte und die auch noch mit ihrem, Tussys, Geld bezahlen. Und doch kam und kam sie nicht los von ihm. Und während sich der permanent geile Aveling immer und immer wieder an ihr verging, dachte Tussy wie sie einst – es musste 1876 gewesen sein, mit ihrem schon schwer ergrauten und krank gewordenen Vater Kreuznach besucht und wie er ihr stolz die Stationen seines hart erkämpften Glückes präsentiert hatte: Die glücklichsten Tage seines Lebens, als er endlich Jenny und sie endlich ihn hatte. Eine Liebe, die, wenn sie auch noch so mühsam und konfliktbeladen, doch eine Liebe bis in den Tod gewesen war.

Karls Mutter hatte sich damals die Reise erspart, vermutlich aus Scham, mit ihrem schlechten Holländisch-Deutsch und ihrer Halbbildung Opfer von Spott zu werden. So war die Hochzeitsgesellschaft nicht besonders groß und die Tafel nicht besonders üppig. Die Mitgift für Jenny konnte man auch nicht gerade als übermäßig hoch bezeichnen, immerhin eine Schatulle mit Geld, Wäschestücke aus Damast und ein prachtvolles Silberbesteck der berühmten schottischen Vorfahren der Westphalens, sogar mit Familienwappen darauf. Wer konnte damals ahnen, dass dieses Besteck des Öfteren in diversen Londoner Pfandhäusern seinen Platz finden würde und statt Fleisch zu schneiden oder Suppe zu löffeln, helfen musste, Geld für die Marxens aufzutreiben, wenn sie mal wieder über ihre Verhältnisse lebten, und das war faktisch immer der Fall. Einmal wurde Jenny sogar in Soho verhaftet, von Bobbys mitgenommen, weil die ihr nicht glaubten, dass das schottische Silberbesteck mit Familienwappen des Grafen Argyll ihr Eigentum sei. Einer so verarmten abgerissenen Frau war dieses Silber nicht zuzurechnen.

Doch niemand dachte an jenem Juni 1843 daran, was alles Schlimmes noch kommen könnte. Das Glück tafelte mit an jenem Sommertag in Bad Kreuznach, und einer, der auf keinen Fall mittafeln wollte, dazu wohl auch nicht eingeladen war, Ferdinand von Westphalen, beobachtete mit einem kleinen goldenen Klappfernrohr – das man sich als Oberregierungsrat von Trier immerhin leisten konnte – das fröhliche Treiben. Eine kleine Kapelle spielte und Karl hatte extra Walzer gelernt, um wenigstens an seiner Hochzeit mit der Trierer Ballkönigin gleichziehen zu können – und er tanzte nicht schlecht. 1,2,2; 1,2,2. Der Dreivierteltakt lag ihm und er schleuderte seine Jenny herum und die schwarze Mähne schleuderte mit und das grüne Seidenkleid rauschte und flog im Kreis, wie man in Bad Kreuznach noch nie ein Kleid hatte fliegen sehen. Und Karl stand seinen Mann und stand seinen Walzer, aufrecht und schwungvoll, wie es sich für einen aufrechten Demokraten gehörte. Und er tanzte seine Jenny in einen unglaublichen Wirbel hinein. Es drehte und drehte sich und endlich war Karl mittendrin in dieser Drehung. Jenny hauchte, fast atemlos: »Ich bin glücklich, Karl.«

»Ich auch«, war seine kurze Antwort. Und zwei Menschen hatten sich hier gefunden, die die Welt aus ihren Angeln heben würden. Man musste den Verhältnissen nur ihre Melodie vorspielen, dachte

Karl, dann würde man sie zum Tanzen bringen. Das war nun seine Aufgabe. Er war nicht der Rattenfänger von Hameln, sondern der Rattenfänger des Planeten. Das Spiel auf der Flöte begann. Ferdinand klappte sein Fernrohr zusammen.

Der General war wieder eingenickt. Doch Louise rüttelte ihn wach. Bebel saß neben ihr und beide saßen am Bett des Generals.

»Wo ist Tussy?«, fragte Engels, schon schwer unter Pilsener, Champagner und Cognac gesetzt. »Tussy muss doch mit dabei sein.« Louise hätte gern geantwortet: »Tussy ist bei ihrem Stecher und diesen Moment wissen wir zu nutzen.« Doch sie hütete sich.

Doch eine kleine Spitze konnte sie sich nicht verkneifen: »Sie hat einen wichtigen Termin mit Dr. Aveling. Ich vermute, er wird sich gerade Geld von ihr leihen.«

Doch auch das war unpassend. Engels verwahrte sich dagegen, dass alle immer über Aveling herzögen, er sei ein guter Doktor und ein noch besserer Übersetzer des *Kapitals* ins Englische gewesen. Jedenfalls zeigte Engels an, dass er Aveling nicht verstieß, wie viele andere aus der sozialistischen Bewegung es taten, eben weil Aveling sich von allen Geld lieh und es nie zurückzahlte. Auch von Engels hatte er sich Geld geliehen und es nicht zurückgegeben. Doch den General störte das nicht, schließlich hatte er jahrzehntelang auch Marx Geld gegeben, das er nicht zurückbekam. Großen Talenten musste man Geld leihen, das man nicht mehr bekam. Große Talente waren zu genial, um selbst Geld zu verdienen. Nun, er wollte Aveling nicht mit Marx vergleichen, aber vielleicht würden seine medizinischen Forschungen eines Tages Wichtiges entdecken, einen Impfstoff oder eine Medizin oder sonst etwas. Jedenfalls war Louise schlecht beraten gewesen, die Unterhaltung mit einem Seitenhieb auf Tussy zu beginnen. Doch jetzt hob Bebel an. Er habe tatsächlich nicht viel Zeit und man müsste sich jetzt doch wirklich mal um den Nachlass des großen Marx kümmern. Bei niemand anderem als bei der Sozialdemokratischen Partei Deutschlands sei er besser aufgehoben. Denn die SPD sei die kongeniale Partei des Marxismus und die Sozialdemokraten die kongenialen Erben von Marx.

Engels bekam fast einen Lachkrampf, aber seine Angina, die in Wirklichkeit Kehlkopfkrebs war, hinderte ihn schmerzhaft daran, laut aufzulachen. So kicherte er nur in sich hinein. Dumm, zu dumm, dass Tussy nicht hier war. Dem quirligen Bebel würde er, der Nachgiebige, leicht zu Überredende, nicht mehr lange standhalten können und bald würde er ja sagen, obschon doch Tussy und ihre Schwester Laura die eigentlichen Erben des bedeutendsten Nachlasses dieses Jahrhunderts – mal abgesehen von dem von Darwin – waren, dachte sich der General und Louise schenkte ihm, angeblich gegen die Schmerzen, noch einen Cognac ein. Langsam verschwand die Stimme Bebels: »Du musst Louise und mich als Testamentsvollstrecker einsetzen.« Und Engels hörte nur noch »Vollstrecker, Vollstrecker …«

Die Hochzeitsreise war eher bescheiden und nicht weit und doch begann hier für das frisch getraute Paar eine Reise, die es in den kommenden Jahren durch halb, ja fast ganz Europa führen würde. Jetzt ging es erst einmal nach Bingen und von da nach Baden-Baden. Auch 1843 noch mit der Postkutsche. Das Glück war dem Paar tatsächlich ins Gesicht geschrieben. Beide strahlten nur so und angesichts dieses Glücks zeigten sie ihre Großzügigkeit. Eine Großzügigkeit, die, was Ausgaben betraf, ihr ganzes Leben lang keine Grenzen kannte. Sie war so, wie Karl später den Kapitalismus beschreiben würde: nichts anderes als maßlos.

Beide hielten Händchen und Jenny hatte es sich nicht nehmen lassen, das grüne Seidenkleid zu tragen, sodass sie und Karl die ganze Breite einer Bank der Postkutsche einnahmen. Auch die rosa Rosen reisten mit und ruhten auf Jennys Schoß. Eine dickliche Frau saß ihnen gegenüber, daneben ihr dürrer Mann mit zerfurchtem Gesicht und hohem Zylinder. Und als Dritter daneben der uns schon bekannte Stieber, der sie auf vielen ihrer Reisen als Schatten verfolgen sollte. Er sagte kein Wort. Doch die dicke Frau mit rosa Bäckchen, die etwa die gleiche Farbe hatten wie Jennys Rosen, konnte nicht mehr an sich halten.

»Die brauchen Wasser.«

»Ich lasse sie trocknen«, entgegnete Jenny, »und presse sie dann. Zur Erinnerung.«

»Darf ich raten? Hochzeitsreise?«

»Ja, nach Baden-Baden.«

»Wie romantisch.«

Da schaltete sich der dünne Mann der Dicken ein: »Aber hüten sie sich vor der Spielbank. Dort hat schon manches Paar seine Mitgift verspielt.«

»Keine Angst, ich hüte sie wie meinen Augapfel.«

Damit öffnete Jenny stolz die Schatulle mit dem Geld und zeigte sie den Mitreisenden.

Karl: »Wir sind der Ansicht, dass jeder an unserem Glück teilhaben sollte.«

Jenny: »Nehmen Sie sich ruhig, so viel Sie brauchen!«

Die dicke Frau zögerte und wurde noch rosiger. Doch ihr dünner Mann griff sofort zu, holte zwei Scheine und dann noch einen. Und jetzt griff auch das rosa Schweinchen zu. Gleich mehrere Scheine packte sie mit ihren Wurstfingern. Jenny reichte die Schatulle auch an Stieber weiter. Der schüttelte erst den Kopf.

Karl: »Nur zu.«

Jenny: »Das Glück aller ist unser Ziel.«

Da grabschte sich Stieber einen ganzen Batzen Scheine. Auch der Dünne bediente sich noch einmal.

Als die Schatulle endlich wieder bei unserem glücklichen Hochzeitspaar ankam, war fast nichts mehr drin. Ihre langen Gesichter wandelten sich schnell in lachende. Was brauchten sie Geld, die Hure, sie waren ja glücklich.

Tussy war ihr Geld, Aveling dafür seinen Samen losgeworden und verschwunden. Aber er braucht es doch, sagte sich Tussy, und es schien, als sei das Geld-aus-dem-Fenster-Schmeißen bei den Marxens in den Genen. Fast ohne einen Penny, die Absteige war auch nicht gerade billig gewesen, machte sich Tussy zu Fuß auf in die Regent's Park Road, wo über den Marx'schen Nachlass – und faktisch über ihr Schicksal – verhandelt wurde. Tussy hoffte, dass sie nicht zu spät kommen würde, und beschleunigte ihre Schritte Richtung Haus des Generals. Und plötzlich kam ihr in den Kopf, dass sie wohl noch nie einen dieser Momente des

Glücks erlebt hatte, von denen ihr Vater damals, viele Jahre nach seiner Hochzeit, bei ihrem gemeinsamen Besuch am Rhein, berichtet hatte.

Immer noch beseelt, aber ziemlich erschöpft, kamen Jenny und Karl zurück nach Bad Kreuznach. Und siehe da, auf Karl wartete die preußische Regierung. Diesmal wollte sie ihn nicht verhaften, sondern bot ihm eine Stelle an. Und er, als geschasster Chefredakteur, praktisch mittellos, ohne Aussicht, je an einer Universität lehren zu können, war fast geneigt, die Stelle anzunehmen. Doch Jenny wusste sofort, wer hinter dem offiziellen Brief steckte: Ferdinand, das Bruderherz, inzwischen Regierungspräsident in Liegnitz. Der wollte ihren Mohren an die Kandare nehmen und ihn so vom Freigeist zum Preußenknecht verwandeln.

»Du nimmst das auf keinen Fall an, Karl.«

Karl widersprach nicht, er wusste, dass Jenny recht hatte und dass er, wollte er publizistisch etwas erreichen, nicht in den bürokratisch-preußischen Staatsdienst eintreten konnte. Das wäre sein Ende gewesen.

Doch was tun?

Die Ratlosigkeit der beiden fand schnell ein Ende, als Karl von Arnold Ruge das Angebot bekam, an den *Deutsch-Französischen Jahrbüchern* mitzuschreiben, ja als Mitherausgeber zu fungieren. Und weil diese Zeitschrift revolutionär sein sollte, konnte sie nicht in Preußen erscheinen, sondern nur in der freiesten Stadt der Welt, in Paris.

Jenny war wie elektrisiert: Paris. Dort schien nicht nur der Geist der Zeit, sondern auch das Leben zu wohnen.

Und wenige Tage später waren sie in der Stadt der Hoffnung, der Utopie und der Zukunft angekommen.

Paris

Arnold Ruge war fast 16 Jahre älter als Karl und um einiges kleiner. Manche mochten ihn als hässlich bezeichnen. Tussy kannte nur Fotos und war nicht dieser Meinung. Der arme Ruge hatte schon einige Jahre Knast hinter sich wegen seiner freisinnigen und demokratischen Gesinnung. Mehrere in Sachsen und anderswo in Deutschland verfasste Jahrbücher waren verboten worden. In der französischen Hauptstadt schien das kaum möglich. Und Karl war Ruge als kommender Kopf schon ein Begriff. In Paris wollte Marx zusammen mit Ruge den Verhältnissen endlich die eigene Melodie vorspielen. Zu ihnen gesellte sich noch ein Russe, der über eine beachtliche Leibesfülle, dabei aber auch über eine erstaunliche Behändigkeit verfügte. Er erzählte ihnen, sein Vater habe in Russland 10 Sklaven gehabt und da man in Russland nur Männer zählte, müsse man davon ausgehen, dass es 10 männliche und 10 weibliche Sklaven gewesen seien. Er aber, so der Dicke, sei für die vollständige Emanzipation der Frauen und die Befreiung von jedem Joch, das es auf der Welt gäbe. Ruge verhielt sich ihm gegenüber distanziert, aber Karl war fasziniert von diesem Zweimeter-Koloss, der ihn in seiner unbedingten Art an den Egoisten Stirner erinnerte. Und als Karl den ersten Artikel des Russen, mit der Überschrift *Die Reaktion in Deutschland* las, war er hin und weg: »Notwendig ist eine qualitative Umwandlung, eine neue lebendige und lebendig machende Offenbarung – ein neuer Himmel und eine neue Erde, eine jugendliche und herrliche Welt, in der alle gegenwärtigen Dissonanzen zur harmonischen Einheit sich auflösen werden.«

Und der Artikel des Russen schloss mit den faszinierenden Sätzen: »Lasst uns also dem ewigen Geiste vertrauen, der nur deshalb zerstört und vernichtet, weil er der unergründliche und ewig schaffende Quell alles Lebens ist. – Die Lust der Zerstörung ist zugleich eine schaffende Lust.«

Da der Russe auch schon einiges an Verfolgung hinter sich hatte, veröffentlichte er den Artikel unter Pseudonym.

Sie aßen gerade in einem Lokal zu Mittag und der Russe schaufelte in sich hinein, was es gab, rülpste und furzte auch ungeniert dabei und verkleckerte so manche der köstlichen französischen Speisen, als Karl ihn nach seinem richtigen Namen fragte. Da gab der Russe brummelnd und mit Essen im Mund, kaum zu verstehen, von sich: »Bakunin, Michail Alexandrowitsch Bakunin.«

Wer konnte damals ahnen, dass dieser Mann, fast genauso wie Ferdinand, aber von der entgegengesetzten Seite, ein Intimfeind Mohrs werden sollte. Apropos Ferdinand. Nicht lange nach Drucklegung der ersten *Deutsch-Französischen Jahrbücher* lag das Doppel-Heft 1/2 auf seinem Tisch. Der preußische Zoll hatte die Zeitschrift, von der Grande Nation informiert, an der Grenze komplett abgefangen und Ferdinand wusste nicht, welcher Artikel, ob der von Bakunin, der von Ruge oder der von Karl mehr staatsgefährdend war. Karl schrieb hier: »Der Mensch macht die Religion, die Religion macht nicht den Menschen. Sie ist die phantastische Verwirklichung des menschlichen Wesens, weil das menschliche Wesen keine wahre Wirklichkeit besitzt. Das religiöse Elend ist in einem der Ausdruck des wirklichen Elendes und in einem die Protestation gegen das wirkliche Elend. Die Religion ist der Seufzer der bedrängten Kreatur, das Gemüt einer herzlosen Welt, wie sie der Geist geistloser Zustände ist. Sie ist das Opium des Volkes.«

Ferdinand wurde blass und durchsichtiger denn je. Er hatte Karl immer richtig eingeschätzt. Karl war ein Gegner der Religion und er leugnete mit diesen Aussagen Gott, er sah den Glauben als einzig vom Menschen gemacht, weil das Elend der Welt ihn dazu trieb. Das war Blasphemie. Karl war der Anti-Christ.

Ferdinand verband nun das Angenehme mit dem Nützlichen. Er spielte den Beelzebub, der den Teufel austrieb, und ließ von Liegnitz aus, auch dies würde, das war seine Überzeugung, sich für ihn karrierefördernd auswirken, die Kontakte zum preußischen Erbfeind Frankreich spielen. Schließlich gab es trotz aller Feindschaft Gemeinsamkeiten und dazu gehörte die Bekämpfung geistigen Terroristentums, also empfahl Ferdinand seinen französischen Feinden, eine weitere Ausgabe dieser umstürzlerischen Zeitschrift zu verhindern. Und tatsächlich, bald darauf drang die französische Geheimpolizei in die Druckerei ein, ließ sich die Druckplatten aushändigen und zerstörte auf der Stelle alles mit Hammer und Meißel.

Bakunin setzte sich ab und Karl war wieder ohne Perspektive. Ruge dagegen machte einen lustigen Vorschlag.

Als Tussy endlich mit schmerzenden Füßen in der Regent's Park Road angekommen war, hatte sich Engels wieder in den Schlaf geflüchtet und war so den Angriffen von Bebel und seiner Kuh entflohen. Das glaubte Tussy jedenfalls, begab sich in ihr Zimmer und hoffte, Louise und der große Vorsitzende würden nicht wieder lautstark ihre Vereinigung besingen.

Wie gern hätte sie jetzt Engels' Erzählung seiner zweiten Begegnung mit Mohr gelauscht, die sie, obwohl der General sie schon dutzendmal zum Besten gegeben hatte, immer wieder gern hörte – denn sie war durchaus amüsant.

Das Trio

»Was bilden Sie sich eigentlich ein, ich komme aus der Hölle!«

Das schrie der General Mohr entgegen, als dieser ihn in seinem Pariser Exil erneut, wie wenige Jahre zuvor in Köln, abkanzelte.

Nun, der General kam aus Manchester, wo sein Vater zusammen mit einem Kompagnon eine Dependance, eine Textilfabrik, Ermen & Engels, besaß. Es war dort tatsächlich die Hölle. Aber dass er aus der Hölle kam, konnte man nicht erkennen, denn Engels trug feinsten Zwirn, goldene Manschettenknöpfe, weiße Handschuhe und einen weißen Seidenschal.

Karl antwortete entsprechend: »Geht aber fein zu in der Hölle.«

»Ich komme aus der Hölle der Mill, der Knochenmill, der Fabrik«, betonte Engels erneut.

»As far as I know, sehen Proletarier anders aus«, war Karls spitze Antwort.

Engels (immer noch erregt): »Sie, Sie … die Sie keine Ahnung haben, vous voulez m'apprendre.«

»Sprechen Sie deutsch, mein Französisch est situé dans le développement. Im Übrigen haben Sie mich belehrt, und dies without my invitation«, schimpfte Karl dreisprachig.

Der General erwähnte an dieser Stelle immer, dass er ein wertvolles Glas aus der Mitgift vom Tisch genommen hatte, um es an die Wand zu klatschen.

Doch Karl gebot ihm Einhalt: »Lassen Sie das Glas in Frieden, es ist aus dem Familienbesitz der von Westphalens, meine Frau arrache le tête vers eux, wenn es kaputtgeht.«

Engels: »La tête.«

Karl missachtete die Korrektur: »Außerdem könnten Sie sich verletzen, und ich will keinen blutenden Kapitalisten in meinem Haus. Man könnte mir noch anhängen, dass ich so gewalttätig sei wie Bakunin.«

»Wie haben Sie mich genannt, Kapitalist?«

»Das sind Sie doch wohl, wenn Sie in Papas Fabrik die Proletarier knechten.«

Engels stellte das Glas wieder zurück, nahm Hut und Zylinder und wollte gehen.

»Leben Sie wohl. Ich bin zu Ihnen gekommen als Freund, aber ich habe einen typischen Philosophen vorgefunden, selbstgefällig, intolerant, wehleidig und arrogant.«

»Wer hat Ihnen gesagt, dass ich auf Freunde aus bin. Ich hatte so viele Freunde und sie haben mich alle verraten …«

»Vielleicht war es ja umgekehrt.«

Karl ignorierte die Spitze: »Stirner, der nur an sein Ich denkt. Von Fallersleben, der zum Reaktionär geworden ist. Bauer, der sich anpasst … Aus und vorbei.«

Jetzt nahm Karl das Glas und warf es auf den Boden, wo es in Stücke zersprang. Einen Moment lang herrschte Ruhe.

»Nun, bei den Herren dürften Sie sogar recht behalten«, versuchte Engels das Gespräch zu glätten.

In diesem Moment kam Jenny noch in Reisekleidung zur Tür herein, das kleine schwächliche Jennychen auf dem Arm, mit dem sie, zu dessen Rettung, mehrere Monate in Trier bei einer Amme zugebracht hatte. Nur so konnte das Erstgeborene überleben. Jetzt war Jennychen erschrocken und weinte.

»Karl, was machst du mit meinen Erbstücken, das Kind erschrecken? Dazu wurden sie uns nicht übereignet.«

Mit einem kurzen Lächeln streifte Jenny den Blick von Engels und nahm ihn als stattlichen Mann wahr, groß, blond, blauäugig und mit kerzengerader Haltung.

»Liebste, du bist zurück!« Karl schlug sanfte Töne an.

Engels wusste sofort, was zu tun war. Und was er noch öfter in diesem Hause tun würde: Er nahm die Schuld auf sich.

»Ich muss um Verzeihung bitten. Mit der mir eigenen Ungeschicklichkeit habe ich ein Glas aus Ihrem Familienbesitz zerbrochen. Engels, mein Name, Friedrich Engels. Freunde nennen mich Tschennerell!«

Und Jenny – während sie noch das Kind beruhigte – strahlte ihn mit ihrem unwiderstehlichen Charme an: »Ich habe Ihre Artikel gelesen, die wiegen das Glas voll auf. Darf ich Sie zum Abendessen einladen?«

»Ein überaus hübsches Kind, ganz die Mutter.« Engels strich Jennychen übers Haar, und tatsächlich beruhigte sich das Kind nun ganz. Es hatte keine Scheu vor dem General.

»Und Ihre Einladung nehme ich gerne an.«

»Sie scheinen Kinder zu mögen«, lächelte sie.

»Eine meiner vielen Nebenbeschäftigungen«, fischte Engels weiter nach Komplimenten.

Jenny musterte ihn – gerade weil er so charmant war – genau. Der Mann konnte ihr gefährlich werden. Nicht als Mann, nein als Freund ihres Mannes. Er schien einer der wenigen, die ihm gewachsen sein könnten.

Und Jenny ahnte hier, was praktisch lebenslang ihr Schicksal war. Dass sie ihren Karl, ihr Schwarzwildchen, mit diesem Mann zu teilen hatte.

Sie machte eine knappe Verbeugung und verschwand in die Küche. Doch da sie noch keine Küchenhilfe hatte und auch keine Köchin und da sie selbst nicht einmal ein Ei braten konnte, ließ sie für teuer Geld Essen aus einem der besten Restaurants in der Nähe kommen, das sie nur noch aufzuwärmen hatte, sie musste allerdings aufpassen, dass sie es in ihrer großbürgerlichen Ungeschicktheit nicht verbrannte.

Doch das Mahl mundete – und der Champagner war noch besser. Karl scherzte, wie immer etwas grob:

»Der Mann kommt in mein Haus, beleidigt mich und erhält zum Dank noch ein Abendessen.«

»Ein vorzügliches dazu«, betonte Engels schmeichelnd.

Jenny lächelte. Jennychen schlief.

Engels umgarnte die beiden: »Ich kam nach Paris, um dem großen Denker, von dem alle sprechen, meine Aufwartung zu machen. Und ich ...«

»Wenn es zu einer Revolution kommt, dann hier in Paris.«

Engels versuchte seinen Satz zu vollenden: »... und ich biete euch meine Dienste ...«

Karl jedoch war ein begabter Unterbrecher: »Ich habe Hunderte von Ideen, Plänen und Systemen gehört, gelesen: Simon, Fourier, Owen, Proudhon. Sie sagen: ›Gebt uns freie Hand und einen Tag und wir werden alles umstürzen.‹«

»Nicht alles, es wäre doch eine Sünde, den vorzüglichen Wein der Hausherrin beim Umsturz umzustürzen«, kokettierte Engels.

Jenny, schon leicht beschwipst: »Der General hat recht, absolut recht. Und ich gestehe Ihnen, mein Herzenskarl ist begeistert von Ihnen, Ihre *Umrisse zu einer Kritik der Nationalökonomie* waren für ihn ein Weckruf.«

Karl warf ihr einen kurzen, fast bösen Blick zu. Nie jemanden loben, war sein Prinzip.

Doch Jenny ignorierte ihr Schwarzwildchen: »Kapital ist aufgespeicherte Arbeit. Im Kasten liegend, ist es tot, es braucht die Zirkulation, um sich zu vermehren.«

Die Frau hatte Geist. Engels stimmte sofort zu: »So ist es, und das Privateigentum macht den Menschen zu einer Ware. Weil das Privateigentum jeden auf seine eigene rohe Einzelheit reduziert.«

»Doch die Ökonomie ließ sich nie einfallen, nach der Berechtigung des Privateigentums zu fragen«, ergänzte Jenny.

Karl drohte ins Hintertreffen zu geraten, schwieg aber weiter.

Und Engels: »Die Konkurrenz hat alle unsere Lebensverhältnisse durchdrungen und die gegenseitige Knechtschaft, in der die Menschen sich jetzt halten, vollendet.«

Jenny zitierte jetzt gar auswendig aus des Generals Artikel: »Ihr habt die Enden der Erde zivilisiert, um neues Terrain für die Entfaltung eurer niedrigen Habsucht zu empfangen.«

Und Engels ergänzte: »Großer Besitz vermehrt sich überhaupt viel rascher als kleiner ... Die Mittelklassen müssen immer mehr verschwinden, bis die Welt in Millionäre und Paupers (Almosenempfänger), in große Großgrundbesitzer und arme Tagelöhner geteilt ist ...«

Karl hatte bis jetzt mit Pokerface zugesehen. Um Terrain zu gewinnen, zitierte er selbst – und sehr frei den General:

»Vor lauter Überfluss verhungern die Leute ... bis im großen Umschwung ... besser in einer Revolution, das Jahrhundert ... wir wissen noch nicht, ob in diesem Jahrhundert ...«

Engels war nicht einverstanden: »Ihr verbiegt meinen Text!«

Karl: »Ich korrigiere ihn. – Endziel dieser Bewegung ist die Versöhnung der Menschheit, sagen wir des Menschen mit der Natur, also mit sich selbst.«

Für einen Moment flog ein Engel durch den Raum. Eine geistige Ménage-à-trois hatte sich gebildet. Doch Karl musste nun die Führerschaft an sich reißen und plapperte als Primus inter Pares in die Stille hinein:

»Bislang hat man geglaubt, dass die Menschen denken, entscheiden und anordnen und dass als Folge davon alles um uns herum existiere: die Banken, die Fabriken, die Postkutschen!«

Jenny nahm die kleine Blechlok und die Waggons, die in der Ecke standen, ins Visier: »Und die Eisenbahn!«

Karl: »Und die Eisenbahn! – Was aber, wenn das Brot und der Kampf um das Brot, die Arbeit, die Klassen, der Adel, die Bourgeoisie ...«

»Nicht zu vergessen, die Proletarier!«, ergänzte jetzt Engels.

Karl: »Ja, die Proletarier, der Grund, der Urgrund wären und alles andere, auch unsere Ideen und Lieder, die Kunst, die Religion, alles eine Folge davon. Wenn also das Sein das Bewusstsein bestimmt.«

Engels: »Und nicht umgekehrt!«

Jenny fixierte mit ihren Augen die abgegessene Tafel:

»Erst kommt das Essen, dann kommt die Moral.«

»Moral ist vielleicht nicht das richtige Wort …«, Karl musste sie immer verbessern.

Engels: »Ideologie!«

Karl: »Ja, falsches Bewusstsein. Eine jede Gesellschaft hat das Bewusstsein, das sie haben kann, und nicht mehr. Die Sklavenhalter sind keine Demokraten …«

Engels: »… und das Mittelalter kennt keine Aufklärung.«

Das Eis war gebrochen, plötzlich verstanden sich die beiden Hitzköpfe blendend. Und auch Jenny blendete nicht nur durch ihre Schönheit: »Aber Notre-Dame ist doch einfach nur schön, trotz des ganzen Mittelalters.«

Engels: »Nun, denkt man an die zehntausendfache Fronarbeit, die über die Jahrhunderte als tote Arbeit in ihr steckt, ist sie schon nicht mehr ganz so schön.«

»Und doch ist sie herrlich und weist in die Zukunft«, beharrte Jenny.

Karl: »Wie kann dieser Tempel Zukunft sein, wo doch darin nur Opium fürs Volk verteilt wird …?«

Engels: »Amüsantes Bonmot für Religion.«

Karl: »Und ich fordere, die Religion mehr in der Kritik der politischen Zustände als die politischen Zustände in der Religion zu kritisieren. Der Mensch, der in der phantastischen Wirklichkeit des Himmels, wo er einen Übermenschen suchte, nur den Widerschein seiner selbst gefunden hat, wird nicht mehr geneigt sein, nur den Schein seiner selbst, nur den Unmenschen zu finden, wo er seine Wirklichkeit sucht und suchen muss!«

Engels: »Die Kritik des Himmels verwandelt sich damit …«

Jenny: »… in die Kritik der Erde.«

Engels: »Die Kritik der Religion …«

Karl: »… in die Kritik des Rechts.«

Engels: »Die Kritik der Theologie …«

Karl/Engels (unisono): »… in die Kritik der Politik.«

»Und doch ist sie schön«, Jenny blieb stur.

Engels: »Who?«

»Notre-Dame!«

Karl: »Mag sein, dann ist sie eben eine Ausnahme. Die mittelalterliche Stadt mit ihrem Dreck ist weniger schön und die Burgen mit ihren kalten Mauern ebenso …«

Engels: »… und erst die Fabrik mit ihrer Knechtung aller menschlichen Wesen, die in ihr schuften müssen …«

Karl dachte, sagte es aber nicht: ›Sie sprechen mir aus der Seele.‹

Da hatten sich zwei – eigentlich drei – gefunden.

Engels: »Damit wäre Hegel, unser aller Hegel, der alles vom Weltgeist bestimmt sah, perdu.«

Karl: »Nicht perdu, aber …«

»Aber sein Geist schwirrt immer noch durch die Welt, und er umschwirrt auch immer noch dich«, neckte ihn Jenny.

Karl: »Nie und nimmer …«

Jenny, nun schon beschwipst: »Doch …«

»Hegel braucht eine Behandlung, eine revolutionäre Behandlung, damit er zu gebrauchen ist«, war Karls Vorschlag. Er, auch schon länger nicht mehr nüchtern, machte eine zupackend-drehende Handbewegung.

»Ihr meint … wir packen diesen Geist beim Kragen«, unterstützte ihn Engels.

Karl: »Und stellen ihn vom Kopf, vom Kopf …«

Engels: »Vom Kopf auf die Füße!«

Jenny: »Haben denn Geister Kragen und Füße?«

Allgemeines Gelächter. Engels entkorkte daraufhin noch eine Flasche und ließ es knallen.

»Auf jeden Fall lassen wir den Geist hier heraus.«

Dann schenkte er ein. Die Gläser klangen.

Engels: »Auf die schönste und klügste Frau von Paris – à votre santé!«

Jenny: »Sie sind ein wahrer Gentleman!«

Karl konnte das Sticheln nicht lassen: »Aber im Grunde ein bourgeoiser Kapitalist.«

Das Paar

Draußen in der Nacht stand unter dem Schein einer Gaslaterne Herr Stieber. Er hatte sich einen Bowler zugelegt, um im welschen Paris nicht aufzufallen, aber gerade mit dem Ding fiel er auf. Wenigstens fror er nicht, denn es war August und die Nacht warm. Es war Betrieb auf den Straßen, aus den Kellern und Bars drang Musik. Als wär's der 14. Juli, tanzte sogar ein Pärchen auf dem Pflaster und an Stieber vorbei. Das schwingende Fräulein griff sich Stiebers Bowler und setzte ihn sich drehend auf, was den Spitzel große Mühe kostete, ihn wieder einzufangen. Man hielt ihn für einen Engländer. Schon stundenlang hatte dieser merkwürdige Anglais den Besuch von Engels dort oben beobachtet. Eine höchst langweilige Angelegenheit. Alles, was er sah, waren Schatten, die bestens tafelten, und auch Alkohol musste reichlich geflossen sein. Stieber hatte nur eine Butterstulle und einen Apfel als Verpflegung. Und die undisziplinierte Ablösung kam nicht. Sie würde vermutlich wieder behaupten, die Kutschen hätten die Straßen verstopft, es sei kein Fortkommen gewesen. Müdigkeit überkam Stieber, als endlich die Tür aufsprang.

Tussy: Jenny, die kluge Frau, hatte es im Nu verstanden, aus zwei sich bekriegenden, zwei befreundete Alphatiere zu machen. It was the beginning of a marvelous friendship, die – ganz nebenbei – die ganze Welt verändern sollte.

Dass Engels auch in Barmen, seiner Heimatstadt, beobachtet wurde, war ihm nicht entgangen. Dass die preußische Geheimpolizei aber inzwischen sich erdreistete, auch im feindlichen Ausland ihn zu überwachen, war schon ein starkes Stück. Ich, Tussy, vermute heute Ferdinand dahinter, obschon er doch noch nicht die offizielle Kompetenz dazu hatte. Doch ein eifersüchtiger Bruder ist zu allem fähig. Aber lassen wir Engels erzählen.

Beim Digestif im Café de la Régence am Place du Théâtre-Français, in Sichtweite des Louvre – es war der 23. August 1844 –, kamen Marx und ich uns geistig näher. Das Café war ein beliebtes Schach-

Café, in dem sogar Diderot gespielt haben soll, der den vorzüglichen Roman *Jacques der Fatalist und sein Herr* geschrieben und aus dem sich Hegel das Herr- und Knechtverhältnis geklaut hatte. Nun, wir spielten kein Schach, aber mir war klar: Marx war das größere Alphatier und ich musste mich in gewisser Weise unterordnen. Doch ich gehe nicht ganz fehl, wenn ich sage, dass er auch von mir etwas gelernt hat. Von mir hat er über das Proletariat mehr erfahren als von jedem anderen und den Kommunismus habe auch ich ihm sehr bald nahegebracht, wobei ich ehrlich zugeben muss, dass Mosi Hess uns hier auch durchaus beeinflusst hat, auch wenn er später vom Sozialismus abgekommen und Zionist geworden ist.

»Radikal sein«, hob Marx an, »heißt die Sache bei der Wurzel fassen. Die Wurzel für den Menschen ist aber der Mensch selbst. Und der erste geschichtliche Akt des Menschen, wodurch er sich vom Tier unterscheidet, ist nicht sein Denken, sondern dass er anfing, Lebensmittel zu produzieren.«

»Und damit«, so ergänzte ich, »beginnt eine alles entscheidende Teilung, die Arbeitsteilung.«

Karl: »Es entstehen Schuster, Weber, Tischler, Bauer etc. Und jetzt produzieren sie nicht nur für sich selbst, sondern müssen tauschen. Es kommt zum Handel, der nichts weiter als der Austausch der Produkte verschiedener Individuen ist und schließlich die Welt beherrscht, oder wie Adam Smith sagt …«

Und hier konnte ich wieder brillieren: »Handel ist ein Verhältnis, das wie ein antikes Schicksal über der Erde schwebt und mit unsichtbarer Hand Glück und Unglück an die Menschen verteilt, Reiche stiftet und Reiche zertrümmert, Völker entstehen und Völker verschwinden macht.«

Karl: »Und die Absicht der Plünderung und des Betruges liegt hier notwendig im Hinterhalt. Und unsere wechselseitige Anerkennung über die wechselseitige Macht unserer Gegenstände ist aber ein Kampf, und im Kampf siegt, wer mehr Energie, Kraft, Einsicht und Gewandtheit besitzt.«

Es war ein lauer Sommerabend und mit großer Gewandtheit hatten sich an den Nachbartisch einige leicht aufreizend gekleidete Damen gesetzt, während Stieber, etwas plump und laut quietschend den Eisenstuhl übers Pflaster ziehend, hinter uns Platz genommen hatte.

Vermutlich verstand er nicht viel von dem, was wir produzierten, oder er machte sich keine große Mühe, es zu verstehen. Jedenfalls wollte ich ihm gleich Worte liefern, die bei ihm die Alarmglocken läuten lassen müssten.

»Maßgeblich ist das Eigentum!«

Stieber reagierte sofort und wachte aus seiner Lethargie auf. Ich hatte Marx mit einem kurzen Blick auf unseren Zaungast aufmerksam gemacht und Karl spielte sofort mit.

»Das Eigentum unterliegt einem stärkeren Tabu als der Inzest!«

Stieber bekam große Ohren und die Mädels am Nachbartisch kicherten, obwohl sie unseren deutschen Talk gewiss nicht verstanden.

Karl, der den Hegelschen Begriff der Entfremdung weiterentwickelt hatte, ging nun in die Vollen:

»Der Gegenstand, den die Arbeit produziert, ihr Produkt, tritt ihr als fremdes Wesen, als eine vom Produzenten unabhängige Macht gegenüber.«

Und wir brainstormten weiter. Ich rief: »Im Produkt materialisiert sich ein Stück der Seele des Arbeiters. Doch das Produkt wird ihm weggenommen. Und wir verfügen plötzlich über Dinge, von denen wir nicht mehr wissen, wer sie gemacht hat. Der Mensch, der Proletarier geht verloren, wie ihm seine Ware verloren, entfremdet ist.«

Karl: »Der Mensch ist dadurch dem Produkt seiner Arbeit, seiner Lebenstätigkeit, seinem Gattungswesen entfremdet. Es ist die Entfremdung des Menschen vom Menschen.«

Stieber begriff nichts.

Nun, die beiden Damen am Nachbartisch waren mir nicht entfremdet.

Und ich beschloss, vom Gattungswesen zum Begattungswesen zu schreiten.

Beim weiblichen Geschlecht hoch im Kurs zu stehen, war mir merkwürdigerweise nie verwehrt gewesen. Nach wenigen Tagen in Paris kannte ich schon die eine oder andere Kokotte. Selbständige Mädchen, die sich ab und an etwas dazuverdienten. Ich wollte mon ami retrouvé die Vorteile dieser kapitalen Verdienstmöglichkeiten des schönen Geschlechtes demonstrieren. Ich bat die Damen an unseren Tisch. Die Große suchte sich mich aus, die Üppige Marx. Doch Marx war tatsächlich eine treue Seele und mühte sich (in holprigem Französisch), die Avancen der Kokotte abzuwehren: »Verzeiht, schönes Fräulein, aber ich bin frisch verheiratet, und zwar mit meiner großen Liebe, und die will ich ungern aufs Spiel setzen, so schön und verlockend eure Brüste und euer Duft mich umgarnen.«

Als scharfer Kritiker des Mammons, als Fabrikantensohn und zugleich Negation des Fabrikanten, verdammte selbstverständlich auch ich die Prostitution, aber solange ich Geld dafür hatte, wollte ich mich auch dieser kapitalistischen Einrichtung durchaus bedienen.

Doch die leichtlebige Dame an Karls Seite starrte nun frustriert in den sternenklaren Nachthimmel. Das arme Mädchen hatte keine Aussichten, sich seinen Lohn zu verdienen. Da kam mir eine Idee.

Ich entschuldigte mich bei meiner Dame für den Augenblick und wandte mich schnurstracks an den Schattenmann.

»Entschuldigt, werter Herr. Ich weiß, der Lohn bei euch Preußen ist schlecht und das Essen auch. Wollt ihr da nicht einfach ein bisschen Pariser Liberté genießen?«

Stieber war meine Offerte unangenehm: »Ich verstehe nicht, was Sie wollen, mein Herr.«

»Oh doch. Kommen wir doch gleich zur Sache. Ich verschaffe Ihnen eine Liebesnacht auf meine Kosten und Sie lassen mir meinen Marx in Ruhe und alleine seinen Digestif austrinken. Einverstanden?«

Der Preuße lehnte erst ab, doch nach einigem Widerstand willigte die protestantische Seele ein.

Im Boudoir kam ich bei meiner Dame gleich au point.

Auch das preußische Agentenwürstchen soll sich nicht lange geziert haben.

Marx dagegen genoss gleichzeitig die Sommernacht, seinen Digestif, lehnte mehrere Angebote zur Schachpartie höflich ab und feilte weiter an den Entwicklungsgesetzen der Ökonomie, ja der Geschichte:

»Arbeitsteilung und Tausch beherrschen die Gesellschaft. Die Entfremdung wird zur Konstante.«

Der General fühlte sich in diesem Moment nicht entfremdet, obwohl ihm die Kokotte fremd war und er ihr auch, sondern er spürte sich voll und ganz aufgehoben in der großen Frau, deren Name er sogar erfragt hatte: Josephine. Der Geschlechtsakt war für ihn ahistorisch also immer gleich.

Während Karl begriff, dass in jeder Gesellschaft die Produktionsverhältnisse anders sind. »Arbeit in der Sklavengesellschaft ist anders als im Feudalismus, wo der Bauer leibeigen seine Abgaben zu machen hat, und wieder anders in der Fabrik, wo alles rechtlich mit rechten Dingen zugeht, sich der Proletarier aber trotzdem verkaufen muss. Wie aber Arbeit umgesetzt wird, bestimmt der Fortschritt der Technik. Das sind die Produktivkräfte. Wobei der Mensch die erste Produktivkraft ist.«

Der General spürte die enorme Produktivkraft seiner Lenden und ließ ihr freien Lauf. Auch Josephine schien es zu gefallen. Sie macht es vielleicht nicht nur für Geld, dachte er, sie ist vielleicht gar nicht ihrer Arbeit entfremdet, ihr macht die Produktion von Schweiß, Körpersaft und Lust vielleicht auch Spaß, das hoffte er zumindest.

Mit Spaß hatte allerdings die Produktion für den Proletarier nichts zu tun. Auch wenn sich die Produktivkräfte revolutioniert hatten, aus der Handmühle war die Dampfmühle, aus dem Handwagen die dampfgezogene Lore, aus der Handspinne die Spinnmaschine geworden. Die Ketten des Proletariers hatten nur ihre Form gewechselt.

Der General aber wechselte die Stellung. Ausgiebig produzierten sie weiter Lust und Säfte. Er genoss seine Kraft. Und beide, die Kokotte und er, genossen tatsächlich ihre Vereinigung.

Während Karl das Auseinanderklaffen von Produktionsverhältnissen und Produktivkräften konstatierte. Das konnte zu gewaltigen Widersprüchen führen: Produktionskraft (moderne Maschinen), Produktionsverhältnisse (geknechtete Proletarier) und das Bewusstsein dieser Verhältnisse waren fähig, enorme Sprengkraft zu entwickeln.

Der General explodierte inzwischen und entfaltete die ganze Sprengkraft seines Geschlechts. Ihm war, als wäre die Kokotte ebenfalls explodiert und diese Explosion nicht bloße Imitation, denn die Produktivkraft ihres Körpers entwickelte einen enormen Ausstoß nicht nur seiner, sondern auch ihrer Körpersäfte.

Und Karl spürte auch die Entladung, aber nicht die eines Körpers, sondern die zwischen Produktivkräften und Verhältnissen, zwischen Herr und Knecht, zwischen Bourgeois und Proletarier, zwischen Ausbeuter und Ausgebeutetem.

In diesem Widerspruch entsteht die Möglichkeit, sich den ganzen alten Dreck vom Halse zu schaffen, dachte er.

Der General hatte sich seinen Druck, seinen Trieb zumindest für den Moment vom Halse geschafft. Entspannt ließ er sich ins Kissen fallen und von Josephine eine dicke Zigarre anzünden. Auch sie nahm ein paar Züge und musste nicht einmal husten. Das Schicksal Stiebers kümmerte ihn nicht. Aber plötzlich kam ihm der Gedanke, die Kokotten könnten vielleicht preußische Agentinnen sein. Nein, so weit würden es diese Protestanten nicht treiben, ganz sicher war er sich aber nicht. Sie steckte das Geld ein, gab ihm einen kurzen Kuss, zog sich erst an und dann zurück. Wie sie denn heiße, fragte der General. »Josephine«. Engels aber hakte nach: »Wie heißt du wirklich?« »Victoria!«, gab sie kurz vor ihrem Verschwinden an.

Vielleicht doch eine Preußin, dachte Engels.

Ganz unrecht hatte er nicht. Stieber, noch etwas wackelig auf den Beinen, betrat am nächsten Morgen eine Wäscherei nicht unweit von Marxens Behausung. Seinen Bowler hätte er fast vergessen, doch jetzt saß er schief auf seinem Kopf. Der Laden war im Souterrain, roch tatsächlich nach frischer Wäsche und Stieber hatte jedes Mal das Gefühl, in die Tropen abkommandiert worden zu sein. Noch schlimmer, man kann sagen saunamäßig, wurde es, als er durch eine Zwischentür den hinteren Raum betrat. Da stand die Luft bzw. der Nebel und der preußische Oberagent glaubte, jetzt in London und nicht in Paris gelandet zu sein. Zwischen all der gestapelten frischen – gebügelten – Wäsche rechts und der schmutzigen links, konnte ein Schreibtisch mit Akten ausfindig gemacht werden, die alle mit Bleistift und in Sütterlin beschrieben waren, da sie sonst dem Dampf nicht standhalten würden. Daran saß ein Schreibtischspitzel. Stieber musste nießen. »Gesundheit.« Der Schreibtischspitzel stellte frech eine Frage: »Wie war die Nacht?«

Stieber: »Im Dienste Preußens verbracht, und da muss man auch mal Opfer bringen.«

Der Schreibtischspitzel deutete auf Stiebers Mund, an dem Lippenstiftreste feststellbar waren. Stieber wischte den Dampf vom Spieglein an der Wand und dann das rote Etwas von seinem Mund.

»Telegrafieren Sie ins Reich …«

»Sekunde!«

Der Schreibtischspitzel hob einen umgestülpten Wäschekorb, aus dem ein Ticker samt Morseapparat mit Leitung, die sich irgendwo in der Waschküchenatmosphäre verlor, hervorkam.

Dann warf er die Apparatur an und legte los.

Stieber diktierte: »Inszenierung des Ehebruchs weiter angestrebt, aber immer noch nicht gelungen … Weitere Versuche werden durchgeführt. Erbitte zusätzliche finanzielle Unterstützung zur Anmietung eines praktischeren Büros.«

»Warum, Chef, die Tarnung ist doch perfekt – und wenn ich fragen dürfte, wäre es möglich, dass meine Wäsche hier gewaschen wird, das Heimschicken mit Paket ist doch recht teuer.«

»Vielleicht auch noch auf Kosten der preußischen Krone?«

»Ja, wenn's möglich wäre.«

Nun, tatsächlich diente die Wäscherei als Tarnung und tatsächlich bekam Ferdinand eine Kopie der Meldung. Von ihm, so vermuten wir heute, war auch dieser Versuch, Marx vor seiner Ehefrau zu kompromittieren. Dazu war es gelungen, Stiebers Spitzelbüro halblegal in Paris unter dem Schutz einiger wohlgesonnener Preußenfreunde in der Pariser Regierung – ja, auch die gab es – zu installieren.

Ferdinand gefiel jedoch das Versagen des Auslandsbüros gar nicht und er ließ nach Paris telegrafieren, er nehme die Sache nun selbst in die Hand und der Nachtragsetat sei nicht genehmigt. Vermutlich blieb der Schreibtischspitzel deswegen auch auf seiner schmutzigen Wäsche sitzen, deren Waschung der preußische Staat nicht zu finanzieren bereit war.

Ferdinand ging derweil, immer noch auf Karriere erpicht, einige Treppen höher, und zwar ganz nach oben und antichambrierte dort. So kam es, dass der französische Botschafter einbestellt und instruiert, ja sogar Alexander von Humboldt eingeschaltet wurde. Das ließ nichts Gutes ahnen.

Engels: »Nun, ich blieb noch zehn Tage in Paris, sparte mir neun Tage lang die Damen und hatte umso mehr Vergnügen an der Niederkunft dialektischer Aphorismen, welche Marx und ich nun in einem fort ans Licht der Welt beförderten. Es waren zehn Tage, die die Welt verändern sollten. Oder es zumindest vorhatten, denn nicht unsere Schriften sollten die Welt umstürzen, sondern die Verhältnisse selbst, denen wir nur den Marsch blasen wollten. Allerdings mussten wir so manches Marx-Engels-Produkt in jener Zeit der nagenden Kritik der Mäuse überlassen. Die Drucker druckten uns nicht, und die Verhältnisse wollten noch nichts von uns wissen.«

In der Regent's Park Road gab es große Aufregung. Irgendwer musste Julie, der Frau von Bebel in Deutschland, per Brief gesteckt haben, mit wem ihr Mann in London nicht nur geistig verkehrte. Anstatt sich um seine Familie und seine Partei zu kümmern, sei er der fleischlichen Lust nachgegangen und habe dabei auch vor einem Ehebruch nicht zurückgeschreckt. Nun, was wusste der oder die Briefeschreiberin schon von Bebels Einsatz für die Partei? Gerade seine Londoner Mission sollte der SPD einen großen Dienst erweisen und das Marxsche Erbe heim in die deutsche Sozialdemokratie bringen. Dazu musste man Agentinnen anwerben wie Louise und, wenn es nötig war, ihnen auch durch Beiwohnung die nötige Energie verschaffen. Wie konnte sein Einsatz für das Proletariat nur so verkannt werden? Bebel war außer sich und suchte sich ein Opfer. Und wer kam als Verräterin, als Briefeschreiberin einzig in Betracht: Niemand anderes als Tussy. Sie musste den großen Vorsitzenden in den Schmutz gezogen haben.

Bebel knöpfte sie sich vor. Ohne anzuklopfen, trat er ins grüne Zimmer.

Tussy schreckte hoch, sah erst nur die blankgewienerten Stiefel und die karierten Hosen.

Bebel schrie: »Du ungehörige Klatschbase, wie konntest du mir das nur antun!«

Tussy hatte keine Ahnung, um was es ging. Ehe sie etwas sagen konnte, legte er nach: »Julie, mein Weib, weiß alles und sie kann es nur von dir wissen. Du hast es Liebknecht geschrieben, und der ist gleich zu meiner Frau gerannt. Das ist eine solche Impertinenz.«

Mit Herzrasen wachte der General auf. Der heftige Streit war auch bis zu ihm gedrungen, obwohl seine Wohnung sich recht ausladend über ein ganzes großes Stockwerk erstreckte und das grüne Zimmer am anderen Ende lag. Er fühlte sich zu schwach, um aufzustehen, die Alkoholika wirkten noch immer und nach einiger Zeit, als das Geschrei nicht nachließ …

Tussy hatte inzwischen auch ihre Stimme erhoben und sie hatte eine kräftige Stimme. In ihrem Zorn verfiel sie zuerst in ihre Muttersprache:

»I have no one said anything or written. It is an impertinence to accuse me of.«

Doch Bebel gab nicht nach.

»Wer soll es denn sonst erzählt haben? Es weiß doch sonst keiner was davon.«

Jetzt erschien auch seine Hexe hinter ihm und ihre Augen schienen sich in Tussy zu bohren.

Die wehrte sich, jetzt auf Deutsch: »Ich habe keine Ahnung, wer's war, ich auf jeden Fall nicht.«

Bebel wiederholte sich: »Keiner außer dir hat davon gewusst.«

»Alle haben's gewusst, auch ich!«

Da stand plötzlich Engels im Morgenmantel und Filzschlappen hinter dem gestiefelten Karierten: »Nur deine Frau Julie nicht.«

Bebel war sprachlos und Engels fiel das Sprechen schwer.

»Und ich denke, wir lassen Tussy jetzt in Ruhe. Denn sie würde das nie gegen dich verwenden.«

Zu allem Überfluss ließen die Mägde gerade Dr. Freyberger herein, der sich um Engels kümmern sollte, und zwar im Sinne von Louise und Bebel.

Und dem großen Vorsitzenden schoss es blitzschnell durch den Kopf: Er musste seine Hexe abstoßen, zurück zu Julie, die Scharte ausbügeln, reumütig sein, aber vorher den Marx-Nachlass für die Partei sichern.

Und den schmierigen Freyberger würde er mit Louise verkuppeln. Beide könnten sich dann weiter um Engels im Sinne der Partei kümmern. Nur Tussy müsste endlich weg von hier. Sie stand im Wege, denn sie war ja die rechtmäßige Erbin. Man musste sie – schon allein, weil sie mit diesem Irren Aveling verkehrte – irgendwie für verrückt erklären. Ihre Tante Sophie war ja auch verrückt geworden. Ja, das war der richtige Weg.

Freyberger dagegen sah erstaunt auf den General im Morgenmantel und benutzte säuselnd den Pluralis Majestatis:

»Wir sind schon auf, General?«

In dem Moment brach Engels zusammen.

Im Dämmerzustand, er musste wieder im Bett liegen, hörte der General noch, wie Freyberger, frei von der Leber weg, nachdem er Engels mit einem eiskalten Stethoskop abgehört hatte, seine Diagnose stellte:

»Schlaganfall.«

Wie durch die gepolsterten Mauern einer Irrenhauszelle nahm der General die Geräuschkulisse um sich wahr. Eine warme Frauenhand hielt die seine. Es war die von Tussy.

Wie im Traum kamen ihm Bilder hoch. Er sah eine große Stadt, es war Paris, das Paris des Jahres 1844, die Wiege des neuen Europa, wie es Mosi, nein, nicht Mosi, Ruge war es, der die französische Hauptstadt so genannt hatte. Wie durch Nebel tastete sich der lädierte Geist des Generals durch die Geschichte. Jener Ruge hatte, nachdem die Jahrbücher grandios noch vor Jahresfrist zwangsweise verjährt waren, statt der Theorie die Praxis gefordert. Heißt, man solle doch ein Stück Communismus leben. Mann und Frau sollten die Utopie endlich Wirklichkeit werden lassen.

Vermutlich hat dir das noch keiner erzählt, liebe Tussy, weil es etwas peinlich war, dachte der General.

»Liebster General«, funkte Tussy mit ihrem telepathischen Telegrafen an Engels zurück – beide konnten jetzt des anderen Gedanken lesen: »Klar hast du mir das schon erzählt und Mohr auch, nur weichen eure Stories etwas voneinander ab. Lass es dir zur Abwechslung mal von mir erzählen:

Der wohlhabende Ruge hatte in der Rue, in der Rue, ja, in der Rue Vaneau 38, im Stadtteil St. Germain, ein Haus, nein, mehrere Wohnungsetagen gemietet. Dort sollten die Marxens, die Ruges und die Herweghs einziehen und gemeinschaftlich leben. Wie weit diese Gemeinschaft gehen sollte, ist umstritten. Dir, der du damals Paris nur mehrfach auf dem Weg von Manchester nach Barmen streiftest, ist der Ablauf immer ein Rätsel geblieben. Mohr jedenfalls behauptete, Ruge habe vorgeschlagen, nach dem Vorbild von Charles Fourier, einem utopischen Sozialisten, den Karl, Jenny, Edgar und Sophie in ihrer frühen Jugend ausführlich studiert hatten, eine Phalanstère, eine genossenschaftliche Wohngemeinschaft zu gründen. Bei Fourier brauchte man dazu 1620 Menschen beiderlei Geschlechts, in Paris waren es gerade mal 3 bis 3 ½ Pärchen aus deutschen Landen, wobei die Genossenschaft nicht nur die Produktion von Philosophie und Publikationen, sondern auch die freie Liebe eingeschlossen habe.

Deiner Erinnerung nach ist es zu dieser Kommune nie wirklich gekommen, Möhne hat sie immer – sie wurde dabei immer rot – bestritten. Mohr gestand mir allerdings eines Tages, es wäre aber doch der Versuch eines vorauseilenden Experiments gemacht worden.

Und wenn ich mich recht entsinne, war nach deiner Aussage auch Mosi vom Kommunismus der Tat überzeugt und gesellte sich, obwohl damals noch Single, zu der illustren Tafelrunde.

Mohr aber hat bekundet, Mosi sei nie dabei gewesen. Wahrscheinlich hat er das behauptet, weil ihr euch später mit Mosi zerstritten habt.

Du meintest jedenfalls, Mohr sei solcher Egalité gegenüber immer skeptisch gewesen. Mir sagte er, er habe das Experiment durchaus in Erwägung gezogen und – das verwunderte mich damals am meisten – sogar Mutter, die Möhne, die Baronesse und geborene Jenny von Westphalen sei gar nicht abgeneigt gewesen.

Die drei Ehepaare Ruge, Herwegh, Marx sowie Mosi hatten gut gespeist und auch gut dem Wein zugesprochen, man saß verteilt im Raucherzimmer, als der hässliche Enterich Ruge gesättigt die Initiative ergriff und sich Jenny näherte.

Seine Frau, ein Pummelchen mit Doppelkinn – Möhne bezeichnete sie immer als ennuierend –, hatte schon den ganzen Abend gekichert und versucht, mit Karl Blicke zu tauschen. Herwegh und Emma, seiner überaus hübschen und klugen Frau, war das Ganze einfach zu peinlich. Sie hätten ja vorderhand auch niemanden gehabt, um den Tausch zu wagen, allenfalls Mosi, der aber der Herwegh nicht gefiel, außerdem wäre ihr Mann, der große nervöse Arbeiterdichter dann leer ausgegangen. Die Herweghs machten sich also einfach aus dem Staub. Das hast du auch erzählt. Aber Mohr verriet mir, dass dies Jenny schade fand, denn er habe – nicht ganz ohne Eifersucht – genau gesehen, dass sie Herwegh gar nicht unattraktiv fand. Und Mohr ließ durchblicken, dass dessen Gattin Emma, ihm durchaus gefiel. Hier wäre also eine Ménage-à-quatre im Bereich des Möglichen gewesen. Doch ehrlich gesagt, weder Marx noch Jenny konnten sich bei der verbliebenen Truppe für partenaires d'échange erwärmen. Auch Mosi war keine Option, da er momentan keine Frau an seiner Seite zum Austausch anbieten konnte ...

Jenny, so Mohr, saß hilflos lächelnd beim kleinen Ruge, der seine hochhackigen Schuhe – die er seines Kleinwuchses wegen trug – abstreifte und ihr ungeschickt das Mieder zu öffnen versuchte und Karl, noch hilfloser, hatte mit dem Angriff der dicken Frau Ruge zu kämpfen, die sich sächselnd – »na, Guutster« – auf ihn warf, bis er beinahe blau anlief. Mosi saß derweil als Mauerblümchen einsam und allein am Tisch, kritzelte verlegen Figuren. Und Ruge kam nicht weiter mit dem Mieder, versuchte nun Jenny von hinten zu umschlingen. Doch seine Arme waren zu kurz und die Baronesse warf ihn kurzentschlossen ab. Auch Karl konnte sich der Mini-Walküre schließlich entziehen. Sie soll relativ unsanft von ihm heruntergekullert sein.

Schließlich hätten sich alle in Peinlichkeit wieder angezogen, bis auf Mosi, der nichts dergleichen tun musste. Ruge soll nicht nur, weil Karl ihm langsam zu radikalrot wurde, ich meine politisch, sondern auch mit diesem Erlebnis im Hinterkopf sich nach und nach und immer mehr von Mohr distanziert haben. So etwas konnte Mohr nicht leiden und so trat er auch Ruge später – animiert von Jenny – publizistisch die hohen Absätze seiner Schuhe ab. An diesem Abend jedoch verabschiedete man sich mit aufgesetzter Höflichkeit und rasch voneinander. Zurück blieben Karl und Jenny, die, das weißt du wahrscheinlich nicht, General, nach Mohrs Geständnis übereinander herfielen.«

Barmen

Engels dagegen verfiel allein in einen tiefen Schlaf.

Er träumte von Barmen, der Mill, der Fabrik seines Vaters, den stinkenden Kloaken, die durchs enge Tal flossen, mal blau, mal gelb, mal grün, hauptsächlich aber rot, blutrot.

Träumte von den dampfenden, noch übler riechenden Garnbleichen. Den zuckenden, schwingenden, flitzenden, wickelnden, lochkartengesteuerten Spinnmaschinen, den Kindern, denen Arme abgerissen, die von Leder-Transmissionsriemen durch die Luft geschleudert wurden und als Krüppel oder Tote nach dieser kurzen Reise wieder am Boden ankamen. Die selten zur Schule gingen, aber zum Militär trotzdem gezwungen wurden, das ihm erspart geblieben wäre, hätte er sich nicht freiwillig gemeldet, um dem Vater zu gefallen. Und vom Militär schaute er sich viel ab: Die Strategie, die Taktik der Kriegsführung, des Kampfes, des hinterhältigen Plans. Dazu hatte er natürlich auch seinen Clausewitz gelesen. All dies wollte er für den Sozialismus anwenden. Und sein Schluss, den er daraus zog, hieß: Guerilla, das war es, nur mit Guerilla würde Preußen und sein Kapital besiegbar sein. Doch das behielt er damals für sich.

Der Vater wollte den Sohn als Nachfolger im Betrieb als Herr über tausend Knechte. Doch der Sohn ekelte sich: »Barmen ist zu scheußlich, die Zeitverschwendung ist zu scheußlich, und besonders ist es zu scheußlich, nicht nur Bourgeois, sondern sogar Fabrikant, aktiv gegen das Proletariat auftretender Bourgeois zu bleiben.«

Er hasste die Fabrik, die Knochen-Mill und er schrieb alles auf, wie schlecht es den Arbeitern ging und wie grausam dieses Regime war, ein Schmelztiegel, ein Hochofen der Hölle, der alles verbrannte. Und genau deshalb beschritt er andere Wege. Mit 14 war er ausgezogen, brach das Abitur ab, schloss sich den Junghegelianern an, fürchtete sich, wenn alles rauskäme, vor »höllischen Schwulitäten«.

Und jetzt sah er die Mutter.

Mutter war eine herzensgute Frau, neigte aber zur Bigotterie und zu Migräne. Sie betete jeden Tag für sein Wohlbefinden und dass der Heiland ihn – sehr bald war doch alles rausgekommen – von seinem bösen Freund Marx und dessen Kommunismus abbringen würde.

Und da war der Vater, der ihm steif die Hand gab, und da saßen sie zu dritt an einem Tisch weit voneinander entfernt. Das Salz konnte man sich so nicht reichen, dazu brauchte man, dazu hatte man Diener.

»Uns ging's gut, sehr gut, trotz der ganzen protestantischen Verklemmtheit.« Kein kaputtes Zuhause, keine böse Kindheit, keine besondere Strenge. Liebende Eltern, beständiger Wohlstand. Und wenige Meter weiter die Bleichplätze und die Arbeiterquartiere, wo die Knechte des Kapitals mit ihren Familien hausten, Männer sich mit Branntwein betäubten, unzählige Menschen sich wenige Räume und Betten teilten und trotz 14 Stunden Arbeit nicht satt wurden. Dabei war die Familie Engels sogar fortschrittlich gesinnt, versuchte, ohne Kinderarbeit auszukommen, – was nicht gelang, und ließ den Arbeitern in ihren Quartieren Plätze für Gärten, schickte manches Balg gar auf die Schule.

Doch daneben die Fabrik. In ihr, trotz Vaters versuchter Sozialvorsorge: Not, Tod und Verderben. Und Kinder, Alte, Männer, Weiber.

Viele mit schwarzen Löchern statt Augen oder gar Stümpfen statt Händen. Woanders sei es noch schlimmer, hörte der Bub immer, der keine Scheu hatte, mit den Proletenkindern zu spielen. Und doch, der General ekelte sich vor all den Zuständen und er ekelte sich vor sich selbst. Dies alles musste geändert werden, und wenn sie es nicht selber machten, die Proletarier, dann musste man es ihnen eben einbläuen. Der Mensch ist kein Mensch, wenn er ein geknechtetes Wesen ist.

Tussy wusste, nie wurde in einem solchen Kapitalistenhaus je ein solcher Sohn geboren, der mehr aus der Art schlug. Friedrich, so sein richtiger Name, musste der Familie wohl als ein hässliches Entlein erschienen sein. Und sie hatten nie verstanden, dass das Entlein ein wunderschöner Schwan war.

Jedoch ein schwarzer. Der beißende Geruch in der Stadt, die heute Wuppertal heißt und damals explosionsartig wuchs, der über allem hing, den Bleichplätzen, Fabriken und Kloaken, ein Hexengebräu, das einem in die Augen biss und in die Nase kroch, dass diese Blut rotzte, das konnte Friedrich nie vergessen. Und über allem schwebte ein protestantisch-pietistischer Glaube, eine Bigotterie, die er schon von Kindesbeinen an zum Kotzen fand. Überall sah man Sünde, nur nicht in der Fabrik. Überall predigte man Entsagung, nur nicht bei der Ausbeutung und beim Profit.

Und war ein Fabrikant wie Engels senior erfolgreich in der Profitmacherei, so galt er automatisch als von Gott auserwählt, sein Wohlstand eine göttliche Gnade. Hätte Friedrich nicht schon lange an den Tod Gottes geglaubt, er hätte sich sicherlich auch von jenem höheren Wesen, das seine Eltern verehrten, als auserwählt angesehen. Jedoch auserwählt für etwas ganz anderes: um zusammen mit dem Genie Marx eine Welt, die irdisch stinkende Welt seiner Ahnen, seines Vaters, umzustürzen.

Und der General sah das erste Wetterleuchten dieses Umsturzes vor sich – im Juni 1844 machten die schlesischen Baumwollweber ihrer Empörung Luft. Hungerlöhne und dann Preisverfall, der durch Mehrarbeit nicht wettzumachen war, die Unmöglichkeit, selbst Spinnmaschinen anzuschaffen, drückte die meist in Heimarbeit tätigen Weber in die absolute Armut. Die Leineweber waren schon so dem Hunger verfallen und gaben sich apathisch dem Sterben hin. Die Baumwollweber aber wollten nicht so enden und so stürmten sie den schlimmsten Fabrikanten, einer von ihnen hieß Zwanziger, die feinen Häuser und Gärten, ja verwüsteten auch Fabriken und plünderten.

Statt zu verhandeln oder Abhilfe zu schaffen, schickte der preußische Staat das, was er am besten produzieren konnte: Soldaten. Es kam zu heftigen Kämpfen, bei denen die ersten Truppen gar ins Hintertreffen gerieten. Doch schließlich obsiegte die Obrigkeit, erschoss, sperrte ein, peitschte aus. Den Webern blieb die Not und der Hass.

Ein Fluch dem König, dem König der Reichen,
Den unser Elend nicht konnte erweichen,
Der den letzten Groschen von uns erpreßt
Und uns wie Hunde erschießen läßt –
Wir weben, wir weben!

Ein Fluch dem falschen Vaterlande,
Wo nur gedeihen Schmach und Schande,
Wo jede Blume früh geknickt,
Wo Fäulnis und Moder den Wurm erquickt –
Wir weben, wir weben!

Das Schiffchen fliegt, der Webstuhl kracht,
Wir weben emsig Tag und Nacht –
Deutschland, wir weben dein Leichentuch,
Wir weben hinein den dreifachen Fluch –
Wir weben, wir weben!

Heinrich, der Freund

Der das Gedicht vorgetragen hatte, ein selten schöner Mann mit feinen Gesichtszügen, großen Augen, langer Nase und blonden Haaren, mit seinen 46 Jahren immer noch jugendlich aussehend, blickte gespannt auf. Bevor Jenny etwas sagen konnte, ergriff er das Wort:

»Bitte, sagt mir nicht, es wäre schlecht, ich vertrage keine vernichtende Kritik, nicht einmal nichtvernichtende.«

Der junge Dichter ließ – während er Jenny das Blatt reichte – seinen ganzen Charme spielen. Sein Gesicht strahlte, sodass niemand es wagte, das Strahlen mit der Waffe der Kritik zu zerstören.

Und scheu wie ein Reh wandte er sich der am Boden stehenden Spielzeugeisenbahn zu, zog sie auf, stellte ein Signal und wartete gespannt auf die Antwort.

»Superbe! Einfach superbe, werter Heine!«

Jenny war voll des Lobes: »Das macht Euch keiner nach.«

»Und keiner erfasst die Klassenverhältnisse so wie Ihr«, ergänzte Karl, dem seine kleine Tochter Jenny auf den Arm gelegt war. Der Kamin verbreitete wohlige Wärme und knisterte, wie es sich für einen offenen Kamin gehörte.

»Die Verbindung von sozialer Anklage und Sprachkunst, das macht den hohen Wert Eures neuesten Gedichtes aus«, schmeichelte Jenny.

Heine, immer noch der Blecheisenbahn zugewandt: »Und keinerlei Kritik?«

Marx: »Keine.«

Jenny: »Nicht die Spur« – und jetzt bekam sie geschickt die Kurve »vielleicht eine kleine, winzigkleine Petitesse.«

Heine stellte eine Weiche falsch, der Zug entgleiste.

Marx rollte die Augen zu seiner Möhne. Sie wusste doch, dass Heine extrem verletzlich war und sofort losheulen würde, wenn man auch nur ein Komma schlecht fand an seinen Werken.

Doch Jenny überging ihren kindshütenden Brummbär.

Heine horchte, Jenny rauschte auf, wandelte sinnierend durch den Raum. Heine versuchte nervös, den entgleisten Zug zurück auf die Schienen zu stellen.

Jenny: »Mein Vorschlag wäre, Deutschland durch Altdeutschland zu ersetzen.«

Karl sah Heine schon tränenaufgelöst über den Schienen zusammenbrechen und seine geliebte Bahn verbiegen.

Doch der wandte sich Jenny zu, strahlte noch immer wie eine Gaslaterne und lauschte ihrer Begründung.

»Denn die Weber weben dem alten Deutschland das Leichentuch. Jede Gesellschaft schafft sich ihre eigenen Totengräber, hier Leichentuchweber. Und daraus kann Neues entstehen, ein neues Deutschland. So dreht sich euer superbes Werk nicht im Kreise.«

»Madame Marx, Sie sind genial.«

»Jenny bitte, lieber Heinrich!«

»Jenny! – ›Altdeutschland, wir weben dein Leichentuch!‹«

Er nahm das Blatt, zog ein Blei und korrigierte sofort.

»Was würde ich ohne Sie machen, Jenny. Nur Fehler, schreckliche Fehler.«

»Das glaube ich kaum, Ihr seid einer der Größten.«

Sie rauschte zu ihm hinunter und half ihm, die Eisenbahn ordentlich auf die Schienen zu expedieren.

Heine, gebauchpinselt: »Ich messe keine fünf Fuß …«

Jenny lächelte, der könnte ihr auch gefallen, wäre ihr Schwarzwildchen nicht … Doch sie wusste auch, dass der schöne kleine Heine, nach dem neuen Meter ungefähr 1,50 groß, an jedem Finger seiner grazilen Hand diverse Verehrerinnen aufweisen konnte.

Sie schickte die *Rocket* samt Anhänger los.

Karl gesellte sich leicht eifersüchtig dazu, nachdem er Jennychen vorher hatte loskrabbeln lassen. Die drei starrten auf die sich drehende Bahn.

»Die Eisenbahn wird alles revolutionieren«, wusste Karl.

Heine: »Sie tötet den Raum und es bleibt nur die Zeit übrig. Hätten wir nur Geld genug, um auch Letztes anständig zu töten.«

»Warum so negativ? Die Eisenbahn wird die Vereinigung der Proletarier zustandebringen.« Karl schien sich sicher.

Heine: »Schön wär's, aber vorher vernichtet sie den Raum, und ich muss sagen, ich finde großen Gefallen daran. Mir ist, als kämen die Berge und Wälder aller Länder auf Paris angerückt. Ich rieche schon …«

Jenny: »… den Duft der deutschen Linden …«

Heine: »Vor mir brandet die Nordsee.«

Doch statt Brandungsgeräuschen hörten sie lautes Klopfen. Jenny nahm Jennychen auf den Arm, ging zur Türe, um zu öffnen.

Heine ahnte sogleich, was jetzt kommen würde, er kannte diese Art zu klopfen: »Waren vielleicht eure Artikel zu radikal?«

Karl gab sich unschuldig, obschon auch er nicht ahnungslos war: »I wo.«

»Habt ihr vielleicht jemanden angeschwärzt?«

»Nicht dass ich wüsste.«

»Vielleicht ein gekröntes Haupt?«

»Nur den Friedrich Wilhelm …«

»… von Preußen, ›nur‹?«

»Ja, im *Vorwärts*. Aber ich bin staatenlos, ich habe darauf bestanden, staatenlos zu sein, was wollen die, nach Preußen können sie mich nicht ausliefern.«

Doch »die« waren jetzt schon da und übertönten mit ihren lauten Stimmen – dass die immer so laut sein müssen, dachte Heine – deutlich das Knistern des Kamins, ein Holzscheit fiel sogar vor lauter Schreck in sich zusammen und begann rasch zu verglühen.

»Monsieur Charles Marx, le gouvernement de Sa Majesté, le roi de France, en la personne de son honorable ministre François-Pierre-Guillaume Guizot a décidé de vous expulser du territoire, car vous représentez une menace pour la sécurité et l'ordre public. Vous avez vingt-quatre heures pour quitter le pays.«

»Mein Französisch ist noch etwas rostig!«, stellte sich Karl dumm.

Heine: »Werter Freund, Sie haben genau verstanden, Sie fliegen raus.«

»Tatsächlich, und warum?«

»Das würde ich gar nicht fragen, aber wenn Ihr meinen Rat hören wollt, ignoriert es einfach, ich habe meine Ausweisung auch mit Nichtbeachtung gestraft und bin noch hier.«

»Sie kommen schon auch noch dran«, verkündete einer der Zivilbeamten grinsend.

Heine: »Der Gute ist des Deutschen mächtig. Vive la France und seine Bildung! Kann ich die Eisenbahn behalten?«

Karl: »Die muss ich leider mitnehmen und mit ihnen würde ich das auch gerne tun.«

Er blickte zu Jenny, die Jennychen auf dem Arm hatte, das kurz davor war loszuheulen.

»Und meine Frau hätte sicher nichts dagegen.«

Jenny verbat sich, rot anzulaufen, das tat Jennychen …

Heine zu Jenny: »Dann könnten Sie so manches meiner schlechten Gedichte durch Ihre geneigte Korrektur in den Lyrikhimmel heben. Aber ich fürchte, ich muss hierbleiben, was ich auch anstelle, man schickt mir allenfalls papierenes Papier, aber rausschmeißen will mich ma France ne pas. Paris ist mein Schicksal.«

Jennychen kommentierte das mit lautem Plärren, das wohl vorbereitet aus ihr herausbrach und nur durch kurze Momente des Luftholens – in denen auch die Beamten der Grande Nation konsterniert Ruhe hielten – unterbrochen wurde.

Brüssel

Ihm war zum Heulen, aber Karl musste Paris verlassen. Jenny und Jennychen (wieder beruhigt) kamen mit dem Hausrat nach, eine mühsame Angelegenheit. Ich half, wo es ging. Aber wohin? Das einzige Land, das noch blieb, war Belgien. Und so landete Karl mit Jenny und Jennychen in Brüssel. Und ich landete ebenfalls direkt neben den Marxens, in der Rue de l'Alliance Nr. 7, und es wohnten noch andere nebenan, Mosi zum Beispiel und auch Edgar, Jennys Bruder, war hier gestrandet und hatte seine heimliche Verlobte Caroline Schöler, ein musikalisch hochbegabtes Weib, mitgebracht. Dann gab's noch Lupus, eigentlich Wilhelm Wolff, ein eingefleischter Junggeselle, dem Marx seltsamerweise später sein Hauptwerk, *Das Kapital*, widmete. Was mir ganz unverständlich war, denn er hatte dazu wenig beigetragen.

»Im Gegensatz zum General«, mischte sich Tussy ein. »Ich fand's auch leicht gemein, es nicht dir zu widmen. Und dann gab's noch Weydemeyer.«

Engels: »Genannt Weywey, eine ebenso unwichtige Figur, wie Lupus.«

Tussy: »General, nicht böse sein, keiner von ihnen hat je einen gleichwertigen Status wie du erhalten. Ohne dich gäbe es Mohr nicht, auch nicht sein Werk.«

Engels: »Wie auch immer. Brüssel war ein Siedetopf revolutionärer Ideen.«

Tussy hielt weiter die Hand des Generals:

Doch die Haushaltsführung war weniger revolutionär. Meine Großmutter Caroline musste meiner ungeschickten Mutter Jenny Hilfe schicken, und sie sandte das Beste, was sie hatte: Lenchen Demuth, die Bäckerstochter aus St. Wendel im Saarland, seit ihrem 14. oder 15. Lebensjahr bei den von Westphalens und jetzt, als 24jährige, bei Karl und Jenny. Lenchen, eigentlich Helena, war nach kurzem Schulbesuch zu den Westphalens gekommen, wo Jenny ihr erst richtig Lesen und Schreiben, während Lenchen ihr nie richtig Kochen, Waschen und Bügeln beibringen konnte. Und von euch Herren konnte man sowas ja sowieso nicht verlangen. So revolutionär wart ihr nun auch wieder nicht. – Engels schwieg.

Lenchen war ein hübsches, rundgesichtiges, kräftiges – nicht dickes – Mädel vom Land, eine Dorfschönheit, die zupacken, aber vor allen Dingen Ordnung halten und, wenn es sein musste, auch befehlen konnte. Als hätte sie Diderot und Hegel oder gar Marx gelesen, war das Verhältnis von Herr(in) und Knechtin nicht immer gleich, sondern drehte sich oder wurde von ihr des Öfteren umgedreht. Der alltägliche Wirrwarr der Familie Marx erhielt durch sie ihre notwendige Negation. Lenchen hob das Chaos auf und auf eine höhere Stufe, von der es immer mal wieder in einer Art negativer Dialektik krachend herunterfiel.

Ein großes Handicap: der Mammon. Die Mitgift war längst aufgebraucht. Ebenso der Verlagsvorschuss für ein Buch, das Marx nie schrieb. Während Karl das Problem des Geldes theoretisch bestens analysierte, war praktisch nichts vorhanden, und wenn etwas reinkam, war's schneller ausgegeben, als es in seinen Schriften zirkulierte.

Das war die Stunde des Generals:

Ja, meine Stunde kam öfter. Im Gegensatz zu Marx, dessen Bücher zu seinen Lebzeiten nie besonders erfolgreich waren, wurde meines über die *Die Lage der arbeitenden Klasse in England* ein Bestseller. Was lag da näher, als ihm das Honorar auszuhändigen? Immerhin 750 Taler, macht 2250 Francs. Ich zählte ihm die Goldstücke Stück für Stück auf den Tisch des Hauses.

Und um ihm mein Buch zu visualisieren, lockte ich ihn auch gleich nach Manchester, wo die zweite Mill meines Vaters stand, die Textilfabrik Ermen & Engels. Mohr hatte damals keine Ahnung, wie das Proletariat wirklich lebte.

Ich gab vor, ihn mit den Chartisten, der ersten Arbeiterbewegung Englands und der Welt, bekannt zu machen. Doch was ich ihm eigentlich präsentieren wollte, war das Juggernaut-Rad des Kapitalismus.

Wobei ich das Nützliche mit dem Angenehmen verband.

Erstmal reisten wir im Schlafwagen Erster Klasse, das meinem Papa herauszuleiern war kein Problem, schließlich wollte der Alte in Barmen, dass ich ordentlich reiste und meine Gäste dazu.

Manchester

Und zum Zweiten erwartete mich am Bahnhof meine große Liebe, auch wenn sie recht klein war: Mary Burns. Sie hatte irisch-deftige Gesichtszüge, konnte aber keinesfalls als hässlich gelten. Mich faszinierte ihr schönes blondes Haar, das die ätzenden Dämpfe der

Textilfabrik noch nicht verdorben hatten. Mary arbeitete in der Mill meines Vaters.

»Nice to meet you!«, begrüßte sie Karl, als sich der letzte Dampf des Zuges verzogen hatte. Mit dabei war auch Lizzy, ihre damals 19jährige Schwester, auch sie ein eher zupackendes Proletarier-Mädel und nicht weniger hübsch als Mary. Karl schienen sie beide zu gefallen. Er konnte sie nicht daran hindern, Marx seine beiden Koffer abzunehmen, so sehr er auch protestierte. Die zwei trugen die Koffer nicht am Henkel, sondern auf dem Rücken, wie sie es gewohnt waren.

Marx und ich waren die Nacht durchgefahren und kamen im Morgengrauen an, sodass er vom Zug aus noch nicht sehen konnte, in welcher Hölle er gelandet war. Ihm wäre es sowieso nicht aufgefallen, da er sich bis spät in die Nacht in seine Bücher vergraben hatte, Exzerpte machte und gar nicht aus dem Zugfenster sah.

Ich gab an, keine Kutsche mehr bekommen zu haben, um ihn so zu Fuß durch den menschlichen Hades zu locken. In einer weiteren Finte lotsten wir ihn erst durch eine der Hauptstraßen, die von der Börse abgingen. So hatte es Mary auch mit mir gemacht, als sie mir die Zustände in der zweitgrößten Stadt Großbritanniens demonstrieren wollte. By the way, Mary, nur durch sie wurden mir die Augen geöffnet, sie zeigte mir die letzten Winkel dieser Hauptstadt der Finsternis. Ohne sie hätte ich mich nie dorthin getraut, wohin ich Marx jetzt zu führen gedachte.

Über eine fast saubere gepflasterte Prachtstraße mit viertelstündig verkehrenden Pferde-Omnibussen, schritten wir mitten durch die Arbeiterviertel, ohne ihrer gewahr zu werden, denn hier gab es Geschäftslokale und auf beiden Seiten eine fast ununterbrochene Reihe von Läden der mittleren und kleineren Bourgeoisie, die schon um des Vorteils willen auf anständigeres und reinlicheres Aussehen hielten. Je mehr man sich den Bourgeoisievierteln näherte, um so sauberer und üppiger würde es werden. Doch wir schlugen den andern Weg ein.

Gut versteckt hinter diesen Läden waren die schmutzigen Arbeitercottages. Die Läden verdeckten so vor den Augen der reichen Herren und Damen mit starkem Magen und schwachen Nerven das

Elend und den Schmutz, die das ergänzende Moment zu ihrem Reichtum und Luxus bilden.

Karl wollte schon sagen, »so schlecht sieht es ja gar nicht aus hier«, als wir ihn in ein reines Arbeiterviertel lockten. Denn plötzlich wurden die Läden schmutziger und schmutziger und immer mehr von billigen Schenken und Schnapshäusern unterbrochen. Kein Zweifel, hier waren Arbeiter die Kunden und keinesfalls Könige.

Das war allerdings noch gar nichts gegen die Gassen und Höfe, die dahinterlagen, und deren Hinterhöfe.

Ich gab vor, den Weg nicht recht zu kennen, und schon verschwanden wir in kleinen verwinkelten Gassen, aus denen Marx nie mehr allein hätte herausfinden können. Hier begann nun eine ekelhafte Unsauberkeit, die ihresgleichen nicht hat. An einem der Höfe, in den wir Marx lockten, war am Eingang ein Abort, der keine Tür hatte, und davor eine stagnierende Pfütze aus faulem Urin und Exkrementen. Hier musste man hindurch, wollte man heraus oder hinein. Ich ließ bei der Gelegenheit die Bemerkung fallen, dass dieser Abort der einzige für die ca. 30 stark bevölkerten Häuser dahinter sei, und Mary ergänzte in ihrem Deutsch mit irischem Akzent – ich hatte sie meine Muttersprache gelehrt und sie hatte sie begierig in sich aufgesogen –, das mache etwa 380 Personen aus. Wir wateten durch den Dreck, das Labyrinth der Hinterhöfe und Gassen hinunter zum Fluss Irk, oberhalb Ducie Bridge. Über schmutzige, glitschige Treppen durch Unrat und Schutt, der vor den Häusern lag, ging es hinunter. Unten lagen mehrere Gerbereien, die die ganze Gegend mit animalischem Verwesungsgeruch verpesteten. Marx hielt sich die Nase zu und war schon jetzt kurz davor, sich zu übergeben. Ich gab ihm einen kurzen Schluck aus meinem Flachmann. Nun, der Fluss selbst fließt weniger, sondern stagniert, er ist schmal und pechschwarz, stinkt, trägt Schaum und selbstverständlich Unrat und Abfall, den er ans rechte flachere Ufer anspült.

Wieder erklärte ich beiläufig: »Bei trocknem Wetter bleibt an diesem Ufer eine lange Reihe der ekelhaftesten schwarzgrünen Schlammpfützen stehen, aus deren Tiefe fortwährend Blasen miasmatischer Gase aufsteigen und einen Geruch entwickeln, der selbst oben auf der Brücke, vierzig oder fünfzig Fuß über dem Wasserspiegel, noch unerträglich ist.«

Der Fluss selbst war alle fingerlang durch hohe Wehre abgehalten, hinter denen sich der Schlamm und Abfall in dicken Massen absetzte und verfaulte.

Oberhalb der Brücke standen Färbereien, Knochenmühlen und Gaswerke, deren Abfälle und Abwässer samt und sonders der Fluss aufnehmen musste, der dann noch den Inhalt der anschließenden Kloaken und Aborte als Zugabe bekam.

Marx wurde immer bleicher und versuchte auch nicht mehr, wie auf der Hauptstraße, den beiden Sisters – ungeschickt – seine Koffer abzunehmen. Er hatte längst begriffen, dass ich ihn hier einem Lehrgang über den Kapitalismus in seiner neuesten Form unterzog, dem Manchester-Kapitalismus, der sich nun über den ganzen Kontinent und bald über die ganze Erde zu verbreiten suchte. Und er ertrug es tapfer, wie ich es ertragen hatte, als mir Mary alles gezeigt hatte.

Jetzt kamen wir an Behausungen vorbei, ganz oder halb verfallene Gebäude, darin selten ein bretterner oder steinerner Fußboden, dagegen fast immer zerbrochene, schlecht passende Fenster und Türen und überall Schmutz, Ablauf und Unflat, stehende Pfützen statt Rinnsteine und ein Geruch, der es jedem einigermaßen zivilisierten Menschen unmöglich machen würde, hier zu wohnen. Dann kamen wir, Marx glaubte sich schon in dem höllischen Irrgarten verloren, zu einstöckigen und einstubigen Hütten ohne künstlichen Fußboden oder gar fließendes Wasser und überall knietief Schutt, Asche, Schlamm und Unrat, sodass unsere Füße das Pflaster erspüren mussten, es aber nie sahen. Es war ein Haufen menschenbewohnter Viehställe, in dem pro Raum 12 bis 15 Menschen hausen durften, sich Ehepaare, Verwandte und Kinder ein von zahlreichem Ungeziefer befallenes Bett teilten, ohne Abort und ohne Wasserpumpen, die erst viel weiter oben in den besseren Vierteln zu finden waren. Darüber die neue Eisenbahnbrücke der Leedser Eisenbahn, eine Meisterleistung englischer Ingenieure, die allerdings nur für Dampfrösser reserviert war.

Zwischen all dem Unrat jede Menge Schweine, die im Abfall herumschnüffelten und ihn fraßen und die nicht etwa den Arbeitern gehörten, sondern Schweinezüchtern, die kostenlose Weideplätze suchten. Zahlreiche Hütten hatten auch fensterlose Keller ohne Rauchabzug, in denen manchmal knietief schmutziges Wasser stand, das von den Bewohnern der Löcher jeden Tag ausgeschöpft werden musste. Gar nicht mehr bewohnbare Löcher dienten massenweise als Aborte. Der Kot auf den Wegen war hier so groß, dass man nur bei äußerst trockenem Wetter Aussicht hatte, durchzukommen, ohne bei jedem Schritt knietief zu versinken. Zu dieser Unmasse von Unrat, Abfall und ekelhaftem Kot, den stehenden Lachen und all den Ausdünstungen verpestete der Rauch von Dutzenden Fabrikschornsteinen die Luft und verfinsterte den Himmel und die Sonne. Eine Menge zerlumpter Kinder und Weiber trieb sich hier herum, ebenso schmutzig wie die Schweine, die sich auf den Aschenhaufen und in den Pfützen suhlten. »Hier beginnt Klein-Irland«, rief Mary sarkastisch aus und schulterte den Koffer wieder etwas höher. Die gemeinen Logierhäuser waren auch hier sehr zahlreich. Sie nahmen, waren sie auch noch so eng und dreckig, jedes zwischen zwanzig und dreißig Gäste auf und beherbergten also zusammen jede Nacht zwischen sechs- und siebentausend Menschen; fünf bis sieben Matratzen lagen in jedem Zimmer ohne Bettstellen auf der Erde, und darauf wurden so viele Menschen gelegt, wie sich fanden, und alle durcheinander. Welche physische und moralische Atmosphäre in diesen Höhlen des Lasters herrschte, kannst du dir denken, Tussy. Jedes dieser Häuser war ein Fokus des Verbrechens und Schauplatz von Handlungen, die die Menschlichkeit empören und ohne diese gewaltsame Zentralisation der Unsittlichkeit nie zur Ausführung gekommen wären. Zur Bestialität herabgewürdigte Wesen, körperlich kränklich, entmenscht, vegetierten hier dahin.

Mary beschleunigte ihre Schritte und wir folgten ihr rasch, denn um ein Haar wäre hier Karl seiner Koffer beraubt worden. Einen Zerlumpten musste ich mit einem Faustschlag auf sein verlorenes Haupt auf Distanz halten, sodass er über eines der umherschnüffelnden Schweine fiel. Die anderen waren nicht kräftig genug, um uns in diesem Schlamm zu folgen.

Die Schwestern zogen uns fort. Endlich ließen sie sich die Koffer abnehmen, ich trug zu meinem kleinen noch den von Mary und

Karl konnte Lissy seinen zweiten abnehmen. Ich bog ab zum Markt, auch der Weg dorthin war ungepflastert und schmutzig. Der Arbeiter bekam seinen Lohn meist erst samstagabends ausgezahlt und so gelangte er abends um vier, fünf oder sieben Uhr erst auf den Markt, von dem während des Vormittags schon die Mittelklasse sich das Beste ausgesucht hatte. Des Morgens strotzte der Markt von den besten Sachen, aber immer, wenn die Arbeiter kamen, war das Beste fort, und wenn es auch noch da gewesen wäre, so hätten sie es wahrscheinlich nicht kaufen können. Die Kartoffeln, die der Arbeiter kaufen musste, waren meist schlecht, die Gemüse verwelkt, der Käse alt und von geringer Qualität, der Speck ranzig, das Fleisch mager, alt, zäh, von alten, oft kranken oder verreckten Tieren – meist schon halb faul. Die Verkäufer entpuppten sich in der Regel als kleine Höker, die schlechtes Zeug zusammenkauften und es eben wegen seiner Schlechtigkeit so billig wieder verkaufen konnten. Was aber abends noch liegenblieb, davon waren neun Zehntel am Sonntagmorgen nicht mehr genießbar und gerade diese Waren bildeten den Sonntagstisch der ärmsten Klasse. Das Fleisch, das die Arbeiter ergatterten, war sehr häufig ungenießbar – weil sie's aber einmal gekauft hatten, so mussten sie es essen.

So beherbergte Manchester 350 000 Arbeiter, von denen allein 26 000 in Kellerlöchern wohnten, die anderen verteilt auf die beschriebenen, halb verfallenen, verfaulten Hütten, Löcher und Viehställe.

Doch den Höhepunkt hatte ich genau terminiert. Es war gleich Schichtwechsel. Und ich hatte darauf gesetzt, Marx dieses apokalyptische Schauspiel präsentieren zu können. Die Fabriksirenen heulten. Das tägliche Drama begann.

Aus Qualm, Dreck, Kot, Kloaken, Schlamm und Schlammpfützen erschien plötzlich, zwischen den Schweinen und aus dem Ruß der Schlote wie eine geschlagene Armee, wie Napoleons Truppen 1812 aus Russland heimkehrend, aus allen Löchern der Arbeitercottages eine Armee der lebenden Toten, abgemagerten Gestalten, die sich in klappernden Holzschuhen durch den Unrat auf den Straßen in die Fabriken quälten, Männer, Frauen und Kinder jeden Alters. Lebende Tote, in Devil's Dust, Teufelsdreck gekleidet, verarbeitete

Reste aus der Reißwollmaschine, das spätestens nach 14 Tagen riss oder fadenscheinig wurde. Die Frauen und Kinder meist barfuß, mit Unrat und Dreckrändern bis zu den Knien. Marx lief wie in Trance durch diese Hölle. So was hatte er noch nicht gesehen. Und wie in Trance liefen die Untoten an uns vorbei. »Die Frühschicht hat gerade begonnen!«, rief ich unnötig, denn Marx hatte längst kapiert. Immer mehr und immer schneller versuchten diese bemitleidenswerten Gestalten, ihr Ziel zu erreichen, und wie sie gekommen waren, so rasch verschwanden sie auch in den Qualm und blutige Abwässer ausstoßenden Backsteingebäuden, genannt Fabriken. Es herrschte danach fast Totenstille. Nur ab und zu grunzte ein Schwein.

Und so zeigten Mary, Lizzy und ich deinem Vater die allererste Fabrikstadt der Welt. Manchester war das Juggernaut-Rad, das schwarze Loch des Kapitalismus. Das nicht das letzte bleiben sollte. Bald sollte die ganze Welt von diesen schwarzen Löchern strotzen.

Marx schien wie betäubt zu sein. Unser Experiment war gelungen.

Ich bog jetzt endlich wieder in eines der besseren Viertel, wo ich mir eine ansehnliche Wohnung gemietet hatte. Ehrlich gesagt, es waren zwei. Die eine diente der Repräsentation und für die Momente, wenn mein Vater aus Barmen auftauchte, und die andere diente mir, Mary und ihrer Schwester als Domizil.

Dies hatten wir nun endgültig erreicht und unser Schuhwerk zu reinigen machte den beiden Sisters große Mühe. Eine Wasserpumpe vor dem Haus, wofür mancher Arbeiter seinen linken Arm gegeben hätte, half.

Von unserer Wohnung aus sah man gut über die Stadt, auch auf die östliche und nordöstliche Seite von Manchester, auf die einzigen Hänge, an welche sich die Bourgeoisie nicht angesiedelt hatte, weil der hier zehn oder elf Monate im Jahr herrschende West- und Südwestwind den Rauch aller Fabriken stets nach dieser Seite hinübertrieb. Den konnten die Arbeiter alleine einatmen. Hier aber war luftige Höhe. Mary zog den Vorhang zu.

Marx hatte sich einigermaßen erholt und saß in einem meiner bequemen Sessel. Ich hatte Mary und Lizzy extra freigegeben, um Karl zu beköstigen.

»Normalerweise gehören wir auch zu den lebenden Toten da draußen«, begann Mary das Gespräch.

»Nun, Papa und ich bemühen uns, die Fabrikarbeit bei Ermen & Engels so human wie möglich zu gestalten. Unsere Cottages für die Arbeiter sehen besser aus als die, die wir dir gezeigt haben.«

Mary: »Aber das Wolfsgesetz der Konkurrenz zwingt auch Ermen & Engels zur Ausbeutung – so gut und so viel es geht. Or do you see it differently, Karl?«

Bevor er antworten konnte, ging ich dazwischen:

»Karl hat noch keine Mill, keine Fabrik von innen gesehen.«

Mary: »Da hast du was versäumt, Ermen & Engels ist auf dem neuesten Stand der Technik. Erst kam die Jenny …«

Karl: »Jenny?«

Merkwürdigerweise hieß das erste Spinnrad, mit dem man zahlreiche Spindeln, zwischen 16 und 18 Stück, bedienen konnte, Jenny.

Lizzy stellte diverse Alkoholika auf den Tisch, sodass wir bei mir zu Hause kneipen konnten und keine der schlimmen Schnapsbuden aufsuchen mussten.

Mary: »Es heißt immer, der Erfinder James Hargreaves …«

Engels: »Zu Standhill bei Blackburn in North-Lancashire, 1764 …«

Mary ließ sich von mir nicht das Wort abschneiden.

»… habe sie nach seiner Tochter Jenny benannt …«

Engels: »… doch er hatte keine Tochter, die so hieß, vermutlich kommt das Wort von der beliebten Kurzform ›Jenny‹ für englisch engine, Maschine.«

Mary fuhr mir wieder übers Maul.

»Diese ›Maschine‹ wurde noch mit Menschenkraft angetrieben und konnte zu Hause aufgebaut werden. Doch schon bald erfand ein Barbier aus Preston …«

Engels: »… ebenfalls Nord-Lancashire, und das nur drei Jahre später, die Spinning-Throstle.«

Mary: »Im Deutschen gewöhnlich Kettenstuhl genannt.«

Engels: »Der funktionierte nur mechanisch, brauchte also Wasserkraft oder eine Dampfmaschine. Der Kettenstuhl ist neben der Dampfmaschine die wichtigste Erfindung des 18. Jahrhunderts.«

Lizzy schenkte Karl einen trockenen Sherry ein und lächelte ihm zu. Lizzy hatte trotz ihres nicht gerade zierlichen Körperbaus eine durchaus laszive Wirkung auf Karl. Der genoss den Sherry.

Mary: »Und schon braucht man eine Fabrik. Bald darauf brachte Samuel Crompton aus Firewood …«

Engels: »… Lancashire!«

Mary gab mir jetzt einen Rüffel, wonach ich sie alleine erzählen ließ, während ich Lizzy bei der Zubereitung des Mahls half.

»Er kombinierte Jenny und Kettenstuhl, und herauskam die Mule, die, ergänzt durch Kardier- und Vorspinnmaschinen, das Fabriksystem zum einzig möglichen System machte und schon 1 000 Spindeln auf einmal tragen konnte. Hinzu kam der mechanische Webstuhl des Landpfarrers Dr. Cartwright – diesmal nicht aus Lancashire. Schon haben wir Hunderte von Proletariern unter einem Dach. Merkwürdig ist nur, dass die Maschinen zwar den Ausstoß an Wolle, Flachs und Baumwolle enorm erhöhten, den daran Arbeitenden aber nicht die Arbeit erleichterte, sondern sie immer größerer Mühen und Hetze unterwarf …«

Engels und Lizzy tischten das Essen auf, es war, wie Marx es gehofft hatte, kein Schwein, sondern Irish Stew.

Engels: »… und sie zum Sklaven der Maschine machte. Wir folgern daraus: Die Maschinen sind nicht für den Arbeiter da, sondern der Arbeiter für die Maschine und die Maschine dient allein dazu, den Warenausstoß zu vermehren und damit den Gewinn des Fabrikbesitzers.«

Das Stew mundete ausgezeichnet, und aus dem Keller holte ich noch meine besten Weine, die wir bald bestens genossen.

Karl fand auch Mary höchst sympathisch und war erstaunt über ihr Wissen, das sie sich durch Befragung von Leidensgenossen angeeignet hatte, denn damals hatte sie weder lesen noch schreiben können. Ich habe es ihr, so gut es ging, später beigebracht.

»Frederick hat viel erzählt über dich, Karl.«

»But call me Mohr!«

»Mohr, a black philosopher!«

»Hoffentlich nur Gutes.«

»Yes, er sagt …«

Lizzy: »You are the greatest philosopher on earth!«

»Das hat er wirklich gesagt?«

Das hatte ich in der Tat und Karl fühlte sich total geschmeichelt.

Lizzy: »Together you will change the world.«

Karl: »Vielleicht die Philosophie, aber die Welt?«

Mary: »Ihr müsst es, oder sollen wir so weiterleben?«

Lizzy: »And don't forget Ireland!«

Mary: »And irish women!«

Karl wollte vom Fusel der Burns-Schwestern probieren, doch ich schenkte ihm etwas Besseres ein.

»Trink lieber das!«

»Aber wozu Ireland?«, fragte Karl ganz naiv und probierte den Malt.

»Die Ladys haben ihr Herz für ihr Mutterland entdeckt und wollen es auch befreien. – Dabei sind die Iren Holzköpfe, primitive Kerle, man muss sie erst zur Kultur erziehen …«

Lizzy: »… but not irish women.«

Lizzy war ihr Baumwollrock, absichtlich oder unabsichtlich, hochgerutscht und Karl konnte ihre Beine bewundern. Ihm wurde warm ums Herz. War's der Malt Whisky oder die aufreizende Erscheinung der jungen Burns? Lizzys Blick traf ihn und Karl wurde rot.

Und Mary gab mir einen Tritt. Fast hätte ich den guten Tropfen noch verschüttet.

»Das Proletariat muss sich schon selbst befreien, es muss seine Zersplittertheit, seine Isolierung, seine Sklaverei einzig und allein von sich aus überwinden«, proklamierte Karl.

Mary: »But how? Menschen, die hungern, halb tot sind, living in the shit, haben nicht die Kraft zu kämpfen.«

Lizzy: »But we do have – cheers!«

Die Sisters kippten ihren Fusel und wir den Malt. Deswegen kann ich mich heute nur noch schwer an den Rest des Abends erinnern. Dunkel sehe ich, wie die Burns-Sisters sangen und tanzten, nein, Karl tanzte mit, Marx war ein guter Tänzer. Und die drei gaben ein schönes Ringelreihen.

Doch mich konnte Mary nicht dazu bewegen. Wer einmal preußisches Militär genossen hat, kann sich nicht mehr sonderlich des

Tanzes erfreuen. Und dann weiß ich noch, dass Mary sich an Karl schmiegte, er aber blockte. Und plötzlich sangen die beiden Sisters das irische Lied der Lieder: *The Fields of Athenry*. Regelmäßig kamen mir die Tränen, wenn ich diesen Song über einen Korndieb hörte, der nach Australien deportiert wurde.

By a lonely prison wall
I heard a young girl calling
Michael they have taken you away
For you stole Trevelyn's corn
So the young might see the morn
Now a prison ship lies waiting in the bay
Low lie the Fields of Athenry
Where once we watched the small free birds fly
Our love was on the wing, we had dreams and songs to sing
It's so lonely 'round the Fields of Athenry

By a lonely prison wall
I heard a young man calling
Nothing matters Mary when you're free
Against the famine and the crown
I rebelled they cut me down
Now you must raise our child with dignity

Low lie the Fields of Athenry
Where once we watched the small free birds fly
Our love was on the wing we had dreams and songs to sing
It's so lonely 'round the Fields of Athenry

Auch Marx war schwer beeindruckt. Wollte aber dann doch wissen, wie ich mit den beiden Sisters lebte. Nun, ich kann es immer nur beteuern, es war keine Ménage-à-trois. Ich liebte Mary und sie war mein Weib. Von der Ehe hielt ich nichts. Aber mit Lizzy wurde ich erst eins, als Mary nicht mehr war. Punkt.

Tussy: »Aber wie ging's weiter, General, willst du's mir nicht erzählen?«

Engels: »Beim besten Willen, ich kann es nicht, der Abend verschwand im Dunkel des edlen, allzu stark genossenen Malt-Whiskys.«

Marx war im Sessel eingeschlafen, Lizzy ebenfalls, allein auf dem Sofa …

An mehr kann ich mich nicht erinnern.

»Ich habe jahrelang versucht, sie auszuhorchen, doch Lizzy erzählte nur, dass nichts geschehen sei«, wusste Tussy.

Mohr sei irgendwann aufgewacht, habe die Rundungen unter dem hochgerutschten Mieder bewundert und sie habe plötzlich seine Hand genommen und sie an ihre Brüste geführt.

Doch Mohr zog sie zurück. Lizzy richtete sich jetzt auf, holte Karls Kopf zu sich und gab ihm einen langen Kuss. Er ließ es zu, schob sie dann jedoch sanft von sich weg.

»I'm married.«

Lizzy lächelte nur.

Und sanft strich sie an Mohrs Arm entlang und zog ihn dann zur Tür des nächsten Zimmers. Die war nur angelehnt. Lizzy schob sie langsam auf. Ohne Knarren gab sie den Blick frei auf einen fast dunklen Raum, der nur halbseitig vom Mond – hier oben in der Rial Street Nr. 7 durch keinen Qualm getrübt – beleuchtet wurde.

Sah man lange genug hin, erkannte Karl ein in der Dunkelheit unter glänzenden Satin-Laken sich windendes Paar. Die zwei bemerkten die Eindringlinge nicht, zu sehr waren sie mit Liebemachen beschäftigt. Karl konnte die beiden nicht voneinander unterscheiden, sie wirkten wie ein einziger bebender Körper.

Lizzy kraulte Karl durch seine schwarze Mähne hindurch am Ohr – Gänsehaut.

»No one is married here«, flüsterte sie ihm ins Ohr.

Karl drehte sich um, einen Moment war er bereit, ihren Avancen nachzugeben, doch dann dachte er an Jenny, nicht die Spinnmaschine, sondern seine Frau, die er liebte, über alles liebte – und er biss sich auf seine Lippen. Selbst als Lizzy ihr Mieder aufriss und ihm die Pracht ihrer Brüste zeigte, blieb Karl stark. Stark, der Versuchung zu widerstehen.

Sehr zum Unwillen des Agenten, der unten auf der Straße vor der Nr. 7 stand, einer sauberen gepflasterten Straße, die seine Stiefel nicht mit Dreck beschmutzte. Deswegen hatte er die drei auf ihrer Tour durch den Manchester-Kot-Kapitalismus auch nicht begleitet, sondern brav vor Engels' Wohnung gewartet. Jetzt hoffte er, Karl, den er schemenhaft am Fenster sah, würde zugreifen. Doch Karl griff, zur Enttäuschung des Agenten, der endlich Ehebruch melden wollte, nicht zu. Der Agent war Ire, wie die Burns-Sisters, und deswegen diente er nicht England, sondern den Preußen, die ihn über Umwege in Dublin angeworben hatten. Am nächsten Morgen schickte er ein Telegramm nach Berlin: »Das Voegelein hat den Kaefig nicht verlassen!«

Einen Moment hatte er zwar überlegt, zu lügen und den Vollzug des Ehebruchs zu melden. Doch er war ein ehrlicher irischer Agent, und wo käme man da hin, wenn ein Ire lügen würde wie die Engländer, wo doch die, die ihn beauftragten, Preußen waren – und die waren ehrlich, jedenfalls der, der sich Stieber nannte. Das hatte der irische Agent, wir nennen ihn Danny Boy, jedenfalls im Urin, dass die Preußen nicht logen. Und Stieber berichtete wiederum wahrheitsgemäß und gegen ordentliche Handsalben an den Regierungsrat Ferdinand von Westphalen, den er immer noch inoffiziell bediente und von dem er hoffte, dass er bald sein Chef werden würde und die Handsalben dann legalisiert und verdoppelt werden konnten. Ferdinand wiederum war enttäuscht. Dieser dämliche Revolutionär war ein braver Ehemann. Wie sollte man ihn nur zu packen bekommen?

Engels: »Nun, dass ein Agent hinter mir her war, wusste ich, aber dass es ein verdammter Ire war, der über mehrere Ecken für Jennys verdorbenen Halbbruder arbeitete, war mir neu.«

Tussy: »Ich hab's aus den Akten.«

Engels: »Du hast Akten des preußischen Geheimdienstes einsehen können?«

Tussy: »Handsalben, General, Handsalben. Auch dort gibt es arme Schweine, die Geld brauchen.«

»Aber dass Lizzy und Karl uns beobachteten, wie wir die Sache machten, das hast du dir ausgedacht.«

»Nein, my General, das habe ich von Lizzy!«

»Unerhört!«

»General, dir hat das doch nichts ausgemacht.«

»Doch, Liebe ist die Sache für zwei Menschen, und sie brauchen kein Publikum, wenn sie ihr verfallen sind.«

Tussy schwieg.

Im Juggernaut-Rad

Engels erzählte weiter. Der nächste Tag jedenfalls wurde von Marx, den Sisters und mir mit Ausschlafen verbracht. Doch zum Schichtwechsel abends wollten wir Marx wieder eine Lehrstunde erteilen.

Lizzy hatte einen Narren an Karl gefressen, und dass dieser Narr närrischer war, als ich dachte, wusste ich damals ja nicht.

»Es ist doch nichts passiert, General, außerdem warst du mit Mary liiert.«

Richtig, Lizzy kitzelte Karl mit einer Schreibfeder im Gesicht. Er klagte über tierisches Kopfweh, trotz des guten Malts. Wir hatten viel zu viel getrunken und viel zu viel geraucht. Marx meinte, er habe von Massen von Schweinen geträumt, die sich im Dreck suhlten, und erst später festgestellt, dass es die fast ausgetrocknete Mosel war, in der sie sich gewälzt hätten. Er hegte inzwischen eine ähnliche Abneigung gegen die Tiere wie die Muselmanen. Ich zog nach Süden hin die Vorhänge auf und öffnete die Fenster. Und kaum zu glauben, frische Luft kam herein, denn hier oben wohnte die Bourgeoisie in villenartigen Gartenhäusern, wie sie auch sonst an den luftigen Höhen der Viertel Cheetham Hill, Broughton und Pendleton zu finden waren. Freie gesunde Landluft, die prächtige und behagliche Wohnungen umströmte.

Beim Brunch – Marx mied sogar den phantastischen Bacon, den Mary servierte – versprachen wir drei ihm, diesmal die Arbeiterviertel zu meiden und mit dem Omnibus durch Manchesters Prachtstraßen zu fahren. Wohin, sagte ich nicht: zu Ermen & Engels. Mary und Lizzy hatten auch schon ihre Arbeitskleidung, den Teufelsdreck, angezogen und die etwas feineren Kleider, die ich ihnen spendiert hatte, beste Baumwolle aus unserer Mill, abgelegt. Marx ahnte wohl, als wir den Omnibus bestiegen, wohin es gehen würde. Aber brav führten uns die Pferde an den guten Geschäften der Bourgeoisie vorbei, sodass Karl – immer noch gelähmt vom ausschweifenden Abend – hoffen konnte, heute vom Proletariat verschont zu bleiben. Doch schneller, als er glaubte, waren wir vor den Fabriktoren und plötzlich mitten in der Armee der abgemagerten menschlichen Wesen in ihren Lumpen, mit ihren abgewetzten Kappen, in klappernden Holzschuhen – so diese Pflaster fanden – oder barfuß wie die meisten Weiber und Kinder. Und diesmal reihten wir uns ein in den Strom, einige grüßten mich sogar. Es ging hinein ins Grabmal der lebenden Toten, das Memento mori der Bourgeoisie. Denn was war eine Theorie – die es noch zu schreiben galt – ohne Praxis. Doch Marx widerstrebte plötzlich und vor der großen Halle ließ er alles an sich vorbeiziehen.

»Nein, hier will ich nicht hinein, nein, im Leben nicht!«

Auch Lizzy konnte ihn nicht überzeugen, nicht mit Charme und nicht mit Zerren. Marx schüttelte wie irre den Kopf. Wir konnten kaum sprechen, so laut war der Lärm der Dampfmaschinen, der Betriebsloks, der strömenden Arbeiter. Doch Marx blieb stur. Er verweigerte sich komplett. Mary und ich gingen hinein. Wie ein kleines Kind hielt Marx die Hand vor die Augen. Er wollte das Zentrum der Hölle nicht sehen. Die Tore schlossen sich.

Lizzy saß noch eine Weile neben ihm, redete auf ihn ein. Doch Karl zitterte am ganzen Körper, drückte ihre Hand und bat sie zu gehen. Ihr war, so erzählte sie später, als habe sie einzelne Haare seiner schwarzen Mähne augenblicklich grau werden sehen. Sie ließ ihn schließlich stehen, besser gesagt sitzen, denn er versuchte, es sich auf einem Stoffballen bequem zu machen, soweit man das in dieser Umgebung konnte.

Seine Haut juckte von der schlechten Luft, der Situation und überhaupt. Und nicht zum ersten Mal spürte er, wie sie wohl wieder

Furunkel produzierte. Auch die Leber drückte. Er nahm sein Sudelbuch und kritzel-krakelte: »Der Bourgeois schreitet voran. Der Arbeiter folgt ihm nach; der eine bedeutungsvoll schmunzelnd und geschäftseifrig, der andre scheu, widerstrebsam, wie jemand, der seine eigne Haut zu Markt getragen und nun nichts andres zu erwarten hat als die – Gerberei.«

Nun, Marx wollte sie nicht sehen: Und ich Kapitalistensohn muss sagen, mein Vater hatte tatsächlich versucht, die Verhältnisse zu bessern, aber der Konkurrenzdruck war so hoch, dass er sich eine wirklich vorbildliche Fabrik nicht leisten konnte. Und doch war unser Betrieb noch einer der besseren. Sozusagen a mild hell. Denn auch bei Ermen & Engels machten beißender Rauch und giftiger Qualm die Sicht in der Halle fast unmöglich. Durch knöcheltiefes Wasser quälten sich die Menschen, um unter diesen Bedingungen ihre schwere Arbeit zu verrichten. Ohrenbetäubender Lärm herrschte vor. Vermummte wiesen Kinder an, die im Innern der riesigen Spinnmaschinen, in denen Tausende Hexen die Spindeln anzutreiben schienen, arbeiten mussten. In diesem Hexensabbat der tanzenden Spindeln, mechanischen Teile, sausenden Wagen, angetrieben von klatschenden Transmissionsriemen, krochen sie, auf dem Bauch liegend, hinein. Und immer, wenn etwas nichts funktionierte, wurden die Kinder noch weiter in die Maschine hineingeschickt, wo viele nur schwer verletzt, manche nie wieder herauskamen. Die Hexen-Spinnmaschine fraß sozusagen die Kinder.

Du kannst dir vorstellen, dass ich, auf dem Weg ins gläserne Büro hoch oben in der Fabrik, in dieser unwirklich anmutenden Kulisse wie ein Fremdkörper wirkte. Nicht so Mary, die sich nun ganz in Devil's-Tücher hüllte. Sie stellte sich an eine der Maschinen, war es eine Spinning-Throstle, eine Mule oder gar eine Selfaktor-Spinnmaschine? Ich kann es nicht mehr sagen, wir hatten immer die modernsten Maschinen, z. T. schon lochkartengesteuert. An einer dieser Spindel-Phalanxen jedenfalls musste sie mit dem Wagen mitlaufen und einfache stumpfsinnige Bewegungen ausführen, durch das Wasser, durch den Lärm, durch die Hölle. Ich hatte vom Büro aus zugesehen, sie für einen Moment verloren und ging jetzt wieder hinunter. Ich wusste nicht mehr, wer von den Vermummten Mary war, drehte so manches arme Wesen herum und legte das Gesicht frei: Fehlanzeige, falsches, erbarmungswürdiges Lächeln. Endlich gab sie sich zu erkennen. Ich trug einige Schichten des Teufelsdrecks ab, legte ihr Gesicht frei und zog sie hinter die Wollballen. Dann gab ich ihr einen Kuss in der Hölle. Und ich versprach ihr, sie hier herauszuholen, sie nach Brüssel zu schaffen und Lizzy eine Stelle als Putzkraft zu verschaffen, nur dass die Sisters sich hier nicht weiter quälen mussten.

Karl draußen ahnte, was drinnen vorging, und notierte in sein Sudelbuch:

»Alles gesellschaftliche Leben ist wesentlich praktisch. In der Praxis muss der Mensch die Wahrheit seines Denkens beweisen. Die Philosophen haben die Welt nur verschieden interpretiert, es kömmt drauf an, sie zu verändern.«

In London trafen wir Marx, Mary und ich dann noch die Chartisten, eine Reformbewegung, die durch Propaganda und Vorträge auf die üblen Zustände in Manchester und anderswo aufmerksam machte, die für ein allgemeines Wahlrecht auch für Proletarier eintraten und eine Beschränkung des 12- bis 14-stündigen Arbeitstages. Doch sie hatten mit Radikalen wie uns nichts am Hut, gleichwohl wollten wir deren Entwicklung aufmerksam verfolgen. Schließlich trafen wir noch Vertreter des Bundes der Gerechten, der eher unseren Zielen nahekam.

Die Ausgestoßene I

Tussy: »Und schon wart ihr wieder in Brüssel.«

Möhne schloss Mohr in die Arme, den sie schmerzlich vermisst hatte.

»Doch dann entstand ein Problem, mit dem ich wirklich nicht gerechnet hatte«, klagte Engels jetzt, noch Jahrzehnte später.

An jenem Tag, als ich mit Mary dem Hause Marx meine Aufwartung machte, ließ sich Jenny nicht blicken und Marxens merkwürdig reserviertes Verhalten mir gegenüber gab mir Rätsel auf. Hier ahnte ich erst, was später zur Gewissheit wurde: Stein des Anstoßes, so lächerlich es klingen mag, war Marys proletarische Herkunft.

Hatte ich Karl noch nicht intensiv genug davon überzeugt, dass das Proletariat die kommende Klasse war, die den Kampf aufzunehmen gedachte? Oder hatte er einfach seine bürgerliche Herkunft noch nicht weit genug hinter sich gelassen? Nun, Marx war nicht der springende Punkt. Jenny war es. Und es schien mir auch, als hätte ich damals die Tür zur Küche einen Spalt aufgehen und sich wieder schließen sehen. Sonst immer war ich von ihr herzlich begrüßt worden. Jetzt ließ sie sich verleugnen.

»Ist die Dame des Hauses außer Haus?«, fragte ich scheinheilig.

»Ja«, stammelte Karl, »sie muss noch Besorgungen machen, wir haben morgen Gäste.«

Besorgungen machte in der Regel Lenchen und nicht die Dame des Hauses. Und offensichtlich waren Mary und ich dazu nicht eingeladen.

Ich zog es vor, meine geliebte Proletin erstmal zu Hause zu lassen.

Tussy: »Möhne hat in meiner Gegenwart nie etwas Schlechtes über ›Little‹ …, über Mary gesagt.« Tussy merkte selbst, dass sie sich versprochen, ja verraten hatte. Ihr Schutzschild, das sie in diesem Fall vor ihre Mutter gehalten hatte, zersprang.

Ich weiß, dass du geglaubt hast, deine Mutter habe hier Toleranz, ja Zuneigung gezeigt, doch meine Erfahrung war eine andere. Kam ich allein, war ich herzlich willkommen und Karl und ich bildeten ein Team, ein unschlagbares Team: Mohr und General.

Wir gingen auf und ab, hinterließen Laufspuren im Teppich, riefen uns zu, schrieben, diskutierten, ruhten uns aus, lachten und konnten des anderen Gedanken lesen. So wie ich es jetzt nur noch – manchmal – mit dir kann, Tussy. Es war die beste Zeit meines Lebens und Marxens auch.

Engels: »Die Menschen haben sich stets falsche Vorstellungen über sich selbst gemacht …«

Karl: »Die Ausgeburten ihres Kopfes sind ihnen über den Kopf gewachsen.«

Uns allerdings qualmten nicht nur die Köpfe. Wir rauchten dicke Zigarren, tranken starken Tee und noch stärkeren Kaffee.

Wir erhoben unsere Köpfe und zelebrierten den aufrechten Gang.

Engels: »Vor ihren Geschöpfen haben sie, die Schöpfer, sich gebeugt.«

Karl: »Die Forderung der Junghegelianer, das Bewusstsein zu verändern, läuft auf die Forderung hinaus, es nur anders zu interpretieren, also vermittelst anderer Interpretation anzuerkennen.«

Engels: »Keinem der deutschen Philosophen ist es aufgefallen, nach dem Zusammenhang ihrer Kritik mit ihrer eigenen materiellen Umgebung zu fragen.«

Karl: »Denn das Bewusstsein kann nie etwas anderes als das bewusste Sein, und das Sein des Menschen ist ihr bewusster Lebensprozess.«

Engels: »Ganz im Gegensatz zur deutschen Philosophie, welche vom Himmel auf die Erde herabsteigt, wird hier von der Erde …«

Unisono: »… zum Himmel gestiegen.«

Lachen.

Engels: »Nicht das Bewusstsein bestimmt das Leben, sondern …«

Karl. »… das Leben das Bewusstsein.«

Engels: »Das wiederum das Leben bearbeitet. – Das Leben, das noch vor uns liegt, Marx!«

Dichter Qualm umhüllte uns beide. Ich riss mal wieder die Fenster auf, grüßte einen von Stiebers Agenten, der sich jetzt, in Belgien, völlig falsch eine Baskenmütze aufgesetzt hatte, an einen Gartenzaun lehnte und auf die Ablösung wartete. Drumherum teilte sich die Arbeit, machte Lärm, trieb Handel, nähte Schuhe, verkaufte Obst und Gemüse, stellte Kleider in Schaufenstern aus und verkehrte mit Hand- und Pferdewagen. Drin vereinigten sich unsere Köpfe.

Karl: »Mit der Teilung der Arbeit ist auch die ungleiche Verteilung der Arbeit und der Produkte gegeben …«

Engels: »… also das Eigentum, das in der Familie, wo die Frau und die Kinder die Sklaven des Mannes sind, schon seinen Keim, seine feste Form hat.«

Karl: »Übrigens sind Teilung der Arbeit und Privateigentum …«

Engels: »… identische Ausdrücke.«

Karl: »Solange die Tätigkeit, die Arbeit also nicht freiwillig, sondern naturwüchsig geteilt ist, wird die eigene Tat des Menschen ihm zu einer fremden, ihm gegenüberstehenden Macht, die ihn unterjocht, statt dass er sie beherrscht.«

Also, die Teilung der Arbeit musste aufgehoben werden! Und sie scherzten und phantasierten, oder war es Ernst?

Karl: »In der kommunistischen Gesellschaft, wo jeder nicht einen ausschließlichen Kreis der Tätigkeit hat, sondern …«

Engels: »… sich in jedem beliebigen Zweige ausbilden kann …«

Karl: »… die Gesellschaft die allgemeine Produktion regelt und mir eben dadurch möglich macht …«

Engels: »… heute dies, morgen jenes zu tun, morgens zu jagen …«

Karl: »… nachmittags zu fischen …«

Engels fiel aus der Reihe: »… abends zu vögeln …«

Karl kicherte in sich hinein: »Psst, Jenny …« Er schüttelte den Kopf. »Ich streich das.«

Karl: »Nachmittags zu fischen, … Viehzucht zu treiben …«

Engels: »… nach dem Vögeln …«

Marx musste lachen und wir lachten wie pubertierende Schulbuben.

Karl (fing sich): »… nach dem Essen zu kritisieren, wie ich gerade Lust habe …«

Engels: »… ohne je Prostituierte …«

Karl: »Bitte Engels, mich zerreißt es gleich! – Ohne je Jäger, Fischer, Hirt oder …«

Das hübsche Lenchen kam herein.

Engels: »… Hausmädchen …«

Lenchen: »Essen ist fertig!«

Karl: »… oder Kritiker zu werden.«

Lenchen: »Was gibbs do zu lache, lache Se über mich?«

Engels: »Nein, wirklich nicht.«

Und Lenchen verkündete lächelnd: »Des will ich Ihne sah'n. Wer über mich lacht, der hat bald nex mehr zu lache.«

Sie drehte ab und ließ die Türe knallen.

Engels: »Euer Faktotum verfügt über große Durchschlagskraft und einen versteckt erotischen Reiz.«

Karl wollte das nicht kommentieren und er hat es nie kommentiert. Draußen klingelte Lenchen energisch mit einer Tischglocke.

Plötzlich war Mohr ganz ernst.

Die Tafelrunde dagegen tafelte fröhlich, denn Mary hatte ich zu Hause gelassen.

Nun, Mary war mindestens ebenso resolut wie Lenchen. Frauen, die mir widersprachen, waren mehr nach meinem Sinn, fügsame Weiber mir dagegen ein Graus. Mary war gern obenauf, auch beim Geschlechtsakt.

»General, das will ich nicht hören, also überspringe das!«

Sie rauchte wie Mohr, wie ich und du, gern Zigarren. Was danach immer zu heftigem Qualm führte: Wir dampften dann wie zwei Lokomotiven, die sich ins Bett verirrt hatten. Und während die frühen Marx-Engels-Werke der nagenden Kritik der Mäuse ausgesetzt waren, nagte Mary an mir.

Mary: »Gib's zu, you're ashamed of me, deswegen nimmst du mich nie zu den Marxens mit.«

Engels: »Keine Spur, wie sollte ich mich mit dir schämen?«

Mary: »Because I'm a proletarian, and because I'm Irish.«

Engels: »Aber wir kämpfen doch fürs Proletariat.«

Mary: »But you not for me. Deine Freunde sind nur theoretische Arbeiterfreunde, und Arbeiterinnen, die in wilder Ehe leben, are horrible for them.«

Ich wusste nicht, was ich antworten sollte, denn Mary traf den Nagel auf den Kopf. So paffte ich sprachlos vor mich hin.

Mary: »Ihr seid schon merkwürdige Vögel. Dieser Karl schreibt über etwas, was er noch nie gesehen hat, und you feed the hand that bites you … And while you talk davon, die Lage der Proletarier zu verstehen, schließt mich diese adlige Kuh, diese Jenny of Asshole, von eurem bourgeoisen Leben aus.«

Engels: »Jetzt bist du aber ungerecht.«

Mary: »Du weißt genau, dass sie hinter allem steckt.«

Engels: »Du täuschst dich.«

Mary: »Gut, dann take me with you, morgen zu eurer feinen Gesellschaft der Gerechten.«

Ich war mittelprächtig entsetzt, musste aber das Spiel mitspielen: »Why not!«

Nun, Marx und ich waren inzwischen dem Bund der Gerechten beigetreten, jener kommunistischen Organisation, die über London und Brüssel hinaus schon international vernetzt war, noch Elemente der Utopisten Simon und Fourier in sich trug und die es durch uns zu okkupieren galt. Wir machten dann später den Bund der Kommunisten daraus, einer Vorstufe der Internationale. Sicherheitshalber gründeten wir auch gleich eine Konkurrenzorganisation, das Kommunistische Korrespondenz-Komitee und nahmen auch Damen auf, so deine Mutter.

Tussy: »Alles nur Tarnung. Mit Frauen hattet ihr doch geistig nichts am Hut.«

Engels: »Sei nicht ungerecht, Tussy, dein Vater hat immer betont, dass große gesellschaftliche Umwälzungen ohne das weibliche Ferment unmöglich sind.«

Tussy: »Nun, liebster General, das hat er erst spät begriffen, nachdem Mutter und meine Schwestern Jennychen und Laura ihm gehörig die Leviten gelesen haben.«

Engels: »Apropos Laura, wir schreiben das Jahr 1845 und das nächste Mädel kam zur Welt.«

Tussy: »Bleiben wir bei den Gerechten.«

Tussy wollte nicht über Laura reden, sie waren seit einiger Zeit über Kreuz.

Engels spürte das und rührte nicht weiter daran.

Das tapfere Schneiderlein

Die Gerechten wurden angeführt von einem Schneider, der nicht nur versuchte, sieben, sondern Tausende auf einen Streich zu erwischen.

Er hieß Weitling, gab pathetische Vorträge in seiner Werkstatt, saß tatsächlich im Schneidersitz auf einem großen Tisch und scharte viele Jünger um sich, meist Proleten, die noch nicht einmal volljährig waren. Einen Verführer der Jugend konnten wir schwerlich gebrauchen, sollte doch unser Sozialismus wissenschaftlich begründet sein und nicht auf idealistischer Emotion. Wozu hatten wir uns denn die Köpfe zerbrochen und den historischen Materialismus entwickelt, wenn nun Dilettanten kamen und alles falsch machten. Heute muss ich allerdings zugeben, dass auch einige Ideen Weitlings bei uns auf fruchtbaren Boden fielen. Und dass Marx anfangs durchaus angetan war von diesem Helden des Sozialismus. Wie auch immer. Wir mussten ihn uns ansehen, bevor wir uns als Gerechte fühlen wollten.

Erstaunlich war bei Weitling ein gewisses Charisma, mit dem er – selbst nicht unansehnlich – seine jugendlichen Zuhörer in den Bann zog. Mohr und ich mischten uns unter die Zuhörer.

Weitling: »Und als Jesus das Volk sah, jammerte ihn dasselbe, und er sprach zu seinen Jüngern: Die Ernte ist groß, aber wenige sind der Arbeiter; darum bittet den Herrn der Ernte, dass er Arbeiter in seine Ernte sende. Meine Jünger! Die Ernte ist groß und reif, und Arbeit gibt's vollauf; also herbei, ihr Arbeiter, damit die Ernte beginne. Doch wird gerade denen von den Gütern der Erde am kargsten zugeteilt, welche sie derselben mühsam im Schweiße ihres Angesichts abgewinnen müssen.

Das kommt von der ungleichen Verteilung der Arbeit und der durch sie hervorgebrachten Güter. Durch sie wird Armut und Reichtum erzeugt; denn Arme gibt es nur bei Reichen und Reiche nur unter Armen.«

Tosender Applaus.

»Die Reichen versprechen uns das Paradies nur im Himmel, wir aber wollen es auf Erden. Um dies Paradies zu erkämpfen, brauchen wir aber eine Armee.«

Die jungen Proleten und Handwerksburschen waren hingerissen, endlich nicht für Volk und Vaterland zu kämpfen, sondern gegen ihre Ausbeuter. Das faszinierte sie.

»Ich kämpfe mit! Ich auch. Zeig uns den Weg!« Zurufe der Art häuften sich.

Weitling: »Und wie kommen wir zu dieser Armee? Wir befreien die Sträflinge aus den Gefängnissen, machen sie zu unseren Rekruten und erkämpfen mit ihnen das Paradies.«

Der Saal war wie toll. Wir schauten uns ratlos an. Nichts gegen Gewalt, Gewalt ist die Geburtshelferin einer jeden Gesellschaft, aber für uns kam sie nur in Frage, wenn die Stimmung revolutionär war und die Gewalt der vereinigten Proletarier stark genug, um ihre Ketten zu sprengen. Aber eine Armee aufzustellen, ohne dass das Sein zur Revolution drängte, waren Grillen eines unreifen Bewusstseins. Marx drückte es kurz und bündig aus.

»Der Kerl ist komplett verrückt.«

Im totalen Gedränge der entrückt-entzückten Jungproletarier verließen wir des Schneiderleins Werkstatt. Ich dachte mir noch, die armen Jungs würden von Weitling genauso verheizt werden, wie Friedrich der angeblich Große seine Soldaten verheizt hatte, der mit dem Krückstock auf sie eingeschlagen und geschrien haben soll:

»Wollt ihr Hundsfötte ewig leben?«

Nun, diese jungen Ausgebeuteten würden auch nicht mehr lange leben, ließen sie sich von Weitling anwerben. Soldaten der Revolution. Für uns damals etwas Unvorstellbares. Außerdem war Weitling ein unberechenbarer Götze neben uns, der mit christlichen Mythen spielte, die wir längst hinter uns gelassen hatten. Und so folgten wir dem Wolfsgesetz der kapitalistischen Konkurrenz und nahmen uns vor, ihn baldmöglichst auszuschalten.

Im Gedränge sah ich dann noch einen Mann mit Vollbart, betont lässig an ein Regal mit Stoffen gelehnt. Ich erkannte ihn sofort am angeklebten Bart und begrüßte ihn freudig:

»Bon soir, Monsieur Stieber, was treibt Sie nach Brüssel, etwa die Idee des Kommunismus?«

Stieber lief rot an, setzte sich seine Batschkappe auf und ergriff die Flucht.

Dabei verlor er in der Menge und in der Aufregung seine Pistole. Karl hob sie auf, zielte scherzhaft auf ihn und warf sie ihm dann zu.

Karl: »Wir bevorzugen die Waffen der Kritik.«

Engels: »Doch wenn es sein muss – und nur dann – lassen wir auch die Kritik der Waffen zu. Also seien Sie vorsichtig. Wer mit der Pistole schießt, kommt durch sie um.«

Karl: »Oder kann sich ins Bein treffen.«

Stieber hatte sich tatsächlich auch in Brüssel ein Domizil geschaffen. Wie es den Preußen gelungen war, sich in Belgien spitzelhaft festzusetzen, ist mir heute noch rätselhaft. Vielleicht hatten sie sich mit den Flamen geeinigt und den Wallonen nichts erzählt. Die Spaltung seiner Nachbarn war schon immer Preußens Ziel gewesen, jedenfalls bewegte sich Stieber auch hier im Untergrund, diesmal bei einem Schuster, dessen Hauptbeschäftigung nicht das Herstellen von Stiefeln, sondern das Ohrfeigen seiner Lehrlinge war. Immer begleitet von dem Ausruf:

»Vous mecs stupides!«

In der hinteren Lederkammer hatte Stieber sein Lager aufgeschlagen und ich war mir sicher, dass Ferdinand hinter der ganzen Sache steckte.

Tussy: »Woher willst du das denn alles wissen, General?«

Engels: »Das kam später bei den Kommunistenprozessen heraus. Außerdem war es uns gelungen, einen Maulwurf direkt in ihrer Mitte zu postieren. Er saß an der entscheidenden Quelle.«

Der Schreibtischspitzel hatte seine Morseapparatur auf einem kleinen Tisch inmitten lauter noch nicht reparierter und reparierter Schuhe postiert. Drumherum hingen Lederhäute aller Stärken. Ansonsten gab es auch Regale mit Unmengen von Leisten. Jedenfalls roch es gut, und die Luft war entschieden besser als in der Wäscherei in Paris.

Stieber hoffte auf Nachrichten aus Berlin. Doch der Schreibtischspitzel musste passen.

Stieber: »Diese kommunistischen Kerle werden immer aggressiver. Wir müssen endlich mal aufräumen.«

Schreibtischspitzel: »Hier im feindlichen Ausland?«

»Befreundetes Ausland. Die Flamen haben nichts gegen uns, nur die welschen Wallonen.«

»Etwas mehr Büroraum könnten uns diese Freunde schon zuweisen.«

Stieber schwieg.

Schreibtischspitzel: »Soll ich telegrafieren: Bitte mit Kommunisten aufräumen zu dürfen?«

Stieber: »Nein, natürlich nicht. Unsere Zeit ist noch nicht gekommen!«

Der Lehrling mit rechter roter Backe (fünf Finger waren deutlich zu erkennen) kam nach hinten und warf ein Paar Schuhe vor den Schreibtischspitzel.

Lehrling: »Chaussures fertig!«

Stieber: »Hat auch seine Vorteile, so ein Hinterzimmer.«

Der Schreibtischspitzel gab dem Lehrling ein paar Groschen und versuchte, mit seinen löchrigen Socken in die reparierten Schuhe zu schlüpfen, doch der Linke ging gleich wieder auf und der nackte Zeh lugte frivol hervor.

Stieber gab dem Lehrling eine Ohrfeige auf die linke Backe. Der jaulte auf und ging mit einem Fluch ab: »Merde Prusse.«

Merde Weitling. Marx lud ihn zu einer der Soireen von Jenny ein, bei der ich natürlich dabei sein musste, und ich dachte mir, dies könne eine günstige Gelegenheit sein, Mary in die Gesellschaft einzuführen. Doch weit gefehlt. Der Reihe nach. Auch Mosi war da und seine angetraute Ehefrau, geborene Pesch, eben jene Ex-Nutte mit Namen Sibylle, die Mosi mit meiner Hilfe aus den Klauen des horizontalen Gewerbes errettet hatte. Sibylle war ziemlich aufgedonnert und machte einen billigen Eindruck, kein Vergleich mit meinen edlen Kokotten.

»Ich weiß, Tussy, ich langweile dich mit meinen Weibergeschichten, aber dies muss ich jetzt tun, um die Ereignisse, die sich an diesem Tag zutrugen, erklären zu können.«

Sibylle saß im Kreis um Jenny und ihrer anderen Emigrantenfreundinnen. Mit ihr schien deine Mutter vorderhand keine Probleme zu haben, wo sie doch sicherlich wusste, dass Mosis Gespielin aus der Gosse kam.

Als ich aber mit Mary auftauchte, gab es erst reservierte Blicke von Mohr, und Jenny machte keine Anstalten, aus ihrem Kreis mit den Damen Herwegh, Schoeler und Hess herauszutreten und mich oder gar Mary zu begrüßen. Marx expedierte mich ins andere Zimmer, wo die Männer, darunter Mosi, Lupus, Weywey und Weitling, Karten spielten. Ich bedeutete Mary, bei den Männern zu bleiben. Freilich spähte sie immer wieder zu den Großbürgerfrauen hinüber und wäre gern Teil ihrer Gesellschaft geworden, wer wollte es ihr verdenken. Marx und ich warteten dagegen darauf, dass Weitling anfangen würde zu politisieren.

Weitling: »Es scheint mir sehr nützlich, dass die Herren Marx und Engels und natürlich auch Monsieur Hess unserem Bund beigetreten sind. Nur gemeinsam sind wir stark.«

Karl: »Mir scheint nur, es fehlt den Gerechten an Theorie, und nur wir können diese Theorie liefern«

»Ihre Theorie in allen Ehren, Bürger Marx«, Weitling hatte angebissen, »leider ist keine Zeit mehr für Theorien.«

»Nichts gegen eure Praxis, alles gesellschaftliche Leben ist wesentlich praktisch ...«, eröffnete Engels die Kanonade.

Weitling: »Eben, alle Mysterien, welche die Theorie zum Mystizismus veranlassen, finden ihre Lösung in der menschlichen Praxis. Und unsere Aufgabe ist es, den Arbeitern endlich die Augen zu öffnen. In Frankreich ist man da schon sehr weit. Die Proletarier dürfen keinen Versprechen mehr Glauben schenken, sondern nur auf sich selber setzen.«

Er spielte den Kreuzbuben aus.

Karl: »Revolution ohne Theorie, Bürger Weitling, führt zum Einwerfen von Fensterscheiben oder zum totalen Desaster.«

Engels: »Revolutionen lassen sich nicht anzetteln, wenn keine Basis für eine Revolution oder eine revolutionäre Bewegung da ist. Das führt nur zum Einkerkern und Füsilieren der Akteure.«

Mosi verlor das Spiel. Weitling kassierte. Lupus gab neu aus.

Mary war kurz davor, sich zu den Damen zu setzen. Ich bat sie mit einem kurzen Blick, es nicht zu tun.

»Märtyrer befeuern die Bewegung.« Weitling hatte also schon Tote eingeplant.

Engels: »Ihr opfert die Jugend des Proletariats für nichts und wieder nichts.«

Karl wurde nun lauter, der Eklat war schließlich geplant: »Es ist einfach Betrug, das Volk aufzuwiegeln, ohne ihm eine feste Grundlage für seine Tätigkeit zu geben.«

Weitling, den ich richtig als Choleriker einschätzte, geriet nun auch in Rage: »Da kann das Proletariat aber lange warten, bis ihr beiden mit eurem alles erklärenden ökonomischen Werk fertig seid. Da haben wir am St. Nimmerleinstag noch keine Revolution.«

Karl geriet nun ebenso in Rage: »Kümmern Sie sich nur nicht, in wenigen Monaten bin ich fertig. Und mit Ihnen bin ich auch fertig, denn die Weckung phantastischer Hoffnungen führt niemals zur Rettung der Leidenden, sondern zum Untergang.«

Weitling: »Auch Sie wecken mit Ihrer Theorie Hoffnungen auf eine chiliastische Endzeit.«

Karl: »Falsch, die Revolution kann nur aus der historischen Bewegung kommen. Hoffnungen helfen da gar nicht. Sondern nur schärfste Kritik der Verhältnisse.«

Weitling: »Die Vorbereitung der Revolution ist wichtiger als jede Kritik.«

Karl geriet völlig aus der Fassung, schlug mit der Faust auf den Tisch, sodass die Öllampe wackelnd klirrte:

»Noch nie hat Unwissenheit jemanden geschützt!«

Mosi versuchte nun zu vermitteln:

»Freunde, was wir jetzt brauchen, ist Einigkeit und keinen Streit.«

»Mosi, halte dich da raus«, schurigelte ihn Engels.

Doch es war schon zu spät. Weitling lief dunkelrot an, seine Halsadern schwollen auf Seilgröße, er knallte die Karten hin, sprang blitzschnell aus seinem Schneidersitz auf, warf dabei fast den Tisch um und verschwand ohne Gruß.

Konsternierte Gesichter.

Doch die Revolution konnte keinen Laien überlassen werden. Dafür brauchte es Profession. In diese Konsterniertheit hinein machte ich einen Vorschlag:

Wir benennen uns um, statt Bund der Gerechten sind wir der Bund der Kommunisten!

In Mosi stieg jetzt auch die Wut langsam hoch:

»Aber da müssen die Kameraden in London auch zustimmen, das können wir nicht allein entscheiden.«

Karl: »Die werden wir schon überzeugen, wichtig ist, dass Laien wie Weitling nicht die Oberhand gewinnen.«

Mosi hatte plötzlich Einwände: »War das denn nun wirklich nötig, Marx? Hätte nicht sachliche Diskussion einen solchen Menschen, der so viele Jünger hinter sich weiß, auf unsere Seite ziehen können?«

»Solche Leute brauchen wir hier nicht.«

»Schade, jammerschade!«

»Gar nichts ist schade!«

Und jetzt kam Mosi, wir nannten ihn wegen Sibylle inzwischen ›Mösi‹, in Fahrt.

Mosi: »Ihr habt ihn unnötig toll gemacht, so schaffen wir uns nur Feinde. Und ihr wundert euch dann, dass es so ist und dass sie so reagieren.«

Engels: »Wir wundern uns gar nicht, Mosi, auch nicht über dich!«

Mosi: »Es ist zum Kotzen!«

Marx: »Dann kotz doch!«

Mosi: »Scheiße, nach allen zehn Dimensionen.«

Engels: »Es gibt nur drei! – Aber bitte, auch dir steht die Tür offen.«

Mosi zögerte, noch war er dabei. Doch bald sollte unser kommunistischer Rabbi sich auch – wie Weitling, der kurz danach in die Vereinigten Staaten verschwand – davonstehlen. Er wolle mit unserer Partei nichts mehr zu tun haben, gestand Mosi später. Ich hielt ihn damals noch zurück.

Gleichzeitig hatte Weitling einen wunden Punkt angesprochen, unsere ökonomische Theorie war unvollständig und Karl hatte gelobt, sie zu vervollständigen. Wer hätte damals gedacht, dass die Entwicklung der Kritik der politischen Ökonomie noch gut 20 Jahre dauern würde – und auch dann noch nicht zu Ende war. Jedenfalls hoffte ich damals, dass Karl das ökonomische Buch, das er schreiben wollte, nun endlich anfing.

Lupus ließ den Dampf aus dem Kessel:

»Wäre es nicht besser, wir suchten ein Motto für unsere Organisation!«

Mosi, erleichtert über den Entspannungsvorschlag, preschte sofort vor: »Alle Menschen sind Brüder!«

Karl konterte: »Es gibt nicht wenige Menschen, wie unser tapferes Schneiderlein, mit denen ich kein Bruder sein will.«

Darauf gab es Lacher in der Runde, auch der brave Mosi lachte mit.

Ich wollte gerade einen Vorschlag machen, da kam mir Mary zuvor.

»Workers of all Lands, unite!«, sagte sie ganz trocken.

Marx: »No, better is: ›Proletarians of all countries, unite!‹«

Engels: »›Proletarier aller Länder, vereinigt euch!‹ Genial, Marx!«

Mary hatte im Grunde zwar nichts anderes gesagt, aber das überhörten wir.

Tussy: »Männerpack.«

Engels wachte langsam auf. Drei Tage hatte Tussy ihm seine Hand gehalten, und es schien, als hätte er sich mittels der umfangreichen Erinnerungen deutlich erholt.

Das stellte auch der schmierige Dr. Freyberger fest. Blutdruck, Puls und Augen waren fast normal. Tussy wünschte, der General würde wieder zu Kräften kommen. Es schien auch zu klappen.

Nur das Kurzzeitgedächtnis versagte noch, und Engels konnte sich nicht mehr an die Visite des großen Vorsitzenden erinnern.

Bebel war nach Sachsen abgereist, er musste seine Ehe ins Lot bringen, seine Frau Julie wiedergewinnen. Louise war todtraurig. Tussy hatte sie nächtelang weinen gehört und sogar ein wenig Mitleid mit ihr gehabt. Doch Dr. Freyberger kümmerte sich jetzt um sie, versuchte sie zu trösten – und das war sicherlich im Sinne Bebels.

Tussy ahnte, was da kommen würde, doch wenigstens hatte sie ihre Ruhe, und sie konnte ungestört bei Engels am Bett wachen.

Zudem war Tussy neugierig, sie hatte die Mary-Jenny-Geschichte immer für ein übles Gerücht gehalten, da der General sie nie erzählte.

Jetzt konnte er sogar richtig erzählen. Auch der Kloß im Hals war wie weggezaubert. Vielleicht hatte er die Angina, den Krebs überwunden. Schlaganfall gegen Krebs, fragte er sich. Vielleicht.

Engels: »Ja, diese Parole, diese Parole Marys …«

Tussy lächelte: »Ihr Schufte.«

Engels: »Diese Parole war ein Ruf wie Donnerhall.«

So war die Schlacht um die Führung erstmal gewonnen. Bakunin, den Anarchisten, der zu dieser Zeit auch in Brüssel weilte, ließen wir erst gar nicht an uns heran. Auch er hatte keine Theorie, sondern war nur auf Krawall gebürstet. Ihn würden wir uns später vorknöpfen.

Die Ausgestoßene II

Auf dem anderen Kriegsschauplatz jedoch wurde mit noch schärferer Waffe gekämpft: mit Denunziation.

Sibylle zog ohne Skrupel über Mary her.

»Was soll man auch von so einem kleinen proletarischen Pummelchen erwarten. Ich nenne sie deswegen auch schon lange ›Little‹.«

Die Damen kicherten in sich hinein und auch Jenny konnte kaum ihre Freude verbergen.

Lenchen versorgte gerade Jennychen und die klitzekleine Laura, als sie sich Sibylles Tiraden anhören musste:

»Sie soll ja nicht einmal schreiben können. Eine echte Proletin eben – oder sollte ich sagen Subproletin?«

Wieder Kichern. Lenchen konnte darüber nicht lachen, war sie doch aus der Schule gerissen und zum Dienen in die Welt und zu den Westphalens geschickt worden.

Sibylle versprühte weiter ihr Gift.

»Ich weiß gar nicht, was der General an ihr findet. Wie kann er sich so in die Gosse hinablassen.«

Dabei hatte sie nicht bemerkt, dass ich von hinten an sie herangetreten war – Mary immer noch im anderen Raum lassend. Auch die kleinen Gesten der anderen Damen, die ihr mein Nahen verdeutlichen wollten, kamen nicht bei der Hess an. So konnte ich gleich eine Breitseite abschießen.

»Apropos Gosse, ich kenne da ein Weibsbild, das es direkt von dort hierher geschafft hat. Sprichst du von Gosse, solltest du nicht vergessen, wes Kind du bist.«

Emma Herwegh unterbrach ihre Patiencen, die Schöler ihre Stickereien und Jenny blickte verlegen zur Seite. Sibylle erschrak.

»Marx und ich sind angetreten, um dem Proletariat bei seiner Befreiung behilflich zu sein. Solcher Befreiung ist es jedoch wenig dienlich, wenn man in unserer Gesellschaft Vertreter oder Vertreterinnen dieser Klasse in den Schmutz zieht.«

Jenny griff jetzt unerwartet ein.

»General, bitte vergesst nicht, dies hier ist meine Gesellschaft …«

»Lasst nur, liebste Jenny, ich kann mich alleine meiner Haut wehren …«, tönte Sibylle.

Dies gefiel nun wiederum Jenny nicht, eine so zickige Abfuhr erteilt zu bekommen. Die Schöler stickte hektisch weiter. Die Herwegh setzte amüsiert ihre Patiencen fort.

Und Sibylle nahm den Kampf auf: »Bester General, ich erinnere mich, dass Ihr in Eurem Buche über die Lage der arbeitenden Klasse recherchiert habt, dass Kapitalisten die Proletarierinnen in Manchester nicht nur materiell ausbeuten, sondern sie zu Sklavinnen ihrer Lüste machen.«

Die Schöler ließ ein leises »Ahh« des Erschreckens hören. Emma Herwegh ein »Pahh« und Jenny schwieg.

Sibylle schoss weiter ihre Pfeile ab: »Soweit ich informiert bin, lehnt dies der Bund der Gerechten strikt ab. Wie könnt Ihr also gegen Eure eigenen Prinzipien verstoßen?«

Engels: »Das frage ich Euch, wart Ihr es nicht, die ihre eigene Haut zu Markte getragen hat und nun plötzlich nichts mehr davon wissen will? Wären Mosi und ich nicht gewesen, würdet Ihr immer noch in der Gosse huren.«

Wieder kamen *Ahhs* und *Pahhs* aus Frauenmunde. Jenny aber überlegte hin und her, wie sie diese peinliche Situation schnellstens beenden konnte – aber ihr fiel nichts ein. Mosi und Karl hielten sich noch im anderen Zimmer auf und keiner sah Jennys hilfesuchenden Blicke.

Engels: »Vergesst also nicht, Ihr seid eine Kokotte auf Urlaub. Ein Urlaub, der jederzeit zu Ende gehen kann.«

Sibylle sprang auf und polterte los: »Muss ich mir das gefallen lassen?«

Jetzt will sie also doch Hilfe, dachte Jenny. Ihr wurde diese Frau immer unsympathischer.

Sibylle ging drohend und mit gerafften Kleidern auf Engels zu. Mary saß vereinbarungsgemäß immer noch im anderen Zimmer. Sollte Engels jedoch angegriffen werden von diesem Mensch, dann würde sie ihn wie eine Wölfin verteidigen und ihre durch die Spindeln und Spinnmaschinen schwielig gewordenen Hände einsetzen.

Tussy: »Und hat Sibylle zugeschlagen?«

»Ich muss gestehen, sie roch nicht schlecht und natürlich hatte sie kurz vor mir Halt gemacht. Aber sie schlug nicht zu, sondern rannte wutentbrannt und tränenreich raus.«

Mosi begriff erst jetzt, was da passiert war, und rannte ihr, nicht ohne mir einen bösen Blick zuzuwerfen, an den Ort hinterher, an den sie hingehörte, auf die Straße.

Ich glaubte, den Augenblick nutzen zu können, winkte Mary

herbei, um sie nun Jenny vorzustellen. Doch in meiner Siegesgewissheit wegen der billigen Sibylle wählte ich mindestens den falschen Augenblick.

»Jenny, darf ich Ihnen meine Lebensgefährtin Mary vorstellen?«

Doch deine Mutter reagierte eiskalt. Mit keinem Wort ging sie auf mich ein oder darauf, was ich gesagt hatte, sondern blickte in die Damenrunde und fragte, als verlangte sie ein Glas Wasser:

»Mesdames, wer holt die unglückliche Sibylle zurück?«

Als sich vor lauter Konsterniertheit keine rührte, erteilte deine Mutter einfach einen Befehl.

»Madame Herwegh, wären Sie so freundlich?«

Doch die hatte keine Lust, sich einzumischen.

Mary und ich standen da, wie von der Post Ihrer Majestät Queen Victoria bestellt und nicht abgeholt.

Da musste ich handeln: »Mary, we are going!«

Wieder reagierte Jenny nicht. Ich zog Mary nach draußen. Da stand schon Lenchen, reichte uns unsere Mäntel und meinen Hut. Und drückte mir zustimmend die Hand. Lenchen wusste immer, was Sache war.

Jetzt kam uns auch dein Vater hinterher, offensichtlich hatte er nichts mitbekommen.

»Ihr wollt schon gehen? Aber wir haben doch noch überhaupt nichts besprochen.«

»Es gibt auch momentan nichts zu besprechen.«

»Doch, der böse Onkel Philips in Holland will mir mein Erbe nur peu à peu auszahlen, und beim guten Onkel« – Karl und Jenny bezeichneten ihren jeweiligen Pfandleiher gern als guten Onkel – »ist schon unser Tafelsilber.«

»Das Gute aus Schottland … von der Großmama«, kommentierte Tussy.

Karl: »Engels, du musst Geld beschaffen von deinem Alten, wie ausgemacht … Wir wollten ihn doch über den Löffel balbieren.«

»Das ist gründlich gelungen, und zwar mit Mary und mir …«

»Was ist denn passiert?«

»Denk mal nach!«

Nun, das musste sein, es tat mir weh, aber ich konnte mir nicht alles …

Karl: »Aber du wirst mich doch jetzt nicht im Stich lassen.«

»Das solltest du dich fragen … Marx!«

Karl gab sich weiter unwissend: »Aber, was …«

»Du weißt genau, worum es geht …«

Karl war tatsächlich einen Moment sprachlos.

»Freundschaften sollte man pflegen, vor allem wenn es besondere sind … Au revoir, Marx!«

»Au revoir …«

Mary (böse): »Bye!«

Es war das erste Mal, dass unsere Freundschaft einen Knacks bekam. Es sollte noch ein einziges weiteres Mal folgen, Jahre später – und wieder betraf es Mary.

Tussy: »Ach, General, es tut mir alles so leid, das wusste ich wirklich nicht.«

»Muss es dir nicht, Jenny und Karl hätte es leidtun müssen.«

»Das hat es.« Tussy übernahm.

Mohr hat mir eines Tages alles gestanden. Er war konsterniert, dass du ihn so hattest abfahren lassen. Auch Jenny war in nicht gerade bester Stimmung zu Bett gegangen. Und so lagen sie beieinander und konnten nicht einschlafen. Selbst die Zubettgehzigarre schmeckte Papa nicht. Zwar hatte er einen Erfolg gegen Weitling errungen, aber sein bester Freund, nämlich du, General, hatte enttäuscht das Haus verlassen.

»Aber Karl brauchte mein Geld, nicht wahr?«

Das vielleicht auch, aber du warst sein geistiger Kompagnon. Dich wollte er keinesfalls verlieren. Und so eröffnete er Möhne, dass sie Mary doch bitteschön in ihre feine Gesellschaft aufzunehmen hätte.

Doch Jenny blieb hart. Ihre wie ein Alb auf ihr ruhenden Moralvorstellungen sträubten sich gegen wilde Ehen und Frauen von geringer Bildung. Mohr kämpfte wie ein Löwe, doch die Möhne blieb hart, sie wollte Mary nicht im Hause haben.

Karl: »Herzliebchen, dann sind wir bankrott.«

»Ich bin eleganter als alle anderen Weibspersonen, ich habe in meinem Leben nie blühender ausgesehen. Zu mir passt keine irische Proletin Mary Burns.«

»Nun denn, so würde auch Lenchen nicht zu dir passen.«

»Sie ist eine herzallerliebste Ausnahme und außerdem Hausmagd.«

»Und die Mösin?«

Jenny lachte empört auf.

»Karl, was sind das für ungebührliche Worte.«

Insgeheim brachte das despektierliche Wort aber ihr Blut in Wallung.

Karl: »So nennen wir alle die frisch angetraute Frau des kommunistischen Rabbi.«

Jenny schilderte ihre Mission: »Nun, sie ist ein gefallener Engel, und ich habe es mir zur Aufgabe gemacht, sie wieder dem Himmel zuzuführen. Obwohl sie mir manches Mal etwas zickig erscheint.«

»Manches Mal? Aus berufenem Munde wurde mir zugetragen, dass die Mösin Mosi mehrfach darin bestärkt habe, die Führung im Bund an sich zu reißen und sich als Kommunistenhäuptling zu inthronisieren.«

Dies elektrisierte Jenny erneut, aber diesmal negativ.

»Niemand sollte es wagen, euch beide in Frage zu stellen. Ihr wart die einzigen, die eine vernünftige Theorie zustandebringen und damit die Führerschaft beanspruchen konntet.«

Und Jenny beschloss, nun auch Sibylle Hess zu meiden.

»Eine Lady Macbeth also. Na warte, du Intrigantin, du Mater dolorosa aus der Gosse. Dir werde ich's zeigen!«

Jenny brachte sich in Wut. Und Mohr versuchte, einen Tausch, Lady Macbeth gegen Holy Mary, ins Spiel zu bringen.

Karl: »Mary hat noch nie ein schlechtes Wort gegen dich verloren, sie scheint auch ganz gesittete Manieren zu haben, und der General bringt ihr Lesen und Schreiben bei.«

»Herzliebchen, mein Engel, ich bleibe bei meinen moralischen Grundsätzen.«

Karl aber wurde lauter: »Und wie sieht es mit meiner und Engels' Moral aus? Wie können wir als Vorkämpfer des Proletariats eine Proletarierin verstoßen?«

»Nun, wir beschäftigen Lenchen, ein Hausmädchen«, Jenny wusste, wovon sie sprach, »Engels reitet teure Pferde und beutet für seinen Vater in Manchester jede Menge Proletarierinnen und Proletarier aus. Wie geht das mit eurer Moral zusammen?«

Karl ließ Jennys Frage unbeantwortet und kam auf die ökonomische Basis zu sprechen, auf das Sein, das das Bewusstsein bestimmt:

»Ohne Mary kein Engels, ohne Engels kein Geld.«

»Dann geh ich eben auf ›Raubzug‹ zum Onkel.«

»Zu welchem? Zu dem im Pfandhaus oder dem in Holland?«

»Dem in Holland natürlich, dem bösen.«

»Aber, mein Engel, wie stehe ich denn da ohne General?«

Jenny hätte es wohl nicht ungern gesehen, doch das behielt Tussy für sich, wenn es auch ohne den Kapitalistensohn gegangen wäre, der ihr zu viel von ihrem Schwarzwildchen nahm. Und daher …

»Sehr gut, es geht auch ohne ihn, du bist der Primus inter Pares!«

»Auch bei dir?«

»Nicht nur der Primus, der Einzige – und mein Eigentum.«

An dieser Stelle übernahm Engels wieder.

Ich weiß, dass ich für Jenny immer auch eine Konkurrenz war. Das kann ich verstehen – bis zu einem gewissen Grad. Aber du kannst dir ebenso vorstellen, dass Mary über die Situation extrem begeistert war. Sie betrank sich, schrie und tobte und ließ mich ihren irischen Dickschädel spüren. Sie tat mir echt leid, aber ich musste oft aus der Rue de l'Alliance fliehen und ging wieder zu meinen Kokotten. Josephine, die Riesin, hatte es mir anyway angetan.

Tussy: »Und du hast sie deinen Freunden als deine Gefährtin vorgestellt.«

Engels: »Was sollte ich anders, Riesinnen kann man nicht unter den Scheffel stellen.«

Leider bekam dies Mary mit und wutentbrannt und enttäuscht reiste sie wieder nach Manchester.

»Lieber in der Mill arbeiten, als mir deine Schweinereien gefallen lassen«, hatte sie gesagt. Beim Abschied standen mir die Tränen in den Augen und es war sehr sehr dumm von mir, sie gehen zu lassen.

Ich winkte noch lange ihrem Zug hinterher und mein Herz war ehrlich gebrochen.

Tussy: »Wie könnt ihr Männer nur so hart und gemein sein.«

»Wie könnt ihr Frauen nur so gemein und hart sein. Ursache war doch deine Möhne.«

»Ich kann Mutter hier nicht verteidigen, trotzdem hast du falsch gehandelt.«

»Und du, handelst du nicht auch falsch, indem du dich Aveling hingibst? Nichts gegen ihn, er wird seinen Weg gehen, aber glaubst du wirklich, er ist der Richtige für dich?«

»Der Einzige ...«

»... und du bist allein sein Eigentum.«

Tussy verdrängte den Angriff, wischte eine Träne mit einem Tüchlein weg und dachte: Wo wir grade bei Fehlern sind, soll ich jetzt nicht den General auf Marx' Erbe ansprechen? Alles, das ganze Material, die Manuskripte, vor allem die Tausende von unveröffentlichten Briefen, minus denen, die Laura und sie hundertfach nach Marx' Tod verbrannt hatten, um seine Angriffe auf alle – auch auf den General – aus der Geschichte des Kommunismus verschwinden zu lassen. All das Material lagerte bei Engels. Aber sie und Laura, mehr noch sie allein, waren die Erben, und es gehörte ihnen und sie, Tussy Marx-Aveling, würde das Werk ihres Vaters fortführen, ja hatte – was ihr Geheimnis war – dafür schon Schriftliches skizziert. Deswegen musste Engels ihnen alles aushändigen und durfte es nicht Bebel und der SPD geben. Doch sie hatte nicht den Mut, ihm zu sagen:

»Gib uns Mohrs Sachen, sie gehören uns, sie gehören mir.«

Sie hatte zu viel Respekt vor dem alten Mann, der alles für Mohr gegeben hatte und gegen den sie keine Chance hatte, wenn er widersprechen würde. Tussy sah sich in einem Kanal, der immer enger wurde, und manchmal träumte sie, auf einer Wendeltreppe hochzuklettern, die immer wackliger wurde und plötzlich aufhörte und dann kippte. Sie war jetzt kurz vor einer Panikattacke. Bloß nichts anmerken lassen, darauf haben Bebel, die Kuh und ihr künftiger schmieriger Liebhaber-Doktor nur gewartet. Dann sperren sie dich ins Irrenhaus und fallen über die Papiere von Marx her und zerfleddern sein Werk, das sie nie verstanden, beständig verwässert und dafür auch noch den Segen des Generals erhalten haben.

Tussy riss sich zusammen, sie wurde bleich, der Puls schlug heftig, gleich würde sie wieder aufs Bett fallen. »Nein, sei tapfer, sei stark. Engels sieht nicht mehr gut, ihm fällt es nicht auf. Und sprich ihn nicht an.«

Engels: »Ist alles in Ordnung?«

»Everything all right. Erzähl von deiner Flucht, deiner Flucht ins Babel Jerusalem: Barmen.«

Barmen II

Ja, ich floh mit Mosi und seiner Mösi in meine Heimat. Rabbi Hess hatte die grandiose Idee, im Zentrum des deutschen Kapitals Stimmung für den Kommunismus zu machen, und das Zentrum war Barmen. Die Stadt, die in der Hand meines Alten war.

Ich wusste, das würde extremen Ärger mit der Obrigkeit im Allgemeinen und im Speziellen mit meinem Vater und meiner Mutter geben. Doch lieber wollte ich als Vatermörder in Barmen wirken als als Düpierter in Brüssel. Und ich wollte es Mohr und Jenny spüren lassen, dass sie mit mir nicht wie mit jedem anderen umspringen konnten – und sie spürten es.

Ich spürte allerdings auf der Reise mit der Schnellpost auch, dass die Mösin gar nicht so hässlich war und auch keine Teufelin, denn hast du schon mal gehört, dass Teufelinnen Harfe spielen können? Nun, Sibylle ...

Tussy: »Du nennst sie respektvoll Sibylle ...?«

Sibylle konnte Harfe spielen. Und das musste ich nutzen. Im Gemeindesaal von Barmen wollte ich mit Engelszungen und Engelsmusik den Kommunismus verbreiten. Sybille bediente die Harfe, Mosi saß in der ersten Reihe und wachte eifersüchtig über sie.

Natürlich hatte ich den Affront bei den Marxens und Sibylles unrühmliche Rolle dabei nicht vergessen. Ich wartete den Moment der Revanche ab. Aber jetzt war erstmal Agitation angesagt.

Der Laden füllte sich rasch. Natürlich waren auch Spitzel da und sogar ein wackerer preußischer Schampel, ein Polizist in Uniform, mit Pickelhaube.

Noch während Sibylle in die Saiten griff, begann ich meinen Vortrag, und an wichtigen Stellen unterstützte sie mich mit hohen und höchsten Tönen.

Die Idee der Vergesellschaftung von Produktionsmitteln, also die Enteignung ihrer Fabriken, kam bei der Bourgeoisie und den Fabrikanten in Barmen nicht besonders gut an. Leider waren die eigentlichen Adressaten meiner Ausführungen nur spärlich im Saale vertreten, um nicht zu sagen: gar nicht. Proletarier hatten zu jener Zeit keine Zeit und kein Geld, ins Theater zu gehen. Sie mussten buckeln …

Und selbst wenn sie Zeit und Geld gehabt hätten, hätten sie sich lieber dem Trunke und der billigen Prostitution hingegeben.

Nun, Marx und ich waren damals schon davon überzeugt, dass wir die Bourgeoisie benötigten, die den Kapitalismus so weit entwickeln musste, dass die modernen Maschinen und das Bewusstsein der Arbeiterklasse sich so weit entwickelten, dass sie gegen die Produktionsverhältnisse revoltierten. Die Bourgeoisie musste sich die Totengräber selber schaffen. Also, wir brauchten die Bourgeoisie. Aber an dem Abend wurde mir klar, die Bourgeoisie brauchte uns nicht. Und so revoltierten sie umso mehr, je mehr ich unseren wissenschaftlichen Standpunkt vortrug. Auch Sibylles geschickte Hände kamen nun nicht mehr gegen das Gebrüll an, meine Stimme schon gar nicht. Der Schampel erhob sich und wollte einschreiten. Im Eifer des Gefechts bekam ich das nicht mit. Erst als Mosi aufstand und mir ins Ohr flüsterte: »Das Auge des Gesetzes ist im Anmarsch!«, zog ich es vor, meine Agitationstour zur Befreiung der Menschheit zu unterbrechen. Ich nahm Sibylle bei der Hand – die Harfe wurde danach noch durch die Vertreter der örtlichen Bourgeoisie schwer in Mitleidenschaft gezogen. Papa musste später Schadensersatz leisten – und wir flüchteten über das Fenster des Aborts ins Freie. Da der Kapitalismus überall gleichmacherisch wirkt, war auch hier im Hinterhof des Gemeindehauses ein Kothaufen und Unrat samt Abwasserkanal, in den ich mit meinen besten Hosen geriet, die sich so bis zu den Knien blutrot färbten. Sibylle nahm ich, ganz Gentleman, auf meine Arme und trug sie unbeschadet über die Kloake. In der Ferne konnte ich noch sehen, wie Mosi die Barmener Bourgeoisie und auch den Preußenschampel todesmutig in die andere Richtung ablenkte und dabei die geballte Kraft der Fabrikanten am eigenen Leibe zu spüren bekam.

Sibylle dagegen ließ sich bereitwillig in meine Arme fallen und lächelte mich aufreizend an. Ich stellte sie am anderen Ufer ab und zog es vor, erst einmal die Hosen zu wechseln. Noch war die Farbe Rot als Kampffarbe hier nicht angesagt. Leider verschmutzte ich mit dem Rot unserer Kloake auch noch Diele, Wohn- und Ankleidezimmer. Und gerade hatte ich die Hose gewechselt, als es schon an der Tür läutete. Papa empfing den Preußenschampel gleich mit dem Angebot einer deftigen Brotzeit, Papa war in allen Lebenslagen ein geschickter Verhandler und das Auge des Gesetzes verzog sich dann auch bald sang- und klanglos bzw. gesättigt mit Bier und Fleischwurst. Mama aber nahm sich die Sache wieder viel zu sehr zu Herzen, bekam ihre Migräne und ließ sich die Stirne vom Hausmädchen mit ätherischen Ölen einreiben. Ein Geruch, der für mich fast noch schlimmer war als der unserer Fabriken. Natürlich gab sie Marx die Schuld, er sei ein Menschenverderber und habe mich verhext. Papa bat mich schließlich ins Raucherzimmer, bot mir aber nichts an, sondern nahm mich wie üblich ins Gebet. Ich würde Mama noch mal ins Grab bringen. Wenigstens in Barmen sollte ich doch meine Agitation unterlassen. Die Leute, die Verwandtschaft und, last not least, die Kundschaft. Nun, ich nutzte die Gelegenheit und tat schließlich das, was Marx von mir wollte: Ich forderte von Papa dafür Geld.

Er gäbe kein Geld, um durch mich und Marx den Untergang des christlichen Abendlandes herbeizuführen, war seine Antwort.

Ich erwiderte, wir seien der Segen des Abendlandes.

Er wiederum betonte, er lasse sich von uns seine Fabriken nicht wegnehmen. Schließlich aber fiel Papa, darin war er Meister, etwas sehr Bourgeoises ein:

»Du bekommst Geld, aber nur, wenn du nach Manchester zurückkehrst und bei Ermen & Engels nach dem Rechten siehst.«

Nun, das war die Chance, Mary wiederzusehen und Marx mit Money zu versorgen. Aber dafür den Ausbeuter, den Bourgeois zu geben:

»Das wäre mein Untergang!«

»Im Gegenteil, tust du's nicht, gehst du unter und deine Kommunistenfreunde ebenfalls. Wer nicht arbeitet, soll auch kein Brot bekommen.«

Den Satz, er stammte übrigens vom Apostel Paulus, wollte ich mir merken, er war reaktionär und revolutionär zugleich. Ich gab an, mir die Sache zu überlegen.

Da Papa also momentan nicht anzuzapfen war, wandte ich mich an Mama.

»Frederick, wie kannst du nur so undankbar sein!«, klagte sie.

»Undankbarkeit ist das Privileg der Kinder. Verzeih, Mama.«

»War Papa richtig böse mit dir?«

Der Geruch der ätherischen Öle stieg mir in den Hals, ich hätte kotzen können, aber hier musste ich durch.

»Sehr böse, Mama!«

»Und er hat dir auch kein Geld gegeben?«

»Gar nichts ...«

Und Mama hatte Erbarmen mit unserem Bund, mit der Marx-Engels-Compagnie.

»Oben links im Schrank ist meine Privatschatulle.« »Wie viel brauchst du?«

»200 bis 300 Taler.«

»Friedrich!«

»Sagen wir 500!«

Nun, Marx hatte es bitter nötig, denn das dritte Kind war geboren, und diesmal nicht vom Geschlecht par excellence, sondern ein Junge. Der war dicklich, kränklich und gar nicht so hübsch wie Jennychen und Laura, aber von Anfang an das Nesthäkchen, ein Frechdachs, zu allen möglichen Streichen aufgelegt und der Mittelpunkt der Familie: Edgar, nach Jennys Bruder und Mohrs Freund benannt, der inzwischen nach Texas ausgewandert war. Doch alle nannten den kleinen Buben nur Musch.

»Ein Adonis wird der Bursche nie, wenn er uns trotz seiner Milchsuppenfarbe nicht ganz so martialisch dreinguckte«, freute sich Mutter Jenny, die Möhne.

Und ich dachte immer wieder an meine große Liebe, an Mary, die in Manchester darbte. Ich hoffte, sie bald befreien zu können. Und es war Zeit, mir Mösis Sibylle vorzunehmen. Sie hatte Mary bei Jenny angeschwärzt. Dass sie inzwischen bei ihr auch in Ungnade gefallen war, war mir zu wenig. Ich dachte mir eine besondere Art von Demütigung aus. Ihr Blick in meinen Armen nach unserer engelsgleichen Harfen-Agitation in Barmen verhieß mir, dass sie sich dieser Art nicht verschließen würde.

Ich lud sie in eines der besten Wirtshäuser Brüssels ein. Austern fand sie eklig, und zwei von drei Schnecken entglitten ihren Händen. Eine flog sogar im hohen Bogen durchs Lokal, gleich drei Kellner versuchten sie zu finden, doch erst ein neuer Gast entdeckte sie nach einem knirschenden Geräusch unter seinem Stiefel.

Während des ganzen Dinners beschimpfte sie mich, wir, Marx und ich, hätten Mosis kommunistische Ideen geklaut und würden alle Konkurrenz in der Führung des Bundes hinausekeln. Ich widersprach ihr entschieden, obwohl sie nicht ganz unrecht hatte.

Mosi habe außerdem – so setzte ich ihr auseinander – kein Talent zu führen, dazu sei er zu weich. Das könne sogar sie noch eher. Nun, solche Komplimente, verteilt eingestreut, machten sie langsam weich – und schon bald hatte ich ihre Schnecke erobert.

Mosi bekam bald von der Sache Wind, schließlich hatte ich diesen Wind absichtlich blasen lassen. Der sonst so sanfte Mosi war außer sich. Er packte seine Duellpistolen aus und suchte in ganz Brüssel nach mir. Wer sich so aufführte, machte sich beim Bund der Kommunisten unbeliebt und war keinesfalls zur Führung geschaffen. Ich hatte mein Ziel erreicht. Leider lief er mir dann doch noch in einer Gasse über den Weg. Dabei hielt er mir tatsächlich die zwei Duellpistolen vor die Nase und schwitzte ganz heftig, als habe er Schüttelfrost.

»Du hast mir vor aller Augen Hörner aufgesetzt.«

»Das war meine Absicht!«

»Habe ich dir irgendwas getan?«

»Nicht dass ich wüsste!«

Die zwei Pistolen zitterten in seinen Händen.

»Wenn du Druck hast, geb ich dir gern eine meiner Gespielinnen ab, da wäre erstens eine flämische Riesin, welche in meiner ehemaligen Wohnung 87 Chausée d'ixelle au premier wohnt und Mademoiselle Josephine heißt, und zweitens eine Französin, Mademoiselle Félicie, welche Sonntag mit dem ersten Zuge von Köln in Brüssel ankommt. I will give you fair play.«

»Warum Sibylle?«

»Weil sie Marys Ehre verletzt hat.«

»Und du verteidigst diese Ehre, indem du über Sibylle herfällst?«

»Von Überfall kann keine Rede sein.«

»Sibylle sagt es und ich vertraue ihr.«

»Sie lügt, sie ist eine Nutte.«

Mosi machte einen Gedankensprung:

»Ich habe euch geschaffen, dich und Marx ...«

»Nun übertreib mal nicht, Moses Hess! Außerdem ist deine Zeit vorbei. Wir sind jetzt die Chefs und auch nicht Weitling und nicht Herwegh, kein Proudhon und kein Bakunin. Marx ist jetzt Moses.«

»Und warum verstoßt ihr mich? Weil ich Jude bin?«

»Marx hat genauso viele Rabbi-Ahnen wie du, warum sollte er was gegen Juden haben? Außerdem verstoßen wir dich nicht.«

»Manchmal hasst man sein eigenes Volk.«

»Marx hasst nur die Bourgeoisie. Und außerdem sind wir Kommunisten gegen jeden Antisemitismus. Wenn du dich beklagen willst, beklage dich bei Bakunin. Der ist gegen Juden.«

Mosi schien schwer enttäuscht, aber ich wusste, dass er nicht abdrücken würde. Und gequält klagte er plötzlich:

»Ich dachte immer, du wärst mein Freund.«

»Bin ich auch und du wirst dich unterstehen, einen Freund zu erschießen. Gib her die Dinger, ich als alter Soldat sehe ungern in Pistolenmündungen, ich weiß, wie schnell so ein altes Teil losgehen kann.«

Mosi zögerte noch, er zog sogar bei beiden den Hahn.

»Mosi, such dir eine andere Beschäftigung. Kommunismus ist pas votre truc. Aber schreiben kannst du. Setz dich für euch Juden ein, verlange einen jüdischen Staat und du wirst sehen, du hast Erfolg und les jeunes filles fallen dir zu.«

»Ich will aber nur Sibylle.«

Langsam verlor ich die Gewissheit, dass er nicht abdrücken würde.

Mosi war in so übler, ja verzweifelter Stimmung. Ich versuchte, ihn aufzumuntern:

»Du kannst sie haben, ich geb sie dir zurück und jetzt sei so nett.«

Lange streckte ich meine Hände aus, bis er mir die Pistolen reichte.

»Gib zu, du hast keine Patronen drin!«

Ich hob beide Waffen in die Luft und drückte ab. Ein zweifacher Knall hallte durch die Gassen von Brüssel. Der arme Kerl hatte die Dinger tatsächlich geladen. Mein Respekt für ihn stieg. Aber Mosi wandte sich, weiß wie ein Hochzeitskleid, von mir ab. Armer Kerl, dachte ich noch. Doch schon bald hatte er seine Sibylle zurückerobert und machte bei uns auch wieder mit, zumindest für eine Weile.

Wir schrieben das Jahr 1847 – und das entscheidende Jahr 1848 kam.

Im Jahr 1895, in der Regent's Park Road, tat sich auch so einiges. Der ölglatte Dr. Freyberger hatte Louise erobert, sie über den Verlust Bebels hinweggetröstet. Zum Glück für Tussy war dies nicht im Nachbarzimmer geschehen. Doch jetzt sah sie sich erneut dem Angriff eines Paares ausgesetzt. Louise hatte Freyberger auf ihrer Seite, ihn stante pede geheiratet, und er war ebenfalls bei Engels eingezogen. Und aus der Ferne agitierte Bebel weiter mit Briefen.

Sollte Tussy ihre Schwester Laura herbitten? Nein, das würde die Lage nur verkomplizieren. Aber vielleicht konnte Aveling einen Ausgleich schaffen. Engels mochte ihn im Gegensatz zu allen andern. Vielleicht sollte sie Aveling, ihren Mephistopheles, für den sie alles gemacht hätte, für ihre Zwecke einspannen. Angst kannte Aveling nicht. Vielleicht würde er ihr diesen Gefallen tun, schließlich beteuerte er ständig, wie sehr er sie liebe, und vielleicht konnte er mit Engels reden und den Nachlass sichern. Sie wusste freilich nicht, dass Engels im Alkoholdunst auf Druck Bebels und seiner Hexe eben jene Hexe längst als Testamentsvollstreckerin eingesetzt hatte, was sogar notariell bestätigt war, just als Tussy sich Aveling hingegeben hatte.

Louise wartete nur auf den günstigen Augenblick, dies alles der Marx-Tochter zu präsentieren. Sie würde dann hoffentlich durchdrehen, und das sozialdemokratische Trio Infernale konnte sie für verrückt erklären lassen.

Ahnungslos ruhte sich Tussy unterdessen im grünen Zimmer aus und feilte dann weiter an ihrem Text über Papas Theorie.

Das Manifest

Karl feilte nicht, er spielte mit seinen Kindern, es war im Januar 1848. Er machte den Esel oder das Pferd, und Jennychen ritt auf ihm, doch das war nicht genug, sie hatten noch den schweren Ledersessel an Mohr gebunden. Auf dem saß Laura und hielt den kleinen Musch im Arm, der schon Kommandos gab. So zog Marx das Pferd, die Reiterin und die Passagiere der Kutsche durch das ganze Arbeitszimmer, als ich eintrat.

Wir hatten endlich den Bund der Kommunisten okkupiert und der Uhrmacher Joseph Moll, genannt Jupp, überbrachte uns aus London den Auftrag, ein Manifest zu schreiben. Moll hat später ein tragisches Schicksal erlitten, was mein ansonsten unerschütterliches Wesen kurz ins Wanken brachte. Doch davon nicht jetzt. Ich pendelte zwischen Paris und Brüssel hin und her, um unsere Bewegung voranzubringen. Es war Spannung in der Luft, diesmal nicht zwischen mir und Jenny oder mir und Marx, nein, es roch nach Revolution. Die Dame des Hauses hatte mich freundlich empfangen, seit Mary wieder in Manchester war, fast noch freundlicher als früher und begleitete mich zur Marx'schen ›Kutschfahrt‹.

»Marx, ich störe ungern …«

»Du störst nie!«

Und weiter scharrte der Sessel über den Boden und die Kinder schrien »Hü« und »Hott«, und Musch hatte gar eine kleine Peitsche aus einem Holzstäbchen und einer Kordel gefertigt und ließ sie durch die Luft surren.

»General, du musst mitreiten, oder komm auf die Kutsche«, riefen die Kinder.

»Nun, Mädels und Bursche«, ich fuhr Musch übers krause Haar, »ich fürchte, ich wäre ein Passagier zu viel. Außerdem muss euer Papa dringend etwas Wichtiges schreiben.«

»Er hat aber keine Lust«, krächzte Laura.

»Stimmt, Engels!«

»Hast du dann wenigstens mein Glaubensbekenntnis gelesen, Marx? Das könnte doch eine gute Vorlage sein.«

»Könnte, ja …« Auf seinem Weg durchs Zimmer, das sah ich erst jetzt, waren Hindernisse gestreut, unter anderem zerknülltes Papier, das wohl Steine darstellen sollte. Eines dieser Knäuel entfaltete Marx jetzt und las: »Was ist Kommunismus? – Die Lehre von den Bedingungen der Befreiung des Proletariats.« Dann zog er die Kinder-Bagage samt Tisch zum nächsten Knäuel. Und entfaltete auch diesen.

»Was ist das Proletariat? – Diejenige Klasse der Gesellschaft, welche ihren Lebensunterhalt einzig und allein aus dem Verkauf ihrer Arbeit und nicht aus dem Profit irgendeines Kapitals zieht!«

Ich war jetzt etwas ungeduldig: »Ich kenne meinen Text, Marx!«

»Glaubensbekenntnisse sind nicht en vogue, zu protestantisch, zu old fashioned!«, war seine Antwort.

»Mag sein, Marx, dann solltest du dich, mit Verlaub, schleunigst an die Verbesserung des Textes machen. Du bist das Genie.«

»No time«, brummte Mohr.

»Hü, no time, hü, no time!«, schrie Musch, schrien enthusiastisch die Kinder und weiter kratzte der Sessel über die Dielen.

»Wir durchqueren das Meer«, rief Jennychen.

»The sea, the sea. Thru the sea!«, rief Musch.

Es war zum Verzweifeln. Wenn Marx keine Lust hatte, hatte er keine Lust.

Ich musste wieder nach Paris und ich redete Jenny ins Gewissen. Sie verurteilte mich gleich zum Wäscheziehen, denn Lenchen musste kochen.

Automatisch kamen wir uns beim Falten der weißen Laken wieder näher. Eine Frau mit 32 in der Blüte ihrer Jahre, schöner denn je.

»Jenny, Sie sind die Einzige, die ihn überzeugen kann.«

Auch die Wäsche roch nach Flieder.

Und wieder zogen wir die Leintücher rhythmisch, schritten beim Falten auf uns zu, und sie ließ ihren Charme spielen und ihre Aura duften.

»Versprochen!«, hauchte sie.

Hätte nur noch gefehlt, dass sie sich nach Mary erkundigte, doch das ließ sie aus.

Draußen war es nasskalt und ich grüßte den Spitzel, der, mürrisch wie er war, nicht reagierte und gerade von Stieber höchstpersönlich abgelöst wurde. Stieber dagegen machte eine kurze Bewegung des Kopfes, schließlich hatte er schon so manches Abenteuer und mindestens eine Vergnügung mir zu verdanken. Seinen Zylinder hob er dagegen nicht. Zylinder, ja richtig, er hatte die Batschkappe durch einen Chapeau Claque ersetzt, der noch unpassender und auch aus sehr billigem Material hergestellt schien.

Die Tage vergingen und Marx war immer noch nicht bereit. Jenny griff nun ein.

Der Mohr hatte die Spielzeugeisenbahn aufgebaut und Musch durfte mit ihr spielen. Sogar eine Holzbrücke hatte Karl selbst geschnitzt.

»Thru bridge, thru bridge«, rief der kleine dicke, freche Musch. Was wohl so viel heißen sollte, wie »Brücke durch, Brücke durch …«

Jenny schlich sich an und versuchte es mit Engelszungen.

»Karl, es …«

»Wenn du mich Karl nennst, gibt es schlechte Nachrichten.«

»Die Zentralbehörde des Bundes schreibt, wenn das Manifest nicht bis Dienstag, 1. Februar, in London angekommen ist, werden weitere Maßregeln ergriffen.«

»Ich kann nicht, ich bin krank, ich bin leer im Kopf, ich will nicht.«

Jenny glitt nun zu ihren beiden Männern hinab, stellte das Signal auf Halt und betörte Karl mit ihrem Duft. Selbstverständlich hatte das Kleid das Hinabsteigen der Fliedergöttin zum Mohren mit ausladendem Rauschen begleitet.

Musch wurde ebenfalls vom Eisenbahnverkehr abgelenkt und streckte die wurstigen Ärmchen nach seiner Möhne aus. Jenny nahm das Kind, richtete sich auf und hauchte:

»Du musst!«

»Ich sagte doch, ich kann nicht!«

»Thru the bridge, thru the bridge …«, kommentierte der Kleine wieder.

»Doch, mit Musch darfst du erst wieder spielen, wenn du mit deiner Arbeit fertig bist.«

Jennys Ton war jetzt sehr fest. Muschs Händchen hatten sich im schwarzkrausen Haar des Meisters verfangen und Jenny zog jetzt absichtlich daran. Das tat weh. Karl sagte nicht »Au«, sondern zischte nur kurz – und schon waren Mutter und Kind verschwunden.

Karl zog sich auf die Couch zurück und rauchte.

Tussy rauchte auch, sie zog im grünen Zimmer an einer dicken Zigarre. Eben hatte Bebels Ex-Geliebte, Freyberger stand hinter ihr, Tussy vor vollendete Tatsachen gestellt. Die Hexe war Engels' Testamentsvollstrecker.

Zwar hatte Engels die beiden Töchter Tussy und Laura als Erben eingesetzt und ihnen einen Großteil der Papiere von Marx zugesichert, aber der General hatte alles eingeschränkt und lediglich »als seine Wünsche« bezeichnet, die »seine Testamentsvollstrecker in keiner Weise rechtlich binden würden«. Bebel, seine Hexe und Freyberger waren also ermächtigt, damit nach Lust und Laune umzugehen. Und Louise machte klar, dass sie das auch vorhatten.

Außerdem bekam Louise Engels' Haus und die Marx-Töchter nur Geld.

Sogar Freyberger, der Engels mit Absicht kostenlos behandelt hatte, bekam was ab vom Kuchen.

Tussy zeigte sich äußerlich ruhig, sie wollte sich keine Blöße geben. Sollte die Hexe das Haus bekommen, das war ihr egal, aber dass Mohrs Nachlass auseinandergerissen wurde und noch dazu die Hexe und Bebel damit machen konnten, was sie wollten, war jetzt klar. Dass die sich das Beste, nein vermutlich alles krallen würden, verursachte Tussy gewaltigen Kopfschmerz.

Der kam jetzt – die beiden Vollstrecker waren verschwunden – immer heftiger, und die Zigarre war gerade nicht dazu geeignet, ihn aufzuhalten.

Louise hatte ihr – demütigend zwischen Tür und Angel – alles vorgelesen, ihr das Papier vor die Nase gehalten und, als Tussy nachlesen und danach greifen wollte, es einfach mit einem verunglückten Augenzwinkern vor der Nase weggezogen.

Und sofort war sie hinter Freyberger verschwunden, der sich vor Tussy aufbaute, aber keinen Ton sagte.

Ohne dass er die Lippen bewegte, glaubte Tussy aber doch einen geflüsterten Satz zu hören:

»Pech gehabt, kleines Judenmädchen!«

Nein, seine Lippen hatten sich nicht bewegt, entweder war er Bauchredner oder sie hatte halluziniert.

Tussy drückte die Zigarre aus, wollte das Fenster aufreißen, um Luft zu schnappen, sah auf den nächtlichen Park, doch der Kopfschmerz bohrte sich so tief in ihr Gehirn, dass sie es nicht bis zum Fenster schaffte. Jetzt kommt der Wahnsinn, dachte sie noch, genau wie bei Tante Sophie. Hirnerweichung. Sie wollte schreien, ganz laut schreien …

Auch Karl schmeckte die Zigarre nicht, er lag noch immer auf dem Kanapee und hatte Schreibhemmung.

Jenny kam herein, und sie erschien ihm wie der Erzengel Gabriel, den er als Junge mal auf einem Buch in der Trierer Stadtbibliothek bewundert hatte.

Sie war schön und voller Kraft.

»Du wirst ein Kind empfangen, einen Sohn gebären«, schoss es ihm plötzlich durch den Kopf. »Du bist der Knecht des Herrn«, befahl der Erzengel.

Doch Jenny hatte gar nichts gesagt.

Karl dagegen fühlte sich müde und versuchte sich in Ausflüchten:

»Ich bin bei meinem ökonomischen Buch, den Grundrissen unserer Theorie, ich kann mich jetzt nicht mit einem solchen Ding beschäftigen.«

Aber der Erzengel Jenny sprach:

»Karl, du schreibst jetzt dieses Glaubensbekenntnis. Schreib es nicht für die Welt, schreib es pour moi …«

Sie war hinter die Couch getreten, duftete, rauschte, beugte ihren Kopf und gab ihm einen Kuss.

Schon fand Karl sich am Schreibtisch wieder. Jenny schob alles beiseite, machte Platz.

»Ich weiß nicht, wie ich anfangen soll, ich bin so ein schwacher Mensch.«

»Du bist stark.«

»Stark bin ich nur durch dich.«

Jenny stand plötzlich am Fenster und zog die Vorhänge zu.

»Dann sei stark und schreib. Ich bin bei dir.«

Der Satz war wie eine Erleuchtung.

Er tunkte die Feder, doch ihm fiel kein Anfang ein.

»Sag mir den Anfang, sag ihn mir!«, flehte er Jenny an.

Als sie einen weiteren Vorhang zuziehen wollte, sah sie unten auf der Straße Stieber mit seinem Chapeau Claque im Licht der Gaslaterne stehen. Nebel, überall Nebel. Dickicht. Die Laterne hatte einen Hof und strahlte sinnlich übersinnlich.

Jenny: »Die Geschichte aller bisherigen Gesellschaft ist die Geschichte von Klassenkämpfen!«

»Genial!«

Er sprang auf, küsste sie, rannte zum Schreibtisch und schrieb den Satz auf einen seiner Fresszettel, nein, in eines seiner Sudelbücher.

Jenny spitzelte weiter hinaus in den Nebel.

Und Karl wollte wieder ins Jammern verfallen.

»Aber es fehlt noch ein wirklicher Anfang, ein Donnerschlag!«

»Da steht er wieder, das Gespenst«, kommentierte Jenny Stiebers Position im Nebel.

»Ach, lass ihn doch, die preußische Geheimpolizei muss auch von was leben – wie hast du ihn genannt? Das Gespenst?«

»Ja!«

»Ein Gespenst geht um in Europa – das Gespenst des Kommunismus.«

Das war der Anfang.

»Du bist nicht der Knecht«, sagte sich Karl, »du bist Moses, der Sohn der Leviten, und du schreibst das 6. Buch. Du führst sie durch die Wüste, dass sie ein Fest feiern können. Denn die Proletarier sind das auserwählte Volk.«

Und vor ihm tanzten Buchstaben, während Jenny immer noch nach draußen sah.

Jenny: »Alle Mächte des alten Europa haben sich zu einer heiligen Hetzjagd gegen dies Gespenst verbündet …«

Karl: »… der Papst und der Zar, Metternich, französische Radikale …«

»… und deutsche Geheimpolizisten.«

Karl, am Schreibtisch: »… deutsche Polizisten.«

»Na, geht doch, mein Herzensmännchen.«

Damit wollte Jenny davonrauschen.

»Bitte bleib bei mir!«

»Ich will nur die Kinder ins Bett bringen.«

»Lass das Lenchen machen.«

»Musch wird ungern auf meinen Gute-Nacht-Kuss verzichten wollen.«

»Heute muss er.«

»Aber ich nicht: Kusskuss …«

Karl ließ sich das nicht zweimal sagen.

Jenny lächelte unwiderstehlich wie immer und dichtete mit.

»Die große Industrie hat den Weltmarkt hergestellt …«

Und während nun Lenchen die Kinder Edgar (mit einem kleinen Waggon in der Hand), Laura (mit Puppe) und Jennychen (mit Bilderbuch) zu Bett brachte, schrieb Karl wie von Sinnen.

»Der Weltmarkt hat dem Handel, der Schifffahrt, den Landkommunikationen eine unermessliche Entwicklung gegeben …

Und in demselben Maße, worin Industrie, Handel, Schifffahrt …«

Jenny räumte die Spielzeugeisenbahn in einen Karton.

»… Eisenbahnen …«

Karl: »… Eisenbahnen sich ausdehnten …«

Tussy fühlte sich wie vom Zug überrollt. Sie lag auf dem Bett, hielt die Hände krampfhaft über dem Kopf, hatte Herzrasen, Schweißausbrüche, zitterte …

Sie warf ihren Entwurf, warf die Blätter, auf denen stand »Über Marx hinaus« zur Seite und hatte plötzlich Visionen.

Die Eisenbahnen durchzogen Europa wie Adern den menschlichen Körper. Es pochte und pochte, breitete sich spinnenartig aus, raste, dampfte in einem dichten Streckennetz.

»Das wird dich gleich fangen«, schoss es Tussy durch den Kopf.

Und da strömten Waren auf diesen Netzen, Geld floss auf den gleichen Adern zurück. Kaufleute scheffelten Geld und gaben es mit vollen Händen wieder aus.

Und Karl schrieb jetzt schnell wie die Eisenbahn.

»In demselben Maße, worin Industrie, Handel, Schifffahrt, Eisenbahnen sich ausdehnten, in demselben Maße entwickelte sich die Bourgeoisie, vermehrte sie ihre Kapitalien, drängte sie alle vom Mittelalter her überlieferten Klassen in den Hintergrund.«

Tussy hatte irrsinnigen Schwindel, ihre Visionen steigerten sich, sie sah plötzlich landlose Bauern, wie sie bettelten, sah arbeitslose Schuhmacher, die übers Land zogen und nur noch löchrige Lederfetzen statt Schuhen an den Beinen hatten.

Jenny saß auf der Chaiselongue und korrigierte.

Aus Tussys Drehschwindel schälte sich der General, wie er in Uniform in seinem Bett lag, seine Austern-Brandy-Eierbrühe von der Hexe eingeflößt bekam und betrunken lallte:

»Das Manifest war wie ein Rausch für Marx, für Jenny, für uns alle.«

Und Karl kritzelte:

»Das Bedürfnis nach einem stets ausgedehnteren Absatz für ihre Produkte jagt die Bourgeoisie über die ganze Erdkugel. Überall muss sie sich einnisten, überall anbauen, überall Verbindungen herstellen.«

Tussy sah Musch auf einer der Spielzeugloks sitzen, sah, wie er rasend schnell im Kreis fuhr und frech stammelte: »Thru the witch, thru the witch«, und sich einer Brücke näherte, durch die er nicht passen würde …

Karl: »Die Bourgeoisie hat durch die Exploitation des Weltmarkts die Produktion und Konsumtion aller Länder kosmopolitisch gestaltet.«

In Tussys Kopf gab es kurze heftige Blitze, Manchester, Dampfmaschinen, Transmissionsriemen klatschten, Kot, Dreck, stehende Pfützen, barfuß zerpflügt, Holzschuhe, lebende Tote, Kinder an der Mule, die in die Maschinen kriechen.

Und Musch zerschellte an der Brücke wie eine Porzellanpuppe.

Und plötzlich waren die Fabriken menschenleer, die Dampfmaschinen standen. Der Wind wehte durch zerstörte Fabriken. Keine Menschenseele war zu sehen, keine Kinder.

Karl: »Die uralten nationalen Industrien sind vernichtet worden … Sie werden verdrängt durch neue Industrien … die nicht mehr einheimische Rohstoffe, sondern den entlegensten Zonen angehörige Rohstoffe verarbeiten, und deren Fabrikate … in allen Weltteilen zugleich verbraucht werden.«

Tussy sah plötzlich Dr. Freyberger, der auf einer dieser seltsamen selbstfahrenden Kutschen saß, die ein Mannheimer namens Benz in Deutschland erfunden hatte und die Gift und Galle spuckten.

Und Freyberger fuhr auf Tussy zu und schrie: »Kampf dem internationalen Juden.« Und er verwandelte sich in einen Fabrikanten, in dessen Fabrik an einem langen Band Proletarier standen und wie Sklaven unzählige Teile von diesen selbstfahrenden Kutschen zusammensetzten. Und plötzlich gab es Tausende davon und die Proletariersklaven, darunter auch Edgar, ihr Onkel, kauften mit ihrem letzten Geld die Wagen, die sie selbst gebaut hatten. Die Wagen aber hatten schwarze Dächer, auf denen groß aufgedruckt war: *Thin Tussy*, und alle fuhren sie über Karls jüngste Tochter, über Eleanor, genannt Tussy, hinweg.

Karl: »An die Stelle der alten, durch Landeserzeugnisse befriedigten Bedürfnisse treten neue, welche die Produkte der entferntesten Länder und Klimate zu ihrer Befriedigung erheischen.

Die nationale Einseitigkeit und Beschränktheit wird mehr und mehr unmöglich …«

Jenny auf der Chaiselongue ergänzte korrigierend:

»… und aus den vielen nationalen und lokalen Literaturen bildet sich eine Weltliteratur.«

Und dann sinnierte sie: »Ach Karl, mein Schwarzwildchen, wenn wir mal ein Haus haben, dann bekommt jedes Kind ein eigenes Zimmer, die und dein Arbeitszimmer werden einfach möbliert. Die Küche darf ruhig einfach sein, für Kochtöpfe sorge ich selbst, auch für Betten und Wäsche … nur muss ich noch bitten, ein besonderes Augenmerk auf etwaige Wandschränke zu richten. Sie spielen eine Hauptrolle im Leben der Hausfrau …«

Sie schritt durchs Zimmer, zeigte auf die Wände.

Karl hörte nicht, raste vielmehr mit der Feder übers Papier: »Die Bourgeoisie reißt durch die rasche Verbesserung aller Produktionsinstrumente, durch die unendlich erleichterten Kommunikationen alle, auch die barbarischsten Nationen in die Zivilisation. Die wohlfeilen Preise ihrer Waren sind die schwere Artillerie, mit der sie alle chinesischen Mauern in den Grund schießt, mit der sie den hartnäckigsten Fremdenhass der Barbaren zur Kapitulation zwingt.«

Tussy radelte durch China und mit ihr radelten Millionen Chinesen, die merkwürdige Sträflingskleidung trugen und einen roten Stern auf der Mütze. Hinter ihnen explodierte die chinesische Mauer, und plötzlich waren aus den Bicycles Millionen solcher selbstfahrender Wagen mit Explosionsmotor geworden. Doch sie hatten ganz merkwürdige Formen, sahen aus wie lange gelutschte Bonbons mit Louises Raubtieraugen, die Tussy zu fressen drohten.

Karls Feder kratzte: »Sie zwingt alle Nationen, die Produktionsweise der Bourgeoisie sich anzueignen, wenn sie nicht zugrunde gehen wollen; sie zwingt sie, die sogenannte Zivilisation bei sich selbst einzuführen, d. h. Bourgeois zu werden. Mit einem Wort, sie schafft sich eine Welt nach ihrem eigenen Bilde. Die Bourgeoisie hat das Land der Herrschaft der Stadt unterworfen. Sie hat enorme Städte geschaffen, sie hat die Zahl der städtischen Bevölkerung gegenüber der ländlichen in hohem Grade vermehrt und so einen bedeutenden Teil der Bevölkerung dem Idiotismus des Landlebens entrissen.«

Tussy sah ärmlich gekleidete Bauern zu Tausenden in irrsinnig große Städte, größer als London, ziehen, riesige Slums, ohne Wasser, ohne Abort und überall Kot wie in Manchester, nur größer, viel größer. Und da kamen sie gelaufen, sahen aus wie Inder und hingen wie Bienenschwärme an Eisenbahnen und kletterten auf verwirrenden Bambusgerüsten, bauten gigantische Häuser, die wie der Turm zu Babel in den Himmel wuchsen. Und plötzlich stand sie oben und wollte springen …

Mohrs Feder sprang nur so übers Papier: »Wie sie das Land von der Stadt, hat sie die barbarischen und halbbarbarischen Länder von den zivilisierten, die Bauernvölker von den Bourgeoisvölkern, den Orient vom Okzident abhängig gemacht. Die Bourgeoisie hebt mehr und mehr die Zersplitterung der Produktionsmittel, des Besitzes und der Bevölkerung auf. Sie hat die Bevölkerung agglomeriert, die Produktionsmittel zentralisiert und das Eigentum in wenigen Händen konzentriert … Die Bourgeoisie hat in ihrer kaum hundertjährigen Klassenherrschaft massenhaftere und kolossalere Produktionskräfte geschaffen als alle vergangenen Generationen zusammen. Unterjochung der Naturkräfte, Maschinerie, Anwendung der Chemie auf Industrie und Ackerbau, Dampfschifffahrt, Eisenbahnen, elektrische Telegraphen, Urbarmachung ganzer Weltteile, Schiffbarmachung der Flüsse, ganze aus dem Boden hervorgestampfte Bevölkerungen – welch früheres Jahrhundert ahnte, dass solche Produktionskräfte im Schoß der gesellschaftlichen Arbeit schlummerten.«

Unter Tussy tauchten unzählige dieser selbstfahrenden bonbonrunden Wagen mit Louise-Raubtiergesichtern auf, und plötzlich standen sie alle, bewegten sich nicht, standen im Nebel, der dicht war wie der Qualm von Manchester, und sie sah merkwürdige Hieroglyphen auf diesen Motorwagen: dreizackige Sterne.

»Die moderne bürgerliche Gesellschaft, die so gewaltige Produktions- und Verkehrsmittel hervorgezaubert hat, gleicht dem Zauberer, der die unterirdischen Gewalten nicht mehr zu beherrschen vermag, die er heraufbeschwor.«

Jenny auf der Chaiselongue war dabei einzuschlafen.

»›Hexenmeister‹ ist besser als ›Zauberer‹.«

»Hexenmeister, der die unterirdischen Gewalten nicht mehr zu beherrschen vermag, die er heraufbeschwor.«

Jenny entglitten die Bögen, die sie korrigiert hatte, und sie schlief ein.

Tussy, jetzt kurz vor der Ohnmacht, schoss das alte Goethe-Gedicht durch den Schädel. Sie sah den Zauberlehrling, er war allerdings eine riesige Maus mit großen runden Ohren.

»Seit Dezennien ist die Geschichte der Industrie und des Handels nur noch die Geschichte der Empörung der modernen Produktivkräfte … gegen die Eigentumsverhältnisse, welche die Lebensbedingungen der Bourgeoisie und ihrer Herrschaft sind. Es genügt, die Handelskrisen zu nennen, welche in ihrer periodischen Wiederkehr immer drohender die Existenz der ganzen bürgerlichen Gesellschaft in Frage stellen.«

Vor Tussys Bett taten sich riesige Plätze auf, weitaus größer als der Hydepark, auf denen aufgereiht die selbstfahrenden Kutschen standen mit traurigen Raubtieraugen, als stünden sie hinter Gittern. Und plötzlich jagten sie los und verkeilten sich ineinander und das Blech verbog sich fürchterlich und Ströme von Blut flossen aus ihnen.

»In den Handelskrisen wird ein großer Teil nicht nur der erzeugten Produkte, sondern sogar der bereits geschaffenen Produktivkräfte regelmäßig vernichtet.«

Tussy sah Motorwagen mit Ketten, merkwürdige Raupen, die über Äpfel, Kohl und Eier fuhren und sie zermatschten. Und sah Ströme von Milch, die sich ins Meer ergossen.

»In den Krisen bricht eine gesellschaftliche Epidemie aus … die Epidemie der Überproduktion.«

Die Hallen mit den langen Bändern standen plötzlich leer, der Stahl rostete, Blätter wirbelten, der Wind fegte hindurch, doch Tussys Kopfschmerz wollte nicht weichen. Und auf den Straßen trugen die lebenden Leichen Schilder in der Hand: »Take every work!«

»Die Gesellschaft findet sich plötzlich in einen Zustand momentaner Barbarei zurückversetzt; eine Hungersnot, ein allgemeiner Verwüstungskrieg scheinen ihr alle Lebensmittel abgeschnitten zu haben; die Industrie, der Handel scheinen vernichtet, und warum? Weil sie zu viel Zivilisation, zu viel Lebensmittel, zu viel Industrie, zu viel Handel besitzt … Die bürgerlichen Verhältnisse sind zu eng geworden, um den von ihnen erzeugten Reichtum zu fassen. – Wodurch überwindet die Bourgeoisie die Krisen? Einerseits durch die erzwungene Vernichtung einer Masse von Produktivkräften; andererseits durch die Eroberung neuer Märkte und die gründlichere Ausbeutung alter Märkte. Wodurch also? Dadurch, dass sie allseitigere und gewaltigere Krisen vorbereitet und die Mittel, den Krisen vorzubeugen, vermindert.«

Tussy sah Schwarze und Asiaten, die in Massen und zwei, drei, ja vier auf merkwürdigen dicken Fahrrädern ohne Pedale laut durch ihre Städte knatterten.

»Die Waffen, womit die Bourgeoisie den Feudalismus zu Boden geschlagen hat, richten sich jetzt gegen die Bourgeoisie selbst.«

Und wieder sah sie die große schwarze Maus mit den großen runden Segelohren im Zaubergewand. Und die Besen, die Wasser bringen, sorgen für eine immer größere Überschwemmung.

Jenny lag unbedroht vom Wasser und friedlich wie eine Göttin auf ihrer Chaiselongue.

Karls Feder kam immer noch nicht zur Ruhe: »Aber die Bourgeoisie hat nicht nur die Waffen geschmiedet, die ihr den Tod bringen; sie hat auch die Männer gezeugt, die diese Waffen führen werden – die modernen Arbeiter, die Proletarier.«

Tussy schrie vor Schmerzen, sie schrie um Hilfe. Doch es kamen nur Louise und Freyberger mit ihren verzerrten Gesichtern auf sie zu und Freyberger hatte einen jener dreizackigen Sterne am Revers, der sich plötzlich in eine rechtsdrehende germanische Rune verwandelte und dann in einen Totenkopf. Freyberger flüsterte Tussy ins Ohr: »Schuld am Kapitalismus ist nur der ewige Jude.« Sie schrie: »Lüge, Lüge!« Dann fiel sie wie tot aufs Bett.

Karl entdeckte seine eingeschlafene Frau, er sprang auf, weckte sie. »Jenny, bitte, wach mit mir, schlaf nicht ein, ich brauche dich.«

Jenny strich ihm über die schwarzen Haare und den schon recht dichten Bart.

»Mein Jesus am Ölberg.«

Ja, er war nicht der Knecht, er war auf dem Berg, nicht dem Ölberg, er war auch nicht Jesus, obwohl er das Schwert brachte, er war Moses, Moses, der bewaffnete Prophet, der mit den Waffen der Kritik das auserwählte Proletariat durch die Wüste führte, der den Fetisch, der das goldene Kalb des Kapitalismus zerstörte und die Bourgeoisie im roten Meer versinken ließ. – »Wo waren wir?«

Karl saß immer noch am Schreibtisch, kritzekrakelte und rief laut:

»Von allen Klassen, welche heutzutage der Bourgeoisie gegenüberstehen, ist nur das Proletariat eine wirklich revolutionäre Klasse.«

Jenny ergänzte mit ihrer wunderschönen Schrift:

»Die übrigen Klassen verkommen und gehen unter mit der großen Industrie, das Proletariat ist ihr eigenstes Produkt.

Wenn das Proletariat im Kampfe gegen die Bourgeoisie sich notwendig zur Klasse vereint, durch eine Revolution sich zur herrschenden Klasse macht und als herrschende Klasse gewaltsam die alten Produktionsverhältnisse aufhebt, so hebt es mit diesen Produktionsverhältnissen die Existenzbedingungen des Klassengegensatzes, die Klassen überhaupt, und damit seine eigene Herrschaft als Klasse auf.«

Tussy lag in tiefer Ohnmacht auf dem Bett im grünen Zimmer. Sie halluzinierte jetzt nicht mehr. Den Traum vom Paradies auf Erden träumte sie nicht mit.

»An die Stelle der alten bürgerlichen Gesellschaft mit ihren Klassen und Klassengegensätzen tritt eine Assoziation, worin die freie Entwicklung eines jeden die freie Entwicklung aller ist.«

Karl und Jenny blickten sich tief in die Augen.

»Mögen die herrschenden Klassen vor einer kommunistischen Revolution zittern. Die Proletarier haben nichts in ihr zu verlieren als ihre Ketten.«

Sie küssten sich.

»Sie haben eine Welt zu gewinnen.«

Jenny und Karl glitten über die Chaiselongue ...

»Proletarier aller Länder, vereinigt euch ...«

Draußen fror Stieber.

Und Tussy wurde gerüttelt. Sie war noch lebendig und erschrak. Doch es war nicht Freyberger, der sie aus der Ohnmacht rief, sondern Aveling.

Revolution

Das *Manifest der Kommunistischen Partei*, einer Partei, die es zu dem Zeitpunkt noch gar nicht gab, wurde das meistgedruckte und meistgelesene Pamphlet der Weltgeschichte, nur knapp übertroffen von der Bibel. Doch es kam zu spät. Während es in London beim Drucker lag, brach in Paris die Revolution aus. Es war März 1848.

König Louis-Philippe hatte kurz zuvor in völliger Unterschätzung der Lage gemeint: »Im Winter machen die Pariser keine Revolution.«

Der General schlief tief und tiefer noch war seine Erinnerung.

Er sah die Trikolore, hörte die Marseillaise und den Lärm der Barrikaden.

Ein wahrer Fiebertraum.

Pflastersteine flogen, Bäume wurden mitten in der Hauptstadt umgelegt, Pferde-Omnibusse umgeschmissen, Scheiben eingeschlagen, in den Tuilerien flatterten die weißen Vorhänge aus glasbefreiten Fenstern.

»Vive la France, vive la Revolution!«

Und tatsächlich, auch wenn es eine bürgerliche Revolution war, kämpften die Proletarier, die Handwerker auf den Straßen und sie siegten.

Die Zweite Republik (nach 1789) wurde ausgerufen. Die Königsfamilie flüchtete nach London.

Und Marx, 29, bald 30 Jahre alt, und Jenny (33), saßen mit den Kindern Jennychen (4), Laura (3) und Musch (1 ½) noch in Brüssel. Aber nicht mehr lange.

Drei Nachrichten erreichten die Familie in kürzester Zeit. Zwei davon waren gut. Die guten zuerst. Karl erhielt 6000 Francs von seiner Mutter aus seinem Erbe. So viel hatte er sein ganzes Leben lang noch nicht verdient. Die zweite gute Nachricht brachte Jenny. Sie flog zur Türe herein, schwenkte einen Brief, einen Brief der neuen republikanischen französischen Regierung und übersetzte simultan, während sie las:

»Wackerer, aufrichtiger Marx, der Boden der französischen Republik ist eine Freistätte für alle Freunde der Freiheit. Tyrannenmacht hat Sie verbannt, das freie Frankreich öffnet Ihnen seine Tore wieder. Ihnen und all denen, die für die heilige Sache, die brüderliche Sache aller Völker kämpfen. Alle Beamten der französischen Regierung sollen ihre Aufgabe in diesem Sinn verstehen. Mit brüderlichem Gruß! Ferdinand Flocon, Mitglied der Provisorischen Regierung.«

Die Freude war groß im Hause Marx. Karl begann zu packen. Doch am gleichen Tag kam die dritte Botschaft.

Am 3. März 1848 klopfte es an die Türe. Vor ihr stand ein Kommissar in Begleitung von zehn Polizisten.

»Monsieur Marx, le gouvernement de la Belgique a decidé de vous expulser immédiatement de son territoire. Vous êtes arrêtés.«

»Ja, aber ich wäre sowieso ausgereist, ich bin von der neuen französischen Regierung nach Paris eingeladen ...«

Karl zeigte stolz seinen Brief.

»Vous êtes arrêtés ...«

Sie legten ihm Handschellen an. Der Brief flatterte zu Boden. Der Kommissar entschuldigte sich kurz bei »Madame Marx«. Jenny wollte mit, doch sie wurde abgewiesen. Und schon waren sie mit Karl verschwunden.

Laura weinte. Musch warf einen Holzwaggon nach den Polizisten.

Und Lenchen schimpfte:

»Ei die domme Pickelhaube, hat ma sowas schon gesiehn ...«

Die nervösen belgischen Behörden nahmen an, dass das Geld, das Marx von seiner Mutter bekommen hatte, für den Kauf von Waffen gewesen sei. Denn auch in Belgien brodelte es. Der Vorwurf war haltlos. Doch Karl saß erstmal ein.

Jenny, die ihn befreien wollte, kämpfte wie eine Löwin, ging von Pontius zu Pilatus und wurde aufs Revier gelockt. Dort legte man auch ihr Handschellen an. Sie teilte die Arrestzelle mit weniger feinen Damen. Doch die Kurtisanen behandelten Jenny mit Hochachtung, ließen ihr die einzige Schlafstatt und fragten nach dem Grund ihrer Verhaftung. Jenny beteuerte, sie habe nur ihren Mann befreien wollen, eben weil der für die Freiheit sei. Sie säßen auch für ihre Art, Freiheit zu praktizieren, meinte eine der Damen und erkundigte sich nach Namen und Aussehen ihres Gatten. Jenny, neugierig geworden, gab nach kurzem Zögern bereitwillig Auskunft. Doch keine kannte ihn, bis eine meinte, den Freund des Schwarzhaarigen würde sie umso besser kennen.

Während Jenny in trauter Frauenzimmerkameradschaft ihre erste Nacht im Gefängnis verbrachte, wurde Marx ohne langes Verhör in den Nachtzug nach Paris gesetzt.

Frühmorgens wachte Jenny auf ihrer harten Pritsche durch klappernde Schlüssel auf. Zwei Wärter betraten das vergitterte Boudoir. Der eine Schließer fragte, ob sie Madame Marx sei. Jenny antwortete mit »oui« und der belgische Wärter mit: »mitkommen!«

»Au revoir, ma chérie«, rief Josephine: »Grüße mir Frederic!«

Jenny wirkte unschlüssig, doch schon stülpte ihr der zweite Schließer einen Sack über den Kopf und die beiden Wärter brachten sie, heftig schiebend und ziehend, nach draußen. Der Protest der Kurtisanen, doch nicht so grob zu sein, sie beförderten schließlich eine Baronesse, verhallte in den Gängen der Arrestanstalt. Jenny spürte, wie sie plötzlich ins Freie geführt wurde. Frische Luft, Spatzen fiepten, eine Amsel sang, sie spürte den Tau des Grases an den Füßen und bemerkte die Wärme der ersten Sonnenstrahlen auf ihrem verdunkelten Kopf. Doch sie konnte nicht durchatmen, der Sack war aus Rupfen, die Luft darunter stickig und es kratzte. Sie fühlte sich aber nicht in der Natur aufgehoben, sondern glaubte, zur Hinrichtung geführt zu werden. Doch plötzlich roch sie Pferde, hörte sie schnauben, nahm die Fliegen wahr und das Klirren des Zaumzeugs. Eine schwach knarrende Tür wurde aufgerissen und sie landete in einer Kutsche. Die Tür knallte zu, die Kutsche sprengte los.

Ein Mann nahm ihr den Sack ab, ein Mann, den sie schon mal gesehen hatte. Ja, sie hatte ihn schon mal in einer Kutsche gesehen, aber wann? Der Mann, der ihr gegenüber saß, sagte ohne Betonung, fast gleichgültig und auf Deutsch:

»Keine Angst, Ihnen passiert nichts.«

»Wer sind Sie?«

Der brachte den Standardspruch der Geheimpolizisten und Denunzianten: »Das tut nichts zur Sache.« Nun, es war Stieber.

»Wo werde ich hingebracht? Nach Paris?«

Doch Stieber schwieg.

Nach mehreren Stunden kamen sie in einem Wald an. Die Kutsche hielt. Stieber stieg aus, doch kurz vorher zog er noch eine Brieftasche aus seinem Jackett und gab Jenny ein paar hundert Francs.

»Das soll ich Ihnen zurückgeben!«

»Zurückgeben?«

Doch Stieber war schon verschwunden. Jenny wollte auch raus, aber ein schmächtiger Mann mit durchsichtiger Haut und großem Umhang hinderte sie daran. Drückte sich an ihr vorbei, setzte sich ihr gegenüber und erklärte:

»Das ist Geld, das er dir mal aus deiner Mitgiftschatulle genommen hat, du bekommst es zurück, mit Zins und Zinseszins!«

»Dachte ich mir fast, dass du dahintersteckst«, konstatierte Jenny.

Die Kutsche fuhr an.

»Bringst du mich höchstpersönlich nach Paris, Ferdinand?«

»Dafür habe ich leider keine Zeit! Aber bis zum nächsten Bahnhof dürfte es reichen.«

»Und wohin fährt die Kutsche?«

»Zuerst nach Schengen, da musst du umsteigen in den Zug nach Trier!«

»Was soll ich in Trier, und wo sind meine Kinder, mein Lenchen, mein Hausstand?«

»Du wirst es sehen, jedenfalls geht es nach Hause.«

»Nach Hause? Karl ist mein Zuhause, zu ihm gehöre ich!«

»Du gehörst nach Preußen!«

Jenny lachte.

»Du gehörst nach Preußen – überhaupt, was machst du in Belgien?«

»Ich bin hier inkognito.«

Jenny musste wieder lachen. Ein preußischer Regierungsrat entführte sie aus Brüssel!

»Was macht deine Karriere? Meinst du, es ist ihr dienlich, mich zu entführen? Ich werde das in ganz Europa publik machen.«

»Es wird dir nur keiner glauben. Ich bin gar nicht hier!«

»Lass mich raus!«

Jenny wollte aufstehen, doch da hielt die Kutsche plötzlich. Jenny hörte eine Lokomotive schnauben. Sie mussten an einem Bahnhof sein. Stieber steckte seine Nase herein und bat Ferdinand heraus. Als er zurückkam, war er ganz bleich.

»Lass mich raten, die Grenze nach Preußen ist geschlossen, weil auch in Belgien die Revolution ausgebrochen ist!« Jenny hatte den Nagel auf den Kopf getroffen.

»Und jetzt weißt du nicht, wie du nach Rheinpreußen kommen sollst!«

Ferdinand bat sie, herauszukommen.

»Ich geh nicht.«

Ferdinand zerrte sie ins Freie, packte sie an den Handgelenken und redete auf sie ein.

»Hör mir zu: Der Zug hier fährt nicht nach Trier. Das war ein Scherz. Er fährt nach Paris.«

Jenny wollte es nicht glauben: »Du und Scherze, das glaube ich nicht!«

»Im Zug sind deine Kinder, Lenchen und im Gepäckwagen dein ganzer Hausstand.«

»Das ist ein Fake, Ferdinand, du willst nur, dass ich einsteige!«

»Ich gebe dir mein Ehrenwort!«

Nun, das Ehrenwort eines Preußen, noch dazu wenn es der Halbbruder war, konnte stimmen. Und im selben Augenblick winkten die Kinder und Lenchen freudig rufend aus einem Coupé.

»Ferdinand, du bist tatsächlich ein Mensch!«

»Manchmal! Entschuldige mich jetzt, ich muss zurück in meine Heimat.«

Leicht wie eine Feder schwang sich Ferdinand aufs Pferd, das Stieber gerade gebracht hatte.

»Diesmal erreicht die Revolution sogar Preußen, nicht wahr?«, weissagte Jenny.

»Niemals!« Und schon gab er seinem Pferd die Sporen. Stieber aber begleitete Jenny zum Coupé. Er hoffte darauf, dass Ferdinand endlich den Posten bekäme, den er seit Jahren anstrebte, und dass für ihn dabei eine Stellung im höheren Polizeidienst abfallen würde – im höheren Geheimpolizeidienst.

Das Wiedersehen von Jenny mit ihren drei kleinen Plagen war unbeschreiblich, sie fielen ihr um den Hals. Zuletzt Lenchen, und schon ruckelte der Zug Richtung Paris. Weit weg sah Jenny noch einen kleinen staubigen Fleck, der immer kleiner wurde. Ihr Bruder verschwand am Horizont.

Der Schlafwagen der Gerechten

Einige Stunden vorher war Marx in seinem Nachtzug unterwegs.

Er fuhr erster Klasse.

Es war ein wundersames Abteil mit sechs wunderschönen Liegen, die sich nach und nach füllten. Oben thronte Marx, gegenüber fast auf gleicher Höhe meine Wenigkeit. Ich hatte noch etwas Wein und Champagner in einem mir bekannten Brüsseler Weinladen besorgt, und so waren wir schon guter Stimmung, als Herwegh und Mosi an der französischen Grenze zwangsweise zustiegen. Noch waren wir nicht völlig verkracht und luden die beiden Unglücklichen zum Trunke ein. Bei Cambrai, man mochte es nicht glauben, betrat das tapfere Schneiderlein, der Handwerkskommunist Weitling, das Schlafcoupé. Er hatte sich in Vorahnung der Ereignisse in den Vereinigten Staaten eingeschifft und sich zu Fuß durch Holland und Belgien bis hierher durchgeschlagen. Auch ihm bereiteten wir einen feuchtfröhlichen Empfang, den er griesgrämig über sich ergehen ließ. Erst als wir ihm eine Zigarre, beste Ware aus Cuba, verpassten und er mitqualmen durfte, ließ er sich von unserer Zuversicht anstecken. Einzig ein überaus dicker Passagier, der ganz unten rechts seine überlange Gestalt in eine Liege gequält hatte und mit dem Gesicht zur Wand zugedeckt und laut schnarchend schlief, beteiligte sich nicht an unserer privaten Kneiperei.

Schon vorher hatte ich Marx getröstet, er würde seine Jenny bald wiedersehen, ebenso seine drei entzückenden Kinder, die Mädels ebenso wie seinen frechen Liebling Musch, und langsam ergriff auch Karl die Euphorie der Revolution. Das Proletariat würde seine Chance ergreifen und die bürgerliche Revolution weitertragen bis zum Kommunismus.

Doch es kam sehr bald wieder zum Disput.

Den Anfang machte, wie konnte es anders sein, Weitling:

»Wir müssen die Revolution in ganz Europa verbreiten, und zwar mit der von mir seit Jahren vorgeschlagenen Armee.«

Der wilde Herwegh, unser Arbeiterdichter mit den flackernden Augen, gab sich ebenso kämpferisch: »Ich stimme dem Bundesbruder Weitling zu, aber wir müssen die Revolution zuallererst nach Preußen tragen, und die Armee darf nicht aus befreiten Sträflingen bestehen, sondern aus jungen glühenden Revolutionären.« Er zappelte schon leicht auf seinem Lager und ich erwartete jeden Moment einen Ausbruch. »Veitstanz« nannte man das damals, und Herwegh war seit frühester Jugend davon befallen.

Und Mösi, entschuldige Tussy, auch wenn du jetzt nicht zuhörst, Mosi mischte sich ein:

»Worte sind wichtiger als Waffen. Ich werde nach Deutschland gehen und eine revolutionäre Zeitung herausgeben.«

Bei aller Zuversicht musste ich die Kerle doch etwas zurechtstutzen.

»Ihr redet über ungelegte Eier. Revolution in Paris, ja, in Brüssel, ja, in Rom, ja, sogar in Wien meinetwegen …«

Ich köpfte dabei eine weitere Champagner-Flasche:

»… aber zuletzt in Preußen.«

Dann stand ich auf, wischte mir am angelaufenen Fenster ein Guckloch frei und starrte in die Nacht. Es war nichts zu erkennen. Marx hatte sich bis jetzt zurückgehalten. Er drückte seine Zigarre an der wackelnden Petroleumlampe an der Decke aus und legte los.

»Warum so pessimistisch, Engels? Die Revolution wird zweifellos kommen, auch in Preußen. Aber eine Zeitung kann sie dort nicht auslösen, weil die zuallererst verboten wird, liebster Mosi. Und ihr Bundesbrüder Weitling und Herwegh! Auch mit Armeen macht man keine Revolution, weder mit Sträflingsarmeen noch mit jungen Revolutionsdilettanten. Dies führt nur zu sinnlosem Blutvergießen. Und nach der vorauszusehenden Niederlage folgt eine die ganze Bewegung erfassende Demoralisierung. Und die ist kontraproduktiv auf der ganzen Linie. Sie wird uns um Jahre, wenn nicht Jahrzehnte zurückwerfen.«

Sein Ton war lauter geworden.

Der von uns dauergequälte Mosi wurde jetzt sauer:

»Was schlägst du dann vor, Karl? Willst du bis zum St. Nimmerleinstag an deiner ökonomischen Theorie schreiben, glaubst du, das bringt uns weiter? Wir leben jetzt und wir wollen jetzt ein anderes Leben. Also, was tun?«

»Gar nichts, abwarten.« Marx schien die Ruhe selbst.

»Von wegen abwarten, ich gründe meine deutsche Legion und wir erobern Preußen für die Revolution«, prahlte unser Arbeiterdichter, schon heftig zappelnd.

Nun musste ich eingreifen.

»Herwegh, hast du gedient?«

Der antwortete stolz und mit bebender Stimme: »Ich bin dem militärischen Schwachsinn, genannt Armee, erfolgreich entgangen!«

»Weißt du, wie man ein Gewehr bedient, hast du schon mal was von Taktik und Strategie der Kriegsführung gehört? Clausewitz gelesen?«

Herwegh schwieg und zitterte jetzt immer mehr. Gleich würde er anfangen zu schreien.

»Da schau an«, kommentierte ich. Das war ein Fehler.

Denn Herwegh begann zu schreien und wie verrückt zu zappeln. Der Veitstanz hatte ihn wieder gepackt. Ich wollte ihn davor bewahren, von der Liege zu stürzen, und versuchte, ihm Cognac aus meinem Flachmann einzuflößen. Da erschien Emma Herwegh am offenen Fenster – damals gab's noch keine Gänge in den Waggons, sondern Abteile, die nur über halsbrecherisches Balancieren an einer schmalen Plattform außerhalb der Wagen erreicht werden konnten, und einen solchen Gang vom Nachbarabteil hatte Emma gewagt, trotz ihrer zahlreichen Röcke, mit denen sie sich jederzeit hätte verhaken können. Wir zogen sie ins Abteil und sie kümmerte sich sofort um ihren zuckenden Ehemann. Sehr schnell beruhigte er sich, und ich bewunderte diese zierliche, aber wohlgeformte Dame in blauem Satin. Emma, Tochter eines reichen Seidenwarenbourgeois, war klug und draufgängerisch und die eigentliche Führungsfigur des Paares. Später, als Herwegh tatsächlich sein Himmelfahrtskommando einer dilettantischen Revolutionsarmee wagte, kämpfte sie in Männerkleidern mit, schoss und traf fast immer. Ohne sie hätte Georg diesen Hazard nie überlebt.

Während wir alle von dem blauen resoluten Engel angetan waren und seiner Wirkung auf den veitszuckenden Herwegh, schlug Marx weiter in die Kerbe:

»Erst wenn das Proletariat hinter uns steht, wenn es klassenbewusst geworden ist und bereit ist, seine Ketten zu sprengen, erst dann können wir, kann das Proletariat ...«

Und ich übernahm rasch: »... seine politische Herrschaft dazu benutzen, der Bourgeoisie nach und nach alles Kapital zu entreißen, alle Produktionsinstrumente in den Händen des Staats, d.h. des als herrschende Klasse organisierten Proletariats, zu zentralisieren und die Masse der Produktionskräfte möglichst rasch zu vermehren.«

Ich hatte die ersten Druckfahnen des Manifests dabei, las jetzt vor und teilte aus, begierig wurde das Pamphlet von der gesamten Schlafwagenbesatzung verschlungen und auch Marx freute sich über die von mir inszenierte Überraschung. Herwegh, der wie seine Frau eine unbändige Willenskraft und sich komplett gefangen hatte, sprach schon einen Toast auf das Werk und uns alle aus. Die letzten alkoholischen Getränke wurden dazu aufgebraucht und letzte Zigarren angezündet. Auch Emma machte, neben Herwegh auf der Liege thronend, mit. Keiner bemerkte, dass auch der Koloss in der untersten Etage sich in das Druckwerk vertieft hatte.

Und während wir uns zuprosteten, hörten wir plötzlich seine tiefe Stimme.

»Durchaus brauchbar, ich kann es Ihnen gern auf Russisch übersetzen und dann in meiner alten Heimat verbreiten lassen, aber erst müssen Sie so freundlich sein, meine konstruktive Kritik an Ihrem Gemeinschaftswerk anzuhören. Und zuallererst brauche ich frische Luft.« Der Koloss, der einen noch größeren Bart und noch längere Haare als Marx hatte, schnellte hoch, drückte sich an mir vorbei, roch nach Schweiß und riss das Fenster auf.

Marx schob die hängende Lampe etwas in Richtung Fenster, und wir erkannten alle Michail Bakunin. Emma schrie auf, denn Bakunin war ihr Trauzeuge. Sie fiel ihm um den Hals. Nun, ich muss sagen, er hat, allen anderslautenden Behauptungen zum Trotz, das Manifest nie auf Russisch übersetzt, sondern es gleich mal heftig kritisiert.

»Das Proletariat soll den Staat übernehmen und noch mehr zentralisieren?«, fragte er provozierend. »Und wer regiert dann, das Proletariat? Und wie?«

Ich erklärte: »Es muss dann niemand mehr regieren und regiert werden, denn das Proletariat leitet die Produktion.«

»Wie, indem es den Staat zentralisiert?«

Schweigen. Bakunin gab Emma ein Küsschen, Herwegh die Hand, die der zitternd ergriff, und polemisierte weiter.

»Ich bin mit ihnen d'accord. Revolution, ja! Abschaffung der Arbeitsteilung und des Privateigentums an Produktionsmitteln, ja! Klassenlose Gesellschaft, ja! Aber Staatskommunismus?«

Ich konterte: »Ja, das Handeln der Bourgeoisie bewirkt immer größere Konzentration und Zentralisation. Der Staat übernimmt – wie tendenziell schon bei Post und Eisenbahn – die Leitung der Produktion. Das Kapitalverhältnis wird so aber nicht aufgehoben, sondern auf die Spitze getrieben. Das Proletariat ergreift die Staatsgewalt und verwandelt die Produktionsmittel zunächst in Staatseigentum. Aber damit hebt es sich selbst als Proletariat, damit hebt es alle Klassenunterschiede und Klassengegensätze auf und damit auch den Staat als Staat.«

Bakunin geriet in Rage: »Im Gegenteil, dadurch entsteht erst ein gigantischer autoritärer Staatsapparat, mit sozialistischen Beamten Bürokratie etc., etc. – Wir ...«

Jetzt griff Karl ein. »Wer ist ›wir‹?«

»Wir«, Bakunin antwortete nicht auf die Frage, »sind der Überzeugung, der Staat muss schon am Anfang der Revolution zerschlagen werden. Nur dann kann die Gesellschaft, die freie Assoziation freier Produzenten von unten aufgebaut werden und nicht von oben.«

Auch Marx wurde jetzt lauter:

»Völlig unmöglich. Das führt zu Chaos und Anarchie!«

»Anarchie ja, Chaos nein. Was Sie wollen, führt jedoch zur Diktatur.« »Reste, sacrément encore«, schallte es durchs offene Fenster.

Der Schaffner hatte sich ebenfalls außen herangehangelt und unterbrach den Disput. Andere Passagiere hatten sich über den nächtlichen Lärm, hervorgerufen durch Herweghs Veitstanz und unsere lautstarke Diskussion, beschwert. Und dann fluchte er mit Blick auf die seidenblau schimmernde Emma und erklärte, dass gemischte Abteile verboten seien. Ich steckte ihm ein paar Francs zu und er verschwand.

Wortlos paffend saßen die Kontrahenten nun auf ihren Liegen und grollten still vor sich hin.

Wir waren also in jenem Abteil in jener Nacht fast einer Meinung: Die proletarische Revolution sollte nur kommen, wir würden sie schon meistern. Jeder auf seine Art.

Ich muss allerdings zugeben, dass die Beziehung von Marx zu Bakunin von einer besonderen Art der Hassliebe geprägt war, von einer gegenseitigen An- und Abstoßung. Das konnten wir damals natürlich nicht aussprechen. Aber es war klar. Klar war aber auch, dass Bakunin uns und unserer wissenschaftlichen Theorie im Weg war. Marx konnte keine fremden Götter neben sich dulden. Leider kamen an dieser Stelle die Revolution und der Zug zum Stehen.

»Voyage terminé, Strecke gesperrt, alles aussteigen«, rief der Schaffner durchs Fenster. Es war finstere Nacht und wir hatten mitten in einem Wald angehalten. Später erfuhr ich, dass der Ort in der Nähe Compiègne hieß.

Wir mussten im wahrsten Sinne des Wortes umsatteln. Einige wenige Kutschen warteten auf uns. Nicht genug für alle. Dafür, dass wir Revolutionäre mitkamen, sorgten Handsalben aus meiner Privatschatulle.

Wir bestiegen die altmodischen Transportmittel. Und sahen in einiger Entfernung Laternen und Männer, die mit brachialer Gewalt die Schienen herausrissen. Marx vermutete Maschinenstürmer. Arbeiter, die ihren Job nicht verlieren wollten und deswegen alle modernen Produktivkräfte zu zerstören trachteten.

Die Meute stürmte jetzt Richtung Zug und machte sich auch an der immer noch unter Dampf stehenden Lokomotive zu schaffen. Marx rief – wie wir alle – mehr oder weniger hilflos: »Idioten!«

Der Kutscher ließ die Peitsche knallen. Wir holperten über die Schienen. Und Marx konnte es sich nicht verkneifen, den Demolierern aus dem Kutschenfenster etwas zuzurufen:

»Proletarier, euer Tun ist falsch, ihr zerstört eure Zukunft. Mit der Eisenbahn und nur mit ihr bringt ihr eure Vereinigung zustande.«

Doch die vermeintlichen Maschinenstürmer reagierten nicht und setzten ihr Zerstörungswerk fort. Und der Kutscher, zu dem ich mich gesetzt hatte, belehrte uns eines Besseren:

»Das sind keine Proletarier, das sind bezahlte Verbrecher. Die handeln im Auftrag meiner Chefs, der Kutschenbesitzer, um die dampfende Konkurrenz auszuschalten. Mir soll's recht sein. So verliere ich wenigstens meine Arbeit nicht.«

Revolutionen, das wurde mir klar, treiben manchmal merkwürdige Blüten. Und manchmal dreht sich das Rad der Geschichte einfach rückwärts, und alles geht nach hinten los.

Doch diesmal, so schien es, war die Revolution in Paris die Lokomotive der Geschichte.

Und wieder Paris

In der Hauptstadt ging es drunter und drüber. Als Jenny mit den Kindern, Lenchen, dem ganzen Hausstand und ihrer Erbschaft ebenfalls in Paris ankam, hatten wir nicht einmal Zeit, sie abzuholen. Herwegh tat das, sammelte gleichzeitig für seine Revolutionstruppen und pumpte Jenny an. Doch die stand auf unserer Seite und verweigerte sich. So kam es zum endgültigen Zerwürfnis mit den Herweghs. Jenny bedauerte das sehr, denn Emma war eine enge Freundin gewesen, die sie nie wiedersah. Auch Weitling versuchte, zu besorgen, dachte gar darüber nach, Banküberfälle zu inszenieren, und Mosi bettelte für seine Zeitung. Wir aber überlegten, was zu tun sei, wenn auch in Deutschland die Revolution ausbräche.

Und plötzlich – kaum zu glauben – war ganz Europa im Fiebertraum, und der erreichte tatsächlich Preußen. Barrikaden wurden in Berlin errichtet, schwarz-rot-goldene Fahnen geschwenkt und das preußische Militär tat, was es immer gern tat, es schoss. Doch die Toten und Verwundeten stachelten die Revolutionäre an. Proletarier, Handwerker und auch einige Bürgerliche trieben die Herrschaft der Hohenzollern scheinbar vor sich her. Der Kronprinz erwog, mit Kanonen auf sein zukünftiges Volk schießen zu lassen, doch er musste fliehen, legte sich den Namen Lehmann zu und visitierte unfreiwillig London. Die Berliner nannten ihn fortan abwechselnd »Lehmann« oder »Kartätschenprinz«; wer konnte ahnen, dass dieser Füsilierer später einmal der erste Kaiser des Bismarckreiches werden würde.

Doch vorderhand schien die Revolution gesiegt zu haben. Die Toten wurden aufgebahrt, zögerlich trat König Wilhelm IV. auf den Balkon seines protzigen Berliner Stadtschlosses und hörte die Stimme seines Volkes, das rief: »Mütze ab!« Und der König zog seinen Hut, erwies den toten Revolutionären seine Ehre. Die Königin stand neben ihrem Mann auf dem Balkon und flüsterte ihm ins Ohr: »Jetzt fehlt nur noch die Guillotine.«

Heute bin ich der Überzeugung, die fehlte tatsächlich.

Denn deutsche Revolutionäre köpfen weder ihren Herrscher noch betreten sie den Rasen. Deutsche Revolutionäre diskutieren. So geschehen in Frankfurt in der Paulskirche. Die erste deutsche Nationalversammlung trat zusammen. Und das Reden nahm kein End im Parlaparlaparlament. Bei uns im Bund war es nicht anders. Herwegh, seine Emma und Weitling stellten tatsächlich gegen unseren Willen eine Heerschar auf und übten in einer Halle, die ihnen die französische Revolutionsregierung zur Verfügung gestellt hatte, das Schießen und den Krieg. Doch viele ihrer Leute hatten keine Schusswaffen, sondern nur Dreschflegel und Lanzen, wie im Bauernkrieg 1525. Es war völlig absurd. Marx, Jenny und ich schüttelten den Kopf. Schließlich fuhr diese Armee der Verlorenen ab ins noch ungeeinte deutsche Reich. Bakunin reiste nach Sachsen, wurde dort bald verhaftet und an Russland ausgeliefert, mehrfach eingekerkert und zum Tode verurteilt, verlor er seine Zähne durch Skorbut und musste schließlich in die Verbannung. Auch Weitling verschwand auf Nimmerwiedersehen. Die Regierung in Paris war heilfroh, die ganzen Wirrköpfe loszuwerden. Und wir – Marx, Jenny und ich – zermarterten uns die Köpfe, was zu tun sei. Wie diese Revolution, die ja nun erst einmal eine bürgerliche war, auch wenn viele Handwerksburschen in ihren Reihen kämpften, wie diese Revolution im Sinne unseres Manifestes in eine radikaldemokratische, proletarische verwandelt werden könnte.

Da hatte Marx die geniale Idee, Mosis Vorschlag einer revolutionären Zeitung aufzugreifen. Natürlich ohne Mosi. Der war sowieso geschwächt. Seine Sibylle wollte ihn verlassen, und Jenny sprach ihm Mut zu. Wir wollten heimlich nach Köln reisen und dort unser Glück versuchen. Der Moment war günstig. Doch erst rief uns die Pflicht zu Heine. Der Dichterfreund war schwer erkrankt.

Heine war sein Lebtag dem weiblichen Geschlecht zugeneigt gewesen und das weibliche Geschlecht ihm, dagegen war ich ein grüner Junge. Doch solch Zuneigung hat auch ihre Nachteile. Man erzählte sich, die Syphilis habe ihn befallen.

Als wir eintraten, wurde der stark abgemagerte und kranke Heine gerade von zwei Krankenschwestern in einem Leintuch in ein anderes Bett gehoben.

»Meine Freunde, ihr seht, noch immer tragen mich die Frauen auf Händen. Willkommen in meiner Matratzengruft.«

Die wohlgeformten weißgekleideten Damen deckten das gerippeartige Männlein zu. Und wir beide standen betroffen da.

»Was ist los, haben die wortgewaltigen Schöpfer des Kommunistischen Manifestes die Sprache verloren?«

»Nun, es ist nicht gerade schön, Euch leiden zu sehen«, antwortete Marx gedämpft, als spräche er schon in einer Leichenhalle.

»Ich leide nicht, ich konzentriere mich aufs Dichten. Dazu brauche ich meine Beine nicht«, retournierte der schlagfertige Heine.

»Können wir was für Euch tun?«, floskelte ich verlegen.

»Mir mangelt es an keinem Beistand. Aber habt ihr noch die kleine Eisenbahn?«

»Meinem Sohn kann ich sie unmöglich entreißen …«, hörte ich Marx stottern.

»Nun, meine Freunde, ihr wollt mir sicher berichten, wie trefflich sich die Revolution in ganz Europa ausbreitet. Doch ich bin informiert: Die Kronen purzeln wie die Bälle unachtsamer Kinder. Meine Sympathie gehört euch.«

Marx machte in Hoffnung: »Wir gründen in Köln ein radikaldemokratisches Blatt, und Ihr müsst auch für uns schreiben.«

»Warum nicht. Dir, Karl, und dir, Frederick, euch Kommunisten gehört die Zukunft und doch habe ich ein wenig Angst.«

»Du, du fürchtest dich, du? Vor was denn?«, Marx schien perplex, wie konnte jemanden, der auf unserer Seite stand, unser Ansinnen ängstigen? Doch Heine zeigte sich scharfzüngig und schlagfertig wie immer.

»Dass im Eifer des Gefechtes all die Marmorbilder meiner geliebten Kunstwelt zerschlagen und die Lorbeerwälder gefällt werden, um darauf schnöde Kartoffeln zu pflanzen.«

»Wenn es dazu dient, alle satt zu machen ...«, war mein Einwand.

Marx holte aus: »Unsere Revolution wird nichts zerstören außer der Macht der Bourgeoisie, im Gegenteil: Kunst wird sich erst bei uns entfalten, denn das Reich der Freiheit beginnt auch im Sozialismus jenseits der materiellen Produktion.«

Doch Heine ließ nicht locker und sprach mit starker Stimme aus dem schwachen Körper:

»Und bis dahin macht ihr aus meinen Büchern der Lieder Tüten für Kaffee oder Schnupftabak.«

»Aber so begreif doch, wir werden erst die Produktivkräfte der Menschheit, die die Bourgeoisie maßlos vergeudet, voll entfalten, die Arbeitszeit wird sich dann auf ein Minimum reduzieren. Jeder kann alles und in der Freizeit, die die meiste Zeit für alle sein wird, kann ein jeder Kunst machen, so viel er will. Erst dann wird der Mensch aufhören, ein geknechtetes Wesen zu sein.« Meine Predigt schien mir plötzlich ziemlich schal.

»Ich gestehe freimütig, mein guter Freund, all euer Streben übt auf mein Gemüt einen Zauber aus, dem ich mich nicht erwehren kann. Aber in meiner Brust sprechen zwei Stimmen, während ihr beide mit einer sprecht. Ihr seid ohne Angst, doch ich fühle sie. Was, wenn die Sache schiefgeht?«

Marx hatte seine feste Stimme wiedergefunden:

»Sie wird nicht schiefgehen.«

Und ich kreierte ein neues Bonmot:

»Die Alternative heißt: Sozialismus oder Barbarei!«

Heine, völlig nassgeschwitzt und eingefallen in seiner Gruft liegend, gab es auf, uns zu agitieren. Doch seine negative Vision hat mich noch lange beschäftigt. Er streckte uns seine abgemagerten Knochen entgegen und drückte uns beiden, so gut er noch konnte, die Hand. Marx und mir standen die Tränen in den Augen, doch Heine tröstete uns mit seinem Lächeln.

»Grüß mir deine schöne Jenny, meine Ballkönigin. Wie würde ich gern mit ihr ans Ende der Welt tanzen. Und du, Frederick, General, grüß deine Proletarierin und deinen ganzen Harem. Wir werden uns wahrscheinlich nicht wiedersehen. Macht eure Sache gut, verscherzt sie nicht. Ich bin in Gedanken bei euch und schreibe aus der Matratzengruft für eure Zeitung ...«

Sogar ich als alter Soldat musste, als wir das Haus verließen, weinen wie ein Schlosshund.

Die Neue Rheinische Zeitung

Wir aber stürzten uns in ein radikaldemokratisches Abenteuer und druckten ein rotes Blatt. Die *Neue Rheinische Zeitung* (NRZ)! Mitten in Köln. In Rheinpreußen. Hier wehte der revolutionäre Geist ganz besonders. Jenny, Lenchen und die Kinder blieben vorerst noch in Paris, verkauften vom Hausstand, was zu verkaufen war, und reisten dann erst mal nach Trier zur Mutter Caroline von Westphalen, die über die Rücksiedlung ihrer Tochter in deutsche Lande hocherfreut war. Stolz präsentierte sich Jenny in der Spießer- und Frömmlerstadt als Gefährtin eines der inzwischen bekanntesten Revolutionäre Europas. Im Juni kamen dann auch sie, Lenchen, die Kinder und der Rest des Hausstandes nach Köln.

Die Redaktion der *NRZ* war wie ein Taubenschlag. Marx hatte seine ganze Erbschaft in die Zeitung gesteckt. Ich fuhr den Rhein auf und ab, um neue Aktionäre zu gewinnen, und Jenny redigierte mit oder schrieb gar Artikel, die der überlastete Marx nicht mehr fertig zu schreiben in der Lage war. Den Kommunismus konnten wir in einem Blatt, das von bürgerlichen Aktionären finanziert wurde, schlecht predigen. Aber wir gaben uns radikaldemokratisch, kritisierten alles, das Paulskirchen-Parlament, den preußischen König, die konstitutionellen Monarchisten, die Liberalen, den Zar von Russland und forderten einen revolutionären Krieg zur Befreiung Polens. Eben erst hatten wir uns gegen Herweghs Truppe ausgesprochen, schon forderten wir Ähnliches, allerdings mit einer guten deutschen vereinigten Revolutionsarmee. Auch Herwegh und seine kriegerische Emma wollten ihre Revolutionstruppe mit dem badischen Revolutionsheer von Friedrich Hecker vereinigen, doch der zierte sich und ließ die Unterhändlerin Emma mehrfach auflaufen. So kam eine Vereinigung mit den Truppen Heckers nie zustande. Und kaum hatte Herweghs Truppe, die »Deutsche Legion«, von Straßburg kommend, endlich am 12. April 1848 mit französischen Booten den Rhein überquert, wurde sie auch schon aufgerieben. Die württembergischen Regierungstruppen hatten mit den schlecht bewaffneten Legionären leichtes Spiel. Es gab viele Tote und noch mehr Verwundete. Emma und Herwegh entkamen dem Gemetzel, versteckten sich bei einem Bauern. Sie schnitt ihm seinen stolzen Bart ab und schließlich flüchteten sie, als Landleute verkleidet, mit einem Ochsenkarren. Emma war immer bereit, ihre geladenen Pistolen abzufeuern, sollte ihr Georg bedroht sein. Er dichtete noch schnell:

Vor der Freiheit sei kein Frieden,
Sei dem Mann kein Weib beschieden
und kein golden Korn dem Feld;
Vor der Freiheit, vor dem Siege
Seh' kein Säugling aus der Wiege
Frohen Blickes in die Welt!

Mit seinem Weib Emma mitten durch das goldene Korn und frohen Blickes entkommen, erreichte Herwegh ohne Veitstanz Paris. Ob im Ochsenkarren oder mit der Bahn, kann ich nicht sagen.

Auch in Köln und am Rhein ging es bald drunter und drüber. Wir waren natürlich geschockt über Herweghs revolutionären Untergang. Und wir sparten uns sogar bittere Kommentare, etwa dergestalt, dass wir alles vorausgeahnt hätten, wir begriffen die Niederlage als Mahnung, dass man revolutionäre Siege nicht aus purem Idealismus, sondern nur dann erlangte, wenn die Zeit reif dafür war. Und diese Reife versuchten wir – ein wenig idealistisch – herbeizuschreiben. Statt die Kritik der Waffen, die Waffen der Kritik. Denn die Revolution war noch nicht verloren.

Vor allem aber kämpften wir für eine demokratische Republik ohne König oder Kaiser. Dies rieben wir den Paulskirchlern, wo die Königsanhänger in der Mehrheit waren, immer wieder unter die Nase. Leider, das muss ich gerechterweise sagen, schossen wir auch Böcke und bezichtigten Bakunin auf Gerüchte hin, er sei ein russischer Spion, und nahmen das nie richtig zurück. Dem armen Anarchisten hat das sicherlich geschadet und die Frau, von der wir es zu wissen glaubten, George Sand, dementierte. Aber ist ein Gerücht einmal in der Welt, ist es schwer wieder aus ihr zu vertreiben. Nun, wir bekamen auch Unterstützung durch neue Kräfte. Da war erstmal ein preußischer Offizier, jawohl, ein preußischer Offizier, der für die Revolution plädierte, August Willich. Ich als alter Soldat muss sagen, dass er mir imponierte, und er gefiel nicht nur mir, auch die Damenwelt, speziell eine uns Bekannte, hatte Sympathien für ihn. Ich erinnere mich, Jenny redigierte einen Text von Marx, als Willich in seiner direkten Art hereinstürzte.

»Gnädige Frau Marx …«

»Geziemt es sich, hier einfach hereinzuplatzen?«

»Verzeiht!«

Willich eilte wieder nach draußen, klopfte an die Türe, die schon damals hochmodern einen gläsernen Durchblick hatte, Jenny rief »herein«, Willich trat ein und schlug die Hacken zusammen.

»Bin ich verhaftet?«, schäkerte Jenny, die wohl ahnte, wer er war.

»Im Gegenteil, ich wollte Ihnen meine ergebenste Aufwartung machen«, und im Nu holte er hinter dem Rücken einen Strauß rosaroter Rosen hervor.

Jenny war verlegen wie ein pubertierendes Schulmädchen und wurde rot, um nicht zu sagen rosarot – wie die Blumen.

»Woher wisst ihr?«

»Ein preußischer Offizier weiß alles – darf ich mich vorstellen? August Willich, ehemaliger Secondeleutnant des 7. Artillerieregements der preußischen Armee in Wesel.«

Nun, wie wir wissen, hatte Jenny durchaus eine gewisse Schwäche für Secondeleutnants, zumal Willich ein ganz besonderer war. Wegen seiner Sympathien für den Bund der Gerechten, jetzt Bund der Kommunisten, war er vor ein Kriegsgericht gestellt und aus der preußischen Armee ausgeschlossen worden. Sein überlanger Rauschebart, noch wesentlich länger als der von Marx, und seine aufrechte Statur machten großen Eindruck.

Willich war einer der Anführer des Kölner Aufstands im März gewesen, verhaftet und befreit worden und jetzt – neben dem jüdischen Armenarzt Andreas Gottschalk – einer der führenden Männer des eben gegründeten Arbeitervereins, der schon 8 000 Mitglieder zählte. Willich lag auf der sozialrevolutionären Linie Mosis, und ich muss bekennen, auch ich, im Nebenzimmer sitzend, hatte bald wieder Sympathien für den bewaffneten Kampf. Denn nicht nur in Köln herrschte ein Schwebezustand, nicht Fisch nicht Fleisch, nicht demokratische Revolution nicht Reaktion. Gleichwohl war unsere Zeitung, die sich im Untertitel »Organ der Demokratie« nannte, dauernden Schikanen ausgesetzt: Vorladungen, Durchsuchungen, etc., etc. Da kamen uns Männer der Tat wie Willich gerade recht. Und er Jenny offensichtlich auch. Vermutlich aber aus anderem Grunde. Jede Ehe, auch die von Revolutionären, versandet irgendwann, darum war ich nie eine Freund davon, und Jennys Ehe schien inzwischen leicht versandet. Sie litt unter den ständigen Umzügen, Verfolgungen, Ausweisungen und Geldnöten, war sie doch ursprünglich für Höheres geboren. Und wenn sie sich auch mutig für das Höhere des Kommunismus engagierte, war doch ein leichter Schatten auf ihre Ehe gefallen.

Willich fragte nach dem verehrten Gatten, der, so Jenny, in der Druckerei war. Und Willich brachte sein Anliegen vor: Er wollte sammeln für die Opfer von Herweghs Waterloo und war damit bei Gottschalk und seinem demokratischen Arbeiterverein auf Widerstand gestoßen. Da Marx mit Gottschalk sowieso nicht konnte, da der an Gott und die Religion glaubte, schien Willich bei Marx an der richtigen Adresse zu sein.

Und er schäkerte unverdrossen mit Jenny, hatte es sogar gewagt, sich an Marxens Schreibtisch zu lehnen. Sein Degen, den er offensichtlich trotz seiner unehrenhaften Armeeentlassung gerettet hatte, schepperte dabei ein wenig. In diesem Moment trat Marx, ich konnte – und wollte – nicht warnen, mit den neuesten Druckfahnen ins Büro. Willich sprang auf und Jenny rückte die rosaroten Rosen, die inzwischen eine Vase gefunden hatten, verlegen zurecht. Willich aber forderte in einer militärischen Übersprungshandlung nicht nur die Sammlung für Herweghs geschlagene Legion, sondern auch die Aufstellung einer neuen deutschen Legion. Was Marx sofort ablehnte, während er gleichzeitig einen bösen Blick auf Jenny warf. Auch Jenny hatte sofort ein Ablenkungsmanöver parat: Sie schimpfte, dass ihr berühmtes silbernes Besteck aus schottischem Adelserbe immer noch nicht in Köln angekommen sei, sondern von dem Beauftragten mitsamt der besseren Wäsche betrugsweise in ein Brüsseler Pfandhaus gebracht worden und dort nur durch Berappen von 400 Francs einzulösen sei. Marx versprach, sich darum zu kümmern.

Ich löste die peinliche Situation – nun, es war ja noch nichts geschehen –, indem ich hurtig eintrat und mich höchst interessiert nach den Druckfahnen erkundigte. Willich nutzte meine Anwesenheit, um gleich mir seine grandiosen Verbesserungsvorschläge unserer revolutionären Arbeit vorzutragen.

»Was nützt das ganze Schreiben, meine Herren, wir brauchen eine Armee und wir brauchen Waffen. Waffen, Waffen, Waffen …«

Jenny fand dies durchaus amüsant, zumal Willich auch noch Schokolade für »die drei kleinen Racker«, wie er sich ausdrückte, hervorholte.

Marx schwankte nun auch und gegen alle Vernunft fing er an, im Hinterzimmer Vorderlader zu horten. Ich muss gestehen, ich widersprach der Sache nicht heftig genug, ja, sie machte mir auch Spaß.

Ein weiterer Zeitgenosse, zu dem Jenny freundschaftliche Beziehung knüpfte, war der Uhrmacher Joseph Moll, der uns Anfang des Jahres den Auftrag für das Kommunistische Manifest überbracht hatte. Sie nannte ihn, was für Jenny ungewöhnlich war, bei seinem Spitznamen: »Jupp«. Moll war Mitglied der zentralen Leitung des Bundes der Kommunisten, in Köln rege tätig und wurde schließlich zum Präsidenten des Arbeitervereins gewählt. Auch er ging in der Redaktion ein und aus – und Jenny genoss es, in der Blüte ihrer Reife von revolutionären Männern der Tat umschwärmt zu sein. Nun, auch Moll war ein ansehnlicher Bursche, aber auch hier war die gegenseitige Schwärmerei wohl eher platonischer Natur. Und ich muss sagen: Männer wie Willich und Moll waren auch mir durchaus sympathisch.

Im September 1848 spitzte sich die Lage zu, die Reaktion erholte und organisierte sich allüberall und der Druck auf das Frankfurter Paulskirchen-Parlament stieg. Wir hatten zwar keine großen Sympathien für die konstitutionellen Monarchisten, die die Mehrheit in der Nationalversammlung stellten, welche just auch noch in einer ehemaligen Kirche tagte, doch gleichwohl mussten wir hier aushelfen.

Mit Schiffen, auf denen ich schon mal neben schwarz-rot-goldenen auch rote Fahnen anbringen ließ, schipperten wir den Rhein hinab. Und an den Rheinwiesen kam es zu einer großen revolutionären Kundgebung, auf denen mindestens 10 000, wenn nicht gar 100 000 Proletarier, Handwerker und radikale Bürgerliche sich versammelten. Wie viele es wirklich waren, kann ich selbst nicht sagen, denn ich hatte meine Brille verlegt, redete aber trotzdem mit zugekniffenen Augen vor einer Masse Mensch, die ich nur undeutlich erkannte. Jedenfalls machte meine Rede mächtig Eindruck. Ich forderte die Nationalversammlung in Frankfurt auf, die Errungenschaften der Revolution zu sichern. Nach mir folgte einer, der, das muss ich heute zugeben, noch besser agitieren konnte als ich: Ferdinand Lassalle.

Die Mägde hatten Aveling hereingelassen und Tussy war hocherfreut, ihn zu sehen, auch wenn ihr Zustand ihm jämmerlich vorkommen musste. Allmählich fing sie sich. Der Gnom war überaus zärtlich zu ihr, strich ihr durch ihr schwarz glänzendes, krauses, etwas sperriges Haar, und Tussy beruhigte sich, fiel gar in einen wohligen Zustand und die Anmut, die er so an ihr bewunderte, kehrte in ihr Gesicht zurück. Aveling hatte sich hierher getraut, obwohl er dem General noch Geld schuldete, und Tussy wagte es jetzt, ihn um einen großen Gefallen zu bitten. Er sollte mit dem General reden und ihn davon überzeugen, dass sein Testament falsch war. Er musste ihr und Laura alles geben, auch die Briefe, nur so war der Marx'sche Nachlass als Ganzes zu erhalten und nur so konnte sie, ehrgeizig wie sie war, sein Erbe in jeder Weise fortsetzen. Aveling, dauergeil wie immer, versuchte – sozusagen als Vorauszahlung – etwas Liebe, oder was er darunter verstand, mit ihr zu machen, doch Tussy war absolut nicht in der Lage und auch nicht bereit dazu. Er sollte erst mit Engels sprechen. Tussy gab ihm genaue Anweisungen und einen Brief, den ihre Schwester auf ihre Bitte hin geschrieben hatte.

Und tatsächlich: Aveling wagte sich in das Schlafzimmer des Generals, einen günstigen Moment ausnutzend, denn das frisch getraute Ehepaar Freyberger war außer Haus, um Einkäufe für Louise, vermutlich ging es um teure Kleider, zu erledigen. Denn die Kuh mit den Pantheraugen hielt Tussy für so geschwächt, dass man ihr durchaus einige Stunden lang das Feld überlassen könne. Mit der Ankunft Avelings hatten sie und ihr schmieriger Antisemit nicht gerechnet.

Engels war schon ziemlich unter Alkohol und begrüßte Aveling äußerst zuvorkommend. Sie plauderten freundlich über Gott und die Welt. Aveling erzählte von seinem Nierenabszess, den man ihm erst kürzlich herausoperiert hatte, und wie geschwächt er noch sei, und Engels versuchte erst gar nicht, ihn mit seiner »Angina« und seinem Schlaganfall zu übertrumpfen, denn der General wollte baldmöglichst seine Matratzengruft verlassen und nicht so wie Heine dort verenden. Ein General im Bett ist überhaupt lächerlich, dachte er sich, als Aveling plötzlich wie zufällig – in solchen Fällen war Tussys Mephisto äußerst geschickt – Lauras Brief aus seinem Jackett zog.

Da Engels momentan noch weitaus schlechter als je zuvor sah, ließ er sich den Brief von Aveling vorlesen. Die zentrale Frage lautete: »Was wird aus den Manuskripten?«

Engels schien gerührt von den ehrlichen Sorgen der Marx-Töchter und nachdem Aveling ihm nochmals einen Cognac eingeschenkt und selbst sich auch das feine Getränk gegönnt hatte, gab er sich großzügig. Tussy hatte sich draußen angeschlichen und glaubte fast nicht, was sie da hörte. Selbstverständlich würden Mohrs Manuskripte und Papiere für seine Töchter sicher aufbewahrt werden und sie seien ausschließlich für sie bestimmt. Klarer und deutlicher ging es nicht.

Tussy konnte sich nun nicht zurückhalten, sie riss die Tür auf, stürmte hinein und umarmte Engels, der zum Glück nichts mehr in seinem Glas hatte, wäre doch sonst der edle Brand verschüttet worden. Und zu allem Überfluss versprach Engels auch seinen Briefwechsel mit Marx und als Dreingabe auch den mit einem Mann, mit dem er und Marx in ähnlicher Hassliebe wie mit Bakunin verbunden gewesen waren. Einen Briefwechsel, den Tussy fleißig transkribiert hatte und den sie herausgeben wollte und der jetzt ebenfalls verschlossen in einer der Schränke des Generals lag, den Briefwechsel mit Ferdinand Lassalle.

Lassalle

Die Erwähnung des Namens führte beim General zu einem weiteren Energieschub. Lassalle war ja der Redner nach Engels, an jenem Septembertag 1848 auf den Rheinweisen, gewesen, und Lassalle hatte die Zuhörer, Revolutionäre und Demokraten mitgerissen.

Und Engels erzählte und erzählte:

Lassalle hatte wie Marx jüdische Wurzeln und sich ebenfalls schon früh als Auserwählten gesehen. Mit 15 wollte er ähnlich Karl schon für die heiligsten Zwecke der Menschheit kämpfen, plädierte aber schon hier und im Gegensatz zum Trierer Jungen dafür, die Wahrheit mit physischer Gewalt zu unterstützen. Mit 20 schrieb er ein Kriegsmanifest gegen die Welt, reklamierte für sich das Recht des Tigers und behauptete ernsthaft: »Vom Kopf bis zum Zeh bin ich nichts als Wille.«

Wie Marx studierte er Hegel in Berlin und bekam von seinem Vater, einem Seidenwarenhändler, noch mehr Geld als Marx. Er kleidete sich immer extrem vornehm und teuer und, wer wollte es ihm verdenken, er schloss in Paris wie Mohr Freundschaft mit Heine, der ihm »den größten Scharfsinn, der ihm je vorgekommen sei« in einem Brief bescheinigte, den er fortan wie einen Lorbeerkranz zur Schau stellte.

Natürlich musste ein so Auserwählter auch eines Tages uns begegnen. Doch zuerst begegnete er der 20 Jahre älteren Gräfin Hatzfeldt, der er, inzwischen Rechtsanwalt, bei ihrer Scheidung von einem wohlhabenden und mächtigen preußischen Feudalherren, dem Grafen Edmund von Hatzfeldt, half. Graf Edmund wollte seine Angetraute zwar loswerden, aber sein Vermögen behalten. Schon während des Scheidungsprozesses half Lassalle ihr nicht nur als »Generalbevollmächtigter« mit Winkeladvokatie und Rechtsbrüchen, sondern nahm seine Bevollmächtigung auch so wahr, dass er die Gräfin mit seinem Riemen bediente.

»General, spart Euch endlich Eure Altherrensprache.« Aveling gab Tussy einen Stoß in die Rippen. Die Hand, die einen füttert, beißt man nicht. Gleichzeitig stellte sich bei ihm durch Engels' Erzählung schon mal der Kamm.

»Nun ja, liebste Tussy«, fuhr Engels fort, »sein überbordender Geschlechtstrieb war letztlich auch Lasalles Verhängnis.«

»Das wollen wir jetzt aber gar nicht hören«, warf Tussy ein.

Jedenfalls bewährte sich Lassalle als glänzender Ritter für seine Gräfin und erstritt ihr ein riesiges Vermögen sowie ihre Liebe, und beides kam auch ihm zugute.

Nun, während der Revolution landete er im Frühjahr 1848 im Knast, er soll die Entwendung einer Kassette aus des Grafen Eigentum, die sich in der Wohnung von dessen Mätresse befand (Grafen kommen nicht ohne Mätressen aus und die nicht ohne Kassetten), beauftragt haben, was er in einer sechsstündigen revolutionären

Rede vor Gericht bestritt. Wie auch immer, Marx und ich gingen für ihn auf die Straße und zeigten uns hiermit als seine Anhänger. Und Marx lieh der zwischenzeitlich blanken Gräfin sogar Geld. Was zeigt, wie großzügig er – leider – war, besaß er mal etwas. Nun, Lassalle kam frei, bot Marx an, in der *NRZ* mitzuschreiben, ja gar sie mitzufinanzieren. Was uns durchaus gelegen kam. Schließlich sprach er auf den Rheinwiesen und agitierte das Volk, die Revolution weiterzutreiben und sich mit »Gut und Blut« für die Nationalversammlung zu Frankfurt am Main einzusetzen, sollte die preußische Konterrevolution weiter fortschreiten.

Die Massen waren durch uns elektrisiert und wir glaubten schon, am Ziel unserer Wünsche zu sein. Doch die Reaktion schlug zurück.

Versüßte Flucht

In Köln wurde der Ausnahmezustand erklärt. Lassalle und ich mussten fliehen. Und Marx hielt die Stellung, denn klugerweise hatte er auf den Rheinwiesen nicht gesprochen und blieb so erst einmal von einer Verhaftung verschont. Jenny dankte ihm dies, denn einen weiteren Umzug, so glaubte sie, hielte sie nicht aus.

Doch Marx wetterte in der *NRZ* gegen die Übergriffe des preußischen Militärs – und prompt wurde die *NRZ* verboten.

Schon vorher hatte ich vergeblich versucht, 1 000 Taler von meinem Alten für die *NRZ* zu organisieren. Der aber hatte erklärt, dass er uns lieber 1 000 Kugeln hinterherschicken würde. Die Verhaftung von Lupus, welcher auch auf den Rheinwiesen agitiert hatte, und ein Steckbrief, der mich als schnell redend denunzierte und meine Körpergröße zu klein angab, veranlassten mich, Köln schleunigst Richtung France zu verlassen.

Während Marx weiter für die Wiederzulassung unserer Zeitung kämpfte. Im Oktober statteten ihm Soldaten mit aufgepflanztem

Seitengewehr einen Besuch ab, und beinahe wäre unser Waffenlager im Hinterzimmer entdeckt worden. Doch Marx, noch im Morgenrock, ließ sich von Jenny zwei Pistolen in die Taschen des Rocks stecken, sodass die Knäufe heraussahen, und erschien so erneut vor den tapferen Regierungssoldaten. Und die, man möchte es kaum glauben, bekamen große Augen und verdrückten sich beim Anblick der ungeladenen Pistölchen.

Meine Flucht geriet derweil zur unfreiwillig freiwilligen Weinprobe durch die Rebenhügel des Burgund. Und welche Tropfen! Welche Verschiedenheit, vom Bordeaux zum Burgunder, vom Burgunder zum schweren St. Georges, Lünel und Frontignan des Südens – und von diesen zum sprudelnden Champagner!

Und die Korken knallten in Regent's Park Road. Der General war aufgestanden und sie saßen bei Tisch und die Mägde hatten Engels' berühmten Hummersalat zubereiten müssen, streng nach dem Rezept des Generals. Engels konnte sich gar nicht mehr bremsen. Der Champagner perlte und der General sprudelte, schwebte zurück ins Frankreich des Herbstes 1848.

La belle France! Welch Mannigfaltigkeit des Weißen und des Roten, vom Petit Mâcon oder Chablis zum Chambertin, zum Château Larose, zum Sauterne, zum Roussilloner, zum Ai Mousseux! Und wenn man bedenkt, dass jeder dieser Weine einen verschiedenen Rausch macht, dass man mit wenig Flaschen alle Zwischenstufen von der Musardschen Quadrille bis zur Marseillaise, von der tollen Lust des Cancans bis zur wilden Glut des Revolutionsfiebers durchmachen und sich schließlich mit einer Flasche Champagner wieder in die heiterste Karnevalslaune von der Welt versetzen kann. Und auf jedem Schritt fand ich die heiterste Gesellschaft, die süßesten Trauben und die hübschesten Mädchen.

Tussy schritt diesmal nicht ein und ließ den General weitererzählen, denn keinesfalls wollte sie seine günstige Stimmung trüben. Und Engels besann sich auf Köln.

Und während ich der revolutionären deutsch-französischen Freundschaft huldigte, Wein trinkend, Trauben essend, mit Winzermädchen im Grase liegend, erreichte Marx in Köln die Wiederzulassung der *NRZ*. Doch die Konterrevolution in Paris, in Wien und Berlin marschierte bereits und Marxens Töne wurden nun deutlich radikaler:

»Vae victis! Wehe den Besiegten. Die resultatlosen Metzeleien seit den Juni- und Oktobertagen, das langweilige Opferfest seit Februar und März, der Kannibalismus der Konterrevolution selbst wird die Völker überzeugen, dass es nur ein Mittel gibt, die mörderischen Todeswehen der alten Gesellschaft, die blutigen Geburtswehen der neuen Gesellschaft abzukürzen, zu vereinfachen, zu konzentrieren, nur ein Mittel – den revolutionären Terrorismus.«

Und er schloss sich der Steuerverweigerungskampagne an, und jede Ausgabe der *NRZ* wurde nun mit dem Aufdruck »Keine Steuern« versehen.

Das war selbst im noch liberalen Köln des Guten zu viel. Marx wurde vor das Instruktionsgericht zitiert.

Hunderte von Menschen, darunter Jenny mit dem vierjährigen Jennychen an der Hand, begleiteten Marx vor das Justizgebäude und die Menge machte klar, dass sie ihn gewaltsam befreien würden, sollte er verhaftet werden. Als er dann bald darauf als freier Mann das Gebäude wieder verließ, wurde er mit einem donnernden Hoch empfangen. An mich schrieb er: »La Revolution marche!« Leider war dem aber nicht so – und Marx machte sich damit selbst Mut.

Mir ging derweil das Geld aus und dasjenige, das die Alten mir auf meine flehentlichen Bitten nachsandten, kam nie bei mir an. Ich bat Marx – vermutlich das einzige Mal in meinem Leben, sonst war es umgekehrt – um etwas Mammon, der auch kam.

1849

Marx begrüßte die Jahreswende 48/49 mit Schillers und Beethovens »Seid umschlungen Millionen«. Doch die Millionen waren müde und wollten nicht. Schon gar nicht den revolutionären Weltkrieg, den Marx für das Jahr 1849 proklamierte.

Nachdem aber Gottschalk und andere freigelassen worden waren und ich sondiert hatte, dass man mich bei meiner Rückkehr nicht verhaften würde, was ich nicht so schlimm gefunden hätte, wäre nicht das Zigarrenrauchen in der Untersuchungshaft verboten, wagte ich mich zurück.

Wir hatten die Hoffnung auf eine proletarische Revolution aufgegeben, hofften aber, dass die bürgerliche wenigstens gelänge. Denn die Bourgeoisie würde durch den Aufbau der Industrie für die materiellen Mittel einer neuen Gesellschaft sorgen. Die Arbeiter und Kleinbürger, so riefen wir ihnen in der *NRZ* zu, sollten lieber in einer modernen bürgerlichen Gesellschaft leiden als unter der Knute des feudalen Preußentums. Zumal sich die Bourgeoisie ja dann mittels der Entwicklung der Produktivkräfte ihre eigenen Totengräber schaffen würde. Nur sah es bald so aus, als würden die derzeitigen realen Totengräber auch diese von uns jetzt bevorzugte Revolution zu Grabe tragen.

Die Trottel der Nationalversammlung in der Frankfurter Paulskirche trugen gar dem preußischen König Friedrich Wilhelm die Kaiserkrone an, die dieser als Reif aus Dreck bezeichnete, die den Ludergeruch der Revolution trüge und die er selbstredend brüsk ablehnte. Und was machte die Nationalversammlung? Sie verabschiedete endlich eine Verfassung, doch hinter der stand keine Macht.

Wir forderten die Volksbewaffnung, mit der wenigstens das Paulskirchen-Parlament gerettet werden sollte.

Und als ich erfuhr, dass es sogar in Barmen revolutionäre Kämpfe gab, eilte ich in meine schmutzige Heimatstadt, erklärte mich zum Barrikadeninspektor und ließ schon mal die schwarz-rot-goldenen Fahnen auf diesen Hindernissen durch rote austauschen, was den

Bürgern gar nicht gefiel, am wenigsten meinen Alten, die auf dem Weg zum Kirchgang mich auf den Barrikaden hantieren sahen. Mama bekam diesmal nicht ihre Migräne, sondern fiel in Ohnmacht.

Weil ich meine Erzeuger so schändlich behandelt hatte und weil die alleinige Farbe Rot ihnen nicht gefiel, wurde ich kurzerhand meines Postens enthoben und ritt wieder zu Marx nach Köln.

Die *NRZ* stand vor dem Aus, kein Geld, keine Aktionäre und auch kein revolutionärer Elan mehr. Und Preußen zeigte sich mal wieder von seiner perfidesten Seite. Die *Neue Rheinische Zeitung* wurde nicht verboten, sondern fast alle Redakteure verhaftet oder ausgewiesen. Marx und ich bekamen, wenn ich recht gezählt habe, unsere vierte Ausweisung. Aber das kümmerte uns erstmal nicht. So druckten wir, die noch Übriggebliebenen, darunter Marx, deine Mutter und ich, die letzte Ausgabe, Nr. 301, komplett in Rot, »ein Feuerbrand in Form und Inhalt«, wie deine Mutter es kommentierte. Und Ferdinand Freiligrath, der edle Dichter, schrieb allen noch ein hoffnungsvolles Gedicht ins Stammbuch.

Wenn die letzte Krone wie Glas zerbricht,
In des Kampfes Wettern und Flammen,
Wenn das Volk sein letztes »Schuldig!« spricht,
Dann stehn wir wieder zusammen!
Mit dem Wort, mit dem Schwert, an der Donau, am Rhein –
Eine allzeit treue Gesellin
Wird dem Throne zerschmetternden Volke sein
Die Geächtete, die Rebellin!

Marx und ich eilten nach Frankfurt, während Jenny resümierte: »Die Bourgeoisie atmete auf, der Kleinbürger machte von Neuem Geschäfte, die kleinen liberalen Philister ballten die Fäuste in der Tasche, die Arbeiter wurden vertrieben, gemaßregelt, und die Männer, die mit Feder und Schwert für das Reich der Armen und Unterdrückten gekämpft hatten, sie waren froh, im Ausland für Brot arbeiten zu dürfen.«

Und sie zog sich mit Lenchen und den Kindern wieder einmal nach Trier zurück.

In Frankfurt trafen wir uns – auch Lupus war dabei – in der Säulenhalle der Paulskirche mit einigen linken Abgeordneten, deren Sprecher Ruge war.

»Du musst dich täuschen«, warf Tussy ein. »Ruge war zu der Zeit schon nicht mehr in Frankfurt!«

»Doch, es war Ruge.«

Tussy insistierte nicht weiter. Und Engels erzählte jetzt voller Stolz.

Ich trug ihnen meinen Plan vor, den einzigen, der meines Erachtens die Revolution retten konnte, und ich bin auch noch heute überzeugt, dass er sie gerettet hätte.

»Ruge! Willich und andere haben eine neue Badische Aufstandsarmee ins Leben gerufen. 8 000 bis 10 000 Mann dieser disponiblen Truppen im Süden können binnen zweier Tage mit der Eisenbahn nach Frankfurt transportiert werden, und zwar zum Schutz der Nationalversammlung. Die hessischen Regierungstruppen zeigen sich geschockt von den Aufstands-Truppen. Sie sind notorisch günstig gestimmt für die Badenser. Wir können sie durch solch einen Coup auf unsere Seite ziehen, ebenso die hier stationierten Kurhessischen, Württemberger und Darmstädter Truppen. Auch die dortigen Preußen, meist Rheinländer, schwanken. So könnten wir die Insurrektion …«

Ruge stand wortlos mit steinernem Blick vor uns, sodass Marx in einer Spitze gegen ihn das Fremdwort übersetzte: »Den Aufstand …«

Ruge verkniff das Gesicht. Er hatte die Provokation verstanden.

»… bis ins Herz Hessens und Nassaus tragen, den Rückzug der Preußen und Österreicher nach Mainz erzwingen und die Nationalversammlung unter den Schutz einer insurgenten Bevölkerung und einer insurgenten Armee stellen. Bricht dann der Aufstand an der Mosel, in der Eifel, in Württemberg und in Franken nicht sofort los, so sind genug Mittel vorhanden, um ihn auch in die Provinzen zu tragen.«

Und Marx ergänzte: »Der zentralisierten Macht des Aufstands müssen dann genügend Geldmittel zur Verfügung gestellt werden und durch sofortige Abschaffung der Feudallasten ziehen wir die Landbevölkerung, die Bauern auf unsere Seite. Herstellung einer Zentralmacht für Krieg und Finanzen und Ausgabe von Papiergeld.«

Und ich brachte es auf den Punkt: »Das ist unsere allerletzte Chance!«

Und Ruge, Ruge schwieg einfach, sodass wir das Gebrabbel aus dem Plenarsaal hören konnten. Bis einer der anderen Kasper, die ihn begleiteten, herausplatzte:

»Es wird niemand wagen, sich an unserer Nationalversammlung zu vergreifen!«

Sollten wir lachen, sollten wir heulen?

Ich fragte: »Wie naiv seid ihr?«

Und dann polterte Ruge plötzlich los:

»Was glaubt ihr Träumer denn eigentlich, wo wir hier sind?«

»In der Paulskirche«, wandte ich ein.

»Ich könnte nicht einmal die linke Seite des Parlaments davon überzeugen, jetzt mit der Kritik der Waffen zu kommen.«

Das war eine Spitze gegen Marx, eine Retourkutsche.

Karl: »Dann ist der Spuk in wenigen Wochen vorbei!«

Ruge blieb hart: »Euer Ansinnen ist schlicht und einfach aussichtslos!«

»Dann seid ihr und eurer Laberverein dem Tod geweiht. Ich kann's nicht glauben!«

»Komm, Engels, es hat keinen Sinn …«

Er zog mich weg.

Einer der Begleiter Ruges, vermutlich sein Assistent, hob plötzlich zum Abschied sarkastisch scherzend die Hand und rief:

»Morituri te salutent!«

Ich ging noch mal zurück und versetzte ihm eine schallende Ohrfeige.

»Salutant, es heißt salutant!«

Die Zeit der Gewaltlosigkeit war endgültig vorbei. Ich sah noch, wie Ruge seinem aus der Nase blutenden Sekretär ein weißes Taschentuch reichte und uns mit ziemlicher Häme nachsah, bevor er wieder im Säulengang des dem Untergang geweihten Parlaments verschwand.

Und noch heute bin ich der Überzeugung, dass uns Ruge nicht half, weil er damals beim Privat-Kommuneversuch in Paris an Jenny gänzlich gescheitert war.

Tussy: »Du meinst, wenn sich Mutter damals geopfert hätte, wäre alles anders gekommen …«

»Das mag etwas übertrieben sein, aber manchmal kann eine nicht erwiderte Liebe eine Welt umstürzen … oder eine versagte Vereinigung die Konterrevolution begünstigen.«

»Falls Ruge damals noch in Frankfurt gewesen ist«, wandte Tussy erneut ein.

»Er war es«, gab der General kurz und knapp zurück und erzählte weiter.

Weg war auch alles Geld. Die Erbschaft des alten Marx. Jenny musste zum dritten Mal den Hausstand auflösen und verkaufte erneut unter tatkräftiger Hilfe Lenchens die Möbel. Und das eben mit Weyweys Hilfe aus einem Brüsseler Pfandhaus ausgelöste schottische Tafelsilber landete wieder im Pfandhaus, diesmal in Frankfurt. Und wieder kehrte Jenny, inzwischen erneut hochschwanger, mit dreieinhalb Kindern und Kopfschmerzen nach Trier zurück. Caroline, die alte Mutter, war diesmal recht unfreundlich, ihr ging das »Zigeunerleben« ihrer Tochter, wie sie sich ausdrückte, gehörig auf den Geist. Jenny wollte zurück nach Paris, doch vorerst blieb ihr nichts anderes übrig, als bei der schlecht gelaunten und schwächelnden Mama zu bleiben. Mutter und Tochter mieden sich. Von »Sorgen, Angst und kleinlichen Qualen aller Art«, berichtete Jenny. »Ich gehe hier nicht auf Rosen.« In ihrer Heimat konnte sie nicht mehr frei atmen. Trier ist »das kleinste, erbärmlichste Nest, voll von Klatsch und lächerlicher Lokalvergötterung«.

Sie ahnte noch nicht, wohin sie das Schicksal führen sollte.

Und wieder waren Jenny und Karl getrennt.

»Selbst der Gedanke, dass mein treuer Karl bisher noch ziemlich glücklich allen Gefahren entkommen ist, ängstigt mich.«

Sieben Jahren Trennung waren sieben Jahre des vereinten leidlichen Glücks gefolgt. Wusste Jenny, dass jetzt drei Jahrzehnte Leid und ganz, ganz wenig Glück folgen würden?

Marx und ich schlugen uns derweil nach Süden durch. Kam der Berg nicht zum Propheten, ging der Prophet zum Berg. Wir wollten die Badener doch noch dazu bewegen, mit ihrer Revolutionsarmee die Paulskirchen-Schwätzer zu schützen. Ich hörte, Willich, der preußische Offizier auf unserer Seite, sei bei den Badenern. Ich wollte Kontakt zu ihm. Bei Darmstadt wurden Marx und ich verhaftet, aber bald wieder freigelassen. Endlich erreichten wir Willich in Speyer. Auch auf der Seite der Badener gab es keine Einsicht in die Notwendigkeit, nach Frankfurt zu ziehen. Nur Willich und Uhrmacher Moll vom Bund wollten mitmachen, wurden aber überstimmt. Beide begrüßten uns herzlich. Und ich beschloss, mich der Revolutionsarmee anzuschließen, allerdings nicht den Badenern, sondern den Pfälzern. Wie Willich – und der machte mich zu seinem Adjutanten. Marx wollte nicht mittun. Sein Platz lag woanders, nicht an den Gewehren oder den Kanonen. »Ich schieße zu schlecht«, sagte er immer, »die reale Kritik der Waffen überfordert mich.« So trennten wir uns. Er strebte wie Jenny zurück nach Paris.

Und ich zog mit Willich in den Kampf.

Guerilla

»Nur im Sturz von 36 Thronen
Kann die deutsche Republik gedeihen;
Darum, Brüder, stürzt sie ohne Schonen,
Setzet Gut und Blut und Leben ein.
Für Republik zu sterben,
Ist ein Los, hehr und groß, ist das Ziel unseres Muts!«

So sangen die Freischärler auf der Eisenbahn. Für Republik zu sterben war also von nun an das Ziel meines Muts oder sollte es wenigstens sein. Ich kam mir sonderbar vor mit diesem neuen Ziel. Ich sah mir die Freischärler an, junge, hübsche, flotte Burschen. Sie sahen alle gar nicht aus, als ob der Tod für Republik vorderhand das Ziel ihres Mutes sei. Auch Uhrmacher Moll war dabei.

Ich will meine Waffenepisode hier kurz halten, von großem Heldentum kann ich nicht erzählen.

Wir kamen in die Pfalz. Die Pfälzer Bewegung hatte einen heiteren, sorglosen und ungenierten Charakter. Während jeder Badener Unterleutnant sich in eine schwere Uniform mit silbernen Epauletten einschnürte, verschwanden bei den Pfälzern in der Hitze der Junitage 1849 alle Westen und Krawatten, um einer leichteren Bluse Platz zu machen. Man hatte sich auch die bis dahin herrschenden schwerfälligen, pedantischen alten bayerischen Bierseelen vom Hals geschafft und an ihrer Stelle fidele pfälzische Schoppenstecher zu Beamten ernannt. Die Herstellung der Kneipfreiheit war der erste revolutionäre Akt des pfälzischen Volkes: Die ganze Pfalz verwandelte sich in eine große Schenke. Selbst der reaktionärste Spießbürger und Bauer wurde hineingerissen in die allgemeine Heiterkeit. Alle Klassen der Gesellschaft kamen in den gleichen öffentlichen Kneipen zusammen, und ein sozialistischer Schwärmer hätte in diesem ungebundenen Verkehr die Morgenröte der allgemeinen Brüderlichkeit sehen können.

Doch bald kamen die Preußen. Am Tage vor derem Einrücken hatte die Pfälzer Erhebung 5 bis 6000 Mann mit den unterschiedlichsten Gewehren, darunter 1000 bis 1500 Sensenmänner. Ja, tatsächlich: Männer, nur mit einer Sense bewaffnet, wie im Bauernkrieg über 300 Jahre zuvor und wie bei Herwegh. Mit den Sensenmännern war vollends nichts anzufangen, sie standen überall im Wege und waren zu nichts zu gebrauchen.

Ich war der Überzeugung, dass in regulären Feldschlachten mit dieser dilettantischen Truppe und den ungünstigen Kräfteverhältnissen nichts zu machen sei. Die einzige Taktik, die hier funktionieren könnte, war die Taktik, die man Guerilla-Taktik nannte. Als ich Willich den entsprechenden Vorschlag machte, fragte er scherzhaft, welche Rebsorte das denn sei. Ich konterte, es sei vermutlich eine Art Trollinger, jedenfalls blutrot. Wir lachten, obwohl uns eigentlich nicht zum Lachen war. Willich wusste, was ich vorschlug: Mit kleinen Einheiten und Nadelstichen aus dem Hinterhalt wollten wir den anrückenden Preußen begegnen. Dass ein Preuße gegen Preußen, dass Willich dazu die von mir vorgeschlagene Taktik anwandte, also mit Freischärlern gegen eine reguläre Armee vorzugehen, das war schon etwas merkwürdig – oder eben revolutionär. Willich aber blieb trocken und meinte:

»Schon Hermann der Cherusker hat gegen die Römer aus dem Hinterhalt gekämpft, warum nicht? Es lebe Hermann, der Guerilliero!«

Doch ist die Pfalz in strategischer Beziehung ein so einfaches Terrain, dass hier selbst die Preußen keine Schnitzer machen konnten. Von Saarbrücken her kommend, drangen sie schnell über Homburg in die Pfalz ein. Und die Sensenmänner gerieten bei Beschuss sofort in helle Aufregung. Einige Mainzer fielen den Preußen in die Hände, wurden sogleich an die Bäume gestellt und von den schnapstrunkenen Heroen des preußischen »herrlichen Kriegsheeres« ohne Weiteres erschossen. Mit dieser Niederträchtigkeit begannen die Preußen ihren »kurzen, aber ruhmvollen Feldzug in der Pfalz«.

Meine Feuertaufe erlebte ich bei Rinnthal. Wir hatten kaum einen Abhang erklettert, als wir auf freies Feld stießen. Wir wurden eingekesselt. Die Preußen schossen trotz ihrer Spitzkugelgewehre herzlich schlecht und trafen nicht. Der Kontakt zu Willich ging verloren. Uhrmacher Moll dagegen war bei mir und hatte eine besonders lange Büchse gebastelt. Damit holten wir einen preußischen Offizier vom Pferd, der nicht geglaubt hatte, dass unsere alten Büchsen so weit reichten. Ich musste endlich sehen, wo Willich war. Meine Leute versprachen, die Stellung zu halten, ich kletterte den Abhang hinunter. Doch da verließen unsere Freischärler dummerweise die Stellung. Die Preußen kamen hinterher, zwangen uns zum Rückzug. Das Gefecht war verloren. Uhrmacher Moll erhielt einen Bauchschuss und starb in Gefangenschaft.

Er war tot und der Kampf für die Republik vergeblich. Ich erinnere mich, recht aufgewühlt gewesen zu sein und vor mir selbst unser Heldentum heftiger Kritik unterzogen zu haben. Eine Kritik, die ich später in meinem offiziellen Bericht verbarg. Nach erneuten verlorenen Gefechten zogen wir uns immer weiter nach Süden zurück. Wir erreichten schließlich nach Tagen die Schweizer Grenze.

Willich und ich wollten uns hier in einer letzten Schlacht dem Feind stellen, doch die Schweizer erklärten, uns nur ins Land zu lassen, wenn wir die Waffen ablegten. Willich und ich waren trotz der bisher wenig heldenhaften Erlebnisse für den Kampf, wurden aber überstimmt. Wir gingen waffenlos ins Schweizer Exil. Die demokratische Revolution war gescheitert.

Wir befanden uns alle auf der Flucht. Der Tod des Freundes Moll traf vor allem Jenny hart. Sie war tief berührt. Doch was jetzt kam, war nicht weniger tragisch.

Denn die Marx-Familie trat nun ihren Leidensweg an. Es war wie, das sei mir als Agnostiker gestattet … wie ein Kreuzweg.

Von Trier ging es nach Paris, dort hatte ebenfalls die Konterrevolution gesiegt. Und wieder über Brüssel fahrend, landeten sie in London. Der endgültigen Endstation. Ohne Geld, mit fast nichts, aber drei Kindern und einem in Jennys Bauch, hielten sie Einzug in der größten Stadt der Welt. Mohr mit struppigem Vollbart, abgetragen gekleidet, zog mit Jenny einen Wagen. Die geborene Baronesse von Westphalen hatte Jennychen am Arm und Laura. Musch, der Kleinste, war auf den Rücken gebunden.

»Vor Tagen hast du das alles noch bestritten, General«, warf Tussy spontan ein. Doch Aveling stoppte sie mit einem kurzen Blick.

Der General lächelte. Tussy begriff dies als Zustimmung und fuhr fort.

Konterrevolution

London unterschied sich zu jener Zeit eigentlich nur in einem von Manchester: Es war ein noch größeres Babylon. Und am schlimmsten war Soho. Keine Kanalisation, überall Kloaken, menschlicher und tierischer Kot, unerträglicher Gestank und der Rauch von Abertausenden Kohlefeuern, die die Fabriken in Gang und die Wohnhäuser leidlich warm hielten. Zeitweise mussten sogar das House of Lords und das House of Commons, Ober- wie Unterhaus an der Themse ihren Betrieb einstellen, wenn die Mischung aus Nebel und Rauch, The Great Stink, das Atmen fast unmöglich machte.

Die Marxens, Karl, Jenny, Lenchen, Jennychen, Laura und Musch, bezogen zwei Zimmer in der Dean Street 64, Soho, und so lebten sie fortan in bedrückender Enge, Not und auch Schmutz. Das vierte Kind kam, Guido, ein Junge, benannt nach einem Fähnrich, Guy Fawkes, der 1605 versucht hatte, König und das House of Lords in die Luft zu sprengen, und sich damit der Sympathien großer Teile der Unterschichten erwarb. Guido bekam den Spitznahmen Föxchen, doch er machte seiner Mutter nur Sorgen.

Und Tussy erinnerte sich daran, was ihr Möhne später erzählt hatte. Jenny konnte sich keine Amme leisten und versuchte, das Kind selbst zu säugen, doch »der kleine Engel trank mir so viel Sorgen und stillen Kummer ab, dass er beständig kränkelte, Tag und Nacht in heftigen Schmerzen lag. Seit er auf der Welt war, hatte er nachts höchstens zwei bis drei Stunden geschlafen. In der letzten Zeit kamen noch heftige Krämpfe hinzu. In diesen Schmerzen sog er so stark, dass meine Brust wund ward und aufbrach; oft strömte das Blut ihm in sein kleines bebendes Mündchen.«

Während Jenny um das Leben ihres Kindes kämpfte, begann Karl, umgeben von drei tobenden Kindern, an seiner *Kritik der politischen Ökonomie*, seiner Theorie des Kapitalismus zu arbeiten.

Und Lenchen, die oft ohne ausreichende und schon gar nicht gesunde Zutaten ein Essen für sieben Menschen zaubern musste, gelang es zur gleichen Zeit nicht, die Hauswirtin abzuwimmeln, die wegen ausstehender fünf Pfund Miete gleich zwei Gerichtsvollzieher dabeihatte, die sofort die halbe Habe der Marxens in Beschlag nahmen: Betten, Wäsche, Kleider, selbst Föxchens Wiege und die Spielsachen der Mädchen. Nur die aufziehbare Eisenbahn samt Gleisen und Signalen hatte der dreijährige Musch geschickt zwischen Karls Manuskripttürmen versteckt. Die Marxens sollten zudem vor die Tür gesetzt werden. Der Tag war grau und regnerisch. Karl unterbrach seine Arbeit und machte sich auf die

Suche nach einer neuen Wohnung, die zu bekommen ohne Geld aber mit vier Kindern und drei Erwachsenen nahezu unmöglich war.

»Da kam meine zweite halbe Fünfpfundnote«, warf der General ein.

Engels hatte nämlich angefangen, Fünf-Pfundnoten auseinanderzuschneiden und in zwei getrennten Briefen an die Marxens zu schicken, um sie wenigstens vor dem totalen Absturz zu retten.

Doch Tussy war der Ansicht, dass dieses Mal ein Freund, von dem sie den Namen nicht mehr wusste, mit einem Fünfer geholfen hatte.

Wie auch immer, damit war das Drama noch lange nicht zu Ende. Angelockt durch die Pfänder, die die Sachen herausgeschleppt hatten, kamen jetzt der Apotheker, Bäcker, Fleischer und der Milchmann mit ihren Rechnungen und stürmten auf Jenny ein.

Die entschloss sich nun, die übriggebliebenen Betten zu verkaufen, die nach draußen auf einen großen Karren geladen und natürlich feucht wurden. Doch jetzt, es war gerade Sunrise, und Karl irrte immer noch nach einer neuen Wohnung suchend durch London, kam erneut die Wirtin mit zwei Konstablern, also Polizisten, und behauptete, es wären auch Sachen von ihr unter den verkauften Betten. Jenny jedoch verteidigte die Einrichtungsgegenstände, die ihr ja gar nicht mehr gehörten, wie eine Löwin. Ihm Nu sammelte sich der Mob von halb Soho, an die 200 Gaffer, und genossen das nächtliche Schauspiel. Mit dabei ein Mann, dessen Bowler endlich passte und nicht mehr auffiel: Spitzel Stieber. Der betrachtete sich – man kann es nicht anders sagen – amüsiert die Bettenkämpfe. Die Wirtin behauptete, Jenny würde mit ihrem, dem angeblichen Eigentum der Wirtin, durchgehen, und die Baronesse widersprach ihr laut.

Später telegrafierte Stieber, er hatte inzwischen wieder ein ansehnliches Büro, diesmal ganz für sich allein und nicht im Hinterzimmer eines nervenden Handwerks, sondern hübsch bei den Templern, an der bisweilen aber leider auch stinkenden Themse gelegen. Er kabelte, inzwischen verschlüsselt, nach Berlin und vergaß nicht, Ferdinand von Westphalen zu seinem neuen Posten zu gratulieren. Ferdinand hatte es endlich geschafft: Er war im Zuge der Konterrevolution Innenminister von Preußen geworden. Tatsächlich trat er seinen Posten ohne großen Pomp an. Jetzt unterstand ihm der gesamte Geheimdienst und er würde nicht nur tüchtige Leute wie Stieber mit nach oben nehmen, sondern auch ganz oben für Ordnung sorgen. Und so ließ er, insgeheim natürlich, sogar den Kronprinzen Wilhelm beschatten. Schließlich war der während der Revolution auch kurzzeitig – wir erinnern uns – unter dem Namen Lehmann nach London geflohen und hier vielleicht vom Geist der parlamentarischen Demokratie infiziert worden. Und die hatte schließlich nicht nur in Frankreich, sondern auch in England einem Emperor, Charles I., den Kopf gekostet. So schien es Ferdinand durchaus notwendig, den Kronprinzen (und späteren Kaiser) – zu seinem eigenen Schutz – auf Herz und Nieren zu prüfen, damit er fürderhin in Preußen – wo das Jahr 1848 gezeigt hatte, dass selbst hier Revolutionen möglich waren – nicht auch noch seinen Kopf verlöre. Noch größere Sorgen als die eventuell demokratische Infektion Wilhelms machten dem neuen Innenminister aber die erbärmlichen Lebensverhältnisse seiner Halbschwester Jenny.

Geldtransfer war für ihn nur die allerletzte Möglichkeit, die Ultima Ratio, da sie ja die Verbindung mit dem Kommunisten-Häuptling perpetuierte. Zugkräftiger schien es ihm, Karl endlich des Ehebruchs überführen und so seine Schwester von diesem geistigen Weltverderber trennen zu können. Gleichzeitig musste mit den Resten des Kommunismus in Preußen aufgeräumt werden. Also beorderte er Stieber nach Rheinpreußen zurück, wo den verbleibenden Anhängern des Kommunismus der Prozess gemacht werden musste.

Stieber folgte dem Ruf seines Herrn und gab den Beobachtungsbowler weiter an einen seiner Untergebenen, bedauerte aber, das schöne Büro verlassen zu müssen.

In der Dean Street konnte inzwischen dank einer weiteren Geldlieferung meinerseits (erneut schickte ich zwei halbe Fünf-Pfundnoten, und solcherhand Lieferung perpetuierte ich) eine neue, ebenso beengte Wohnung Nr. 28 bezogen und einige der Betten zurückgekauft, gar eine neue Wiege angeschafft werden. Doch die Wiege kam zu spät. Am 15. November 1850 starb Guido Föxchen, der gerade mal ein Jahr auf der Welt gelebt hatte.

Jenny war völlig verzweifelt und bekam einen konvulsivischen Wein- und Wutkrampf. »Mein ganzes Vermögen habe ich gegeben, dennoch müssen wir hausen wie die Tiere!«

Karl war hilflos und zeigte stolz das Tafelsilber, als wollte er sagen: Schau doch, das habe ich gerettet.

»Was nutzt der schottische Fetisch, dieser dämliche Plunder, wenn unsere Kinder sterben müssen. Ich will mein Kind wiederhaben!« Und sie warf das Besteck samt Kasten vom Tisch.

»Jeden Tag wünsche ich mir, ich läge mit dem toten Kind im Grab!«

Jenny (6), Laura (5) und Musch (3) wirkten völlig verstört. Die Mädchen fingen an zu weinen. Musch aber versuchte seine Mutter zu trösten, indem er die gerettete Lok und ein Signal aus dem Papierberg seines Vaters hervorholte.

»Schau, Möhne, auch ich hab was saved!«

Karl strich dem Jungen übers Haar, hob ihn hoch, und die Mädels klammerten sich jetzt plötzlich auch an ihren Vater, als könnten sie so dem Drama in der verwahrlosten Wohnung entgehen.

Doch Jenny verlor nun völlig die Beherrschung.

»Ich möchte lieber 100 Klafter tief unter der Erde liegen, als so fortzuvegetieren!«

Die Mädels heulten immer mehr. Lenchen kam aus der Küche, fasste sich ein Herz, entriss Karl die Mädels und expedierte sie in die Küche.

Doch Musch, auch immer recht kränkelnd, wollte bei seinem Vater bleiben.

»Alles habe ich gegeben, alles, und das ist die Ernte: Du schreibst an deinem dämlichen ökonomischen Buch und wirst und wirst nicht fertig, und wir alle nagen am Hungertuch und ein Kind nach dem anderen wird uns sterben!«

»Nun übertreibe bitte nicht, Herzensliebchen.«

Jenny schrie: »Ich kann nicht mehr!«, warf sich auf den Boden, und zum ersten Mal hörte Karl kein Kleiderrauschen, als weigere sich der Stoff, die prekäre Lage zu kommentieren.

Musch war der Einzige, der in dieser Situation helfen konnte.

»Möhne, dear Möhne, ich male dir ein Bild, a nice picture und ich mache dir, I write you a loveletter, weil ich kann nämlich schon schreiben, you know!?«

Karl setzte ihn ab und Musch deponierte Lok und Signal sorgsam auf dem Tisch, um dann die Haare der am Boden kauernden Jenny zu berühren. Die richtete sich halb auf und nahm Musch heftig in den Arm, sodass der gleich husten musste. »Oh, Musch, Musch, wenn ich dich nicht hätte.«

Emigranten

Tussy aber spann den Faden weiter:

Karl flüchtete in die Bibliothek des Britischen Museums, um alles, was es über Ökonomie zu lesen gab, zu lesen und um diesem Drama zu entkommen. Und von Monat zu Monat steigerte sich das Unglück. Ein weiteres Kind wurde 1851 geboren, Franziska. Auch sie überlebte nur ein Jahr und lag dann tot neben den drei lebenden Kindern und dem Ehepaar Marx, das sich dazugelegt hatte, und alle weinten und weinten.

Etwas Ablenkung brachte ein ebenfalls aus Preußen geflohener junger Mann namens Liebknecht. Wilhelm Liebknecht, wohnhaft mit seiner Frau unweit von uns in der Church Street. Er wurde gleich bei seiner Ankunft einem schwierigen Examen unterzogen, er musste mit Karl und Engels (der zu Besuch war) durch die Pubs von Greenwich ziehen und beim Vertilgen von Beef, schwarzbraunem Stout (Bier) und Pfeiferauchen mithalten. Auch wenn er sich nicht schlecht schlug, so konnte er doch beim Politisieren den beiden Gottvätern kein Paroli bieten und wurde alsbald von ihnen abwechselnd als Vieh, Rindvieh oder Esel bezeichnet. Kaum zu glauben, dass aus diesem unbedarften Grautier, wir Kinder nannten ihn *Library*, weil er ununterbrochen in Büchern schmökerte, immer welche unter dem Arm trug, über Bücher redete und wie aus einem Buch sprach, ein Massenagitator werden sollte. Denn dieser papierene Mensch, der dabei aber auch ganz nett war, schaffte es immerhin Jahre später, zusammen mit dem karierten Spitzbart Bebel und dem von Mohr und General als »Itzig« verhöhnten Lassalle, zu den Gründern der SPD zu gehören. Möhne behandelte ihn bald wie einen großen Sohn, und wir konnten ihn auch gut leiden, ließ er sich doch fast alles gefallen.

In jener Nacht aber waren Marx, Engels und Liebknecht sogar noch auf Mohrs alten Lehrmeister Bruno Bauer gestoßen, der inzwischen auch im Londoner Exil lebte und Karl längst die Angriffe vor Jahren aus dem Pariser Exil verziehen hatte. Man trank weiter und Marx geriet in Streit mit einigen Engländern, denen die deutsche Sprache nicht passte und die Preußen, ja Deutschland als ein Land der Barbaren bezeichneten. Karl lobte Beethoven und seine 9. Symphonie und, um eine Schlägerei zu vermeiden, drängten ihn seine Trinkkumpane nach draußen. Dort zerdepperten die drei dann noch die eine oder andere Gaslaterne und flohen dann vor dem pfeifend anrennenden Bobby.

Am Morgen nach diesem »Examen« wurde Liebknecht, noch mit pumpendem Schädel, gleich ganz früh wieder geweckt von Musch, der Schienen vor sein Bett gelegt hatte und die kleine Aufziehlok schnaubend drauf fahren ließ. »That's my puffing billy.«

An Schlaf war nicht mehr zu denken.

»But wir zeigen dir die neue Locomotiv and her breath, die *Rocket*! Stand up, get up.« Und Karl war auch schon wach. »Library, Sie müssen aufstehen, gleich. Wir zeigen Ihnen das neue Stahltier des Kapitalismus, von dem ich Ihnen gestern erzählt habe.«

Liebknecht wusste nicht, wie ihm geschah. Er konnte sich an diesen Teil der gestrigen Erzählung auch nicht erinnern, wie ihm sowieso ein Großteil des bestandenen »Examens« fehlte. Er wurde rausgezerrt, ungewaschen in Klamotten gesteckt und in die Regent Street geschleppt. Und da stand schon eine ganze Menschentraube vor dem Schaufenster. War es das Kaufhaus Liberty? Ich weiß es nicht – jedenfalls war es in der Regent Street. Karl verschaffte sich und Musch sofort Platz ganz vorn. Da kannte er nichts, und Musch half ihm dabei, trat gegen Schienbeine, zwickte und stellte seine Ellenbogen aus. Liebknecht aber war höflich und blieb am Rand der Traube stehen, sodass er nichts sehen konnte. Im Nu hatten ihn Mohr und Musch herangezogen, traten dabei auf verschiedene Füße, provozierten Aua-Rufe und Geschimpfe, aber standen schließlich samt Library vorn. Und was war zu sehen? Kein Pferd, sondern eine kleine Eisenbahn. Und sie fuhr mit Elektrizität. Man muss sich das vergegenwärtigen, wir schrieben das Jahr 1850. Musch war an Mohrs Hand und drückte seine Nase an der Scheibe platt.

»König Dampf hat ausrangiert«, polterte Mohr los. »An seine Stelle tritt ein ungleich größerer Revolutionär: der elektrische Funke!« Liebknecht schämte sich ein wenig, jetzt in vorderster Front zu stehen und so lauthals auf Deutsch, also als Ausländer – ihm kam langsam der letzte Abend in Erinnerung – angesprochen zu werden.

»Der ökonomischen Revolution muss jetzt notwendig die politische folgen!«, rief Marx weiter ungeniert aus. Liebknecht war noch etwas ungläubig über diese doch allzu einfache Wendung. Doch Mohr kam gleich mit der griechischen Mythologie.

»Die Elektrizität ist das Danaer-Geschenk, das sich die Bourgeoisie in suizidaler Verblendung selbst macht. Das Trojanische Pferd, das sie in ihr Ilios einführt und das ihr das sichere Verderben bringen wird. Essetai hmar, kommen wird der Tag, da die heilige Ilios hinsinkt.«

Nun, die Elektrizität kam, eine neue Produktivkraft, die die Grenzen der kapitalistischen Produktionsweise sprengen sollte, und sie kam immer mehr. Aber nichts sank dahin, im Gegenteil, der Kapitalismus stabilisierte sich und brachte auch den Proletariern, natürlich nur weil sie sich – mit unserer Hilfe – organisierten, winzige Lohnzuwächse.

Schlimm war für uns damals: Es schien keine Möglichkeit zu geben, aus der bitteren Armut Sohos zu entfliehen.

Karl hatte jedoch eine Idee, so erzählte Engels weiter. Er empfahl Jenny, sie solle doch zu Onkel Philips – sein Sohn gründete später die berühmte Glühbirnen-Firma, die damit reichlich Profit machte – nach Holland reisen und ihn um Geld bitten. Was sie tatsächlich auch tat. Sie bezeichnete solche Aktionen bekanntermaßen als »Raubzug«, und es sollten diesem noch mehrere andere folgen. Das Reisegeld kam wieder von mir.

Und woher hatte ich es? Nun, ich war weiter von Marxens Genie überzeugt und dieses Genie (samt seiner Familie) konnte und durfte ich nicht verhungern lassen. Also war ich endlich, zwar zögerlich und ohne große Lust, dem Ruf des Vaters gefolgt und hatte mich in die Verwaltung von Ermen & Engels in Manchester einbinden, ich würde sogar sagen: einkerkern lassen. Legal und illegal, nach bürgerlichen Begriffen, zweigte ich aus dem Betrieb meines Vaters das allgemeine Äquivalent, genannt Geld, ab und ließ es Marx auf dem schon beschriebenen Wege zukommen. Wobei ich der Post Ihrer Majestät Königin Victoria ein großes Lob aussprechen muss. Schickte ich den Brief morgens ab, kam er schon abends bei den Marxens an, sandte ich ihn abends, war er am nächsten Morgen da.

Nun, meine Tätigkeit in Manchester hatte auch Vorteile, einer davon hieß Mary Burns, mit der ich erneut Tisch und Bett teilte. Auch ihre Schwester Lizzy war wieder mit dabei, mit der ich allerdings nur den Tisch teilte. Und die zweite Wohnung für Vaters Besuche ließ ich auch wieder anmieten. Meine Eltern waren nunmehr von meiner angeblichen Bekehrung so begeistert, dass mir Vater einen, ich muss es zugeben, nicht ganz billigen heißblütigen Hengst schenkte, den ich ab und an auf der Jagd erprobte. Auch Marx hatte Verständnis für diese Anschaffung, konnte ich ihm doch vermitteln, so in der Lage zu sein, einer künftigen proletarischen Revolution voranzureiten. Gleichwohl glaubten wir nicht mehr so richtig daran, nachdem uns 1848 das Bürgertum und das Proletariat enttäuscht hatten, da Letzteres seine historische Rolle nicht hatte erfüllen wollen.

Der subjektive Faktor in Marxens und auch in meinen Werken, das klassenbewusst handelnde Proletariat, geriet etwas ins Hintertreffen und vor allem Marx widmete sich mehr und mehr den objektiven ökonomischen Verhältnissen, deren Bewegungen ihn jetzt noch deutlicher interessierten als vorher. Diesen Bewegungsgesetzen wollte er endlich auf die Spur kommen.

Lenchen kümmerte sich um den Haushalt und die Kinder, und Marx tauchte immer mehr ein in die Ökonomie des Kapitals.

Und brauchte er praktischen Rat von einem Menschen aus der Unterklasse, so fragte er Lenchen, unsere Nim, die ihm ihren Standpunkt, den der Bäckerstochter und Magd aus dem Saarland, klarmachte, die von Kindesbeinen an hart hatte arbeiten müssen, ein sonniges Gemüt, hellwachen Verstand und energischen Zugriff auf alle Probleme des Haushalts zeigte sowie den Kindern eine liebevolle Amme war.

Tussy: »Du warst der General, aber Nim war die Generalbevollmächtigte und wie eine zweite Mutter für uns.«

Engels lächelte etwas gequält und berichtete weiter.

»Abends, wenn die Kinder schliefen, ließ Nim Marx, der, seinem analytischen Genie zum Trotz, ein jämmerlich schlechter Schachspieler war, oft gewinnen, schlug ihn aber auch ab und an, um sein Ego nicht in schädliche Tiefen abdriften zu lassen. An einem dieser Abende, 1850, während Jenny den Onkel in Holland bearbeitete, muss es dann geschehen sein.«

»Was?«, fragte Aveling sofort mit seiner bohrenden Stimme nach. Tussy versuchte, den Gang der Erzählung zu stoppen.

»General, bitte nicht …«

Doch Engels musste es endlich herauslassen, auch in Avelings Gegenwart:

»Nun, ich hab's dir vor Tagen auf die Tafel gekritzelt, als ich gar nicht mehr sprechen konnte, und jetzt, wo eine Besserung eingetreten ist, muss es heraus, und ich weiß, dass du es schon länger weißt, was hier geschehen ist, und deine Ohnmacht, als du den Schiefer gelesen hast, war herrlich schön.«

Tussy: »Ja, General, ich geb's ja zu, ich wusste es, ich wusste es, aber müssen es noch mehr wissen?«

»Aveling ist dein Mann und ich will endlich Klarheit schaffen, dass ich mit der Sache ausnahmsweise nichts zu tun habe.«

Engels sprach distanziert »von der Sache«. Aveling aber ahnte, was kommen würde, und preschte blitzschnell vor:

»Ich werde schweigen wie ein Grab!«

Tussy senkte den Kopf. Dann richtete sie sich auf, sah Aveling, dem dauergeilen Gnom, in die Augen und fragte mit fester Stimme:

»Schwörst du, dieses Geheimnis bei dir zu behalten bis in dein Grab?«

»Was immer es ist, ich schwöre es!«

Und Engels fuhr fort:

»Wir wissen nicht, wie es geschehen ist, ob mit Gewalt …«

»Niemals!«

»Es war niemand dabei.«

Aveling wurde immer neugieriger.

Engels: »Nun, Lenchen war ein hübsches Ding, etwas grob gebaut, bäuerlich eben, doch verströmte sie eine eigentümliche stille Erotik.«

Tussy: »Men's fantasy!«

»Und Karl war bislang immer treu gewesen, während ich nichts hatte anbrennen lassen.«

»Jetzt wird's spannend!« Aveling zeigte ein recht widerliches Interesse an dem sich entfaltenden Drama, jener geheimen Geschichte, von der er hoffte, dass sie schön klebrig ausgefallen war.

»Aveling, wenn du deine Klappe jetzt nicht hältst, fliegst du raus.«

»War doch nicht so gemeint«, säuselte er und strich Tussy wie unbeabsichtigt über den Handrücken, was bei ihr sofort Gänsehaut auslöste.

»Und Lenchen verehrte Marx wie keinen anderen. Vielleicht ging die Absicht auch von ihr aus.« Engels lehnte sich weit aus dem Fenster.

»Niemals!«

»Du wiederholst dich«, krächzte der Gnom zu Tussy, die sich seit längerer Zeit Marx-Aveling nannte, obwohl sie nicht verheiratet waren.

Und Engels wusste: »Sie zeigte durchaus gern ihren Hintern, wenn sie sich nach den großen Töpfen beugte.«

»Wie soll das auch anders gehen! Und ihr müsst auch immer hinsehen.«

»Nun, die Verhältnisse waren beengt, Karl seit Wochen von Jenny getrennt und Lenchen vermutlich noch eine Jungfrau, deren Säfte vorher nie hatten strömen dürfen.«

»Das wissen wir nicht, General.«

»Es bestand gegenseitige Zuneigung.«

»Und Marx fiel über sie her!«, geilte sich Aveling jetzt richtig auf.

»Raus!« Tussy klang hart, sehr hart. Aveling reagierte erst nicht.

»Get out, right away!« Ohne ein weiteres Wort verzog sich der Zwerg, horchte aber hinter der Tür.

»Wie konnte Mohr das Mama nur antun.«

Erstmals hatte er gehört, wie sie »Mama« und nicht »Mutter« oder »Möhne« oder »Jenny« sagte.

»Und das in der Situation, kein Geld, im allerletzten Loch und das nicht gesichert, keine Möbel, drei Kinder, das vierte und fünfte tot und Mama nervlich am Ende. Eine ganz große Gemeinheit«, empörte sich Tussy weiter.

»Ich bin nicht der moralische Richter deines Vaters. Wir haben nun mal Triebe und vielleicht hat es beiden Spaß gemacht.«

»Es ist und bleibt gemein und die Ursache all unseres Unglücks.«

»Tussy, du weißt nicht, was du sagst, deine Eltern haben sich immer geliebt, immer.«

»Dann hätte er so etwas nicht machen dürfen …«

»Menschen machen Fehler!«

»Es war eine Sünde …«

»Erzähl nicht diesen Unsinn! Es ist nun mal passiert.«

Nun, Marx hatte Lenchen verführt, vergewaltigt oder bedrängt, in jener Sommernacht des Jahres 1850, er war 30 und Lenchen 28, und sie hatte vermutlich nachgegeben, aus Verehrung, aus Liebe oder aus Lust. Keiner weiß es und niemand hat es je erfahren, nicht einmal, ob es nur eine einmalige Geschichte war. Schweigen ruhte Jahrzehnte über dieser Tat. Tussy hatte alle Möglichkeiten durchgespielt, sogar Engels, ja Willich, der um diese Zeit mehrfach aufgetaucht war, ins Kalkül gezogen und war zu keinem Ergebnis gekommen, wie es genau abgelaufen war. Einzig, dass ihr Vater sich mit Helena Demuth aus dem saarländischen St. Wendel vereinigt hatte, schien gewiss.

Die Folgen aber waren tatsächlich katastrophal. Lenchen wurde schwanger. Und als Jenny aus Holland zurückkam vom geizigen Onkel, ohne Erfolg und ohne Geld, und als Lenchens bzw. Nims Bauch immer dicker wurde, da kroch in Möhne der Verdacht hoch, wer dies angerichtet haben könnte, und Mohr geriet in Panik, schrieb an Engels, sprach von »Mystère« und »Tragikomik«, musste den Brief verstecken, als Jenny zufällig hereinkam.

Und er bat Engels in einem weiteren Brief, den Laura und ich mit all den anderen schlimmen Briefen verbrannt haben, ihm zu helfen, ihm seine Ehe zu retten und seine Liebe zu Jenny, da er ohne sie nicht leben könne. Und Engels überlegte hin und her, wollte keinesfalls das Genie in den Abgrund stürzen lassen, zu wichtig war ihre Mission der Befreiung des Proletariats und der Menschheit. Fragen der kommunistischen Moral interessierten den General dabei wenig. Die Ehe war eh nicht sein Ding, und das Geschwätz im Bund ging ihm am Arsch vorbei. Aber um Karl davon abzuhalten, Hand an sich zu legen oder sich zu Tode zu saufen, um das alles zu verhindern, ließ Engels das Gerücht streuen, er sei der Vater. Wobei Lenchen nun wirklich nicht sein Typ war, er liebte Riesinnen und Kurtisanen, Proletarierinnen mit kräftigen Händen, französische Weinleserinnen, aber keine Bauernmädchen mit saarländischem Dialekt.

Und Lenchen weigerte sich beharrlich, den Namen des Vaters preiszugeben, »ich saahn's eich net, never!«, während man den Sohn Frederick nannte nach seinem vermeintlichen Vater, der aber nicht so dumm war, sich im Taufregister als solchen eintragen zu lassen. Jenny wiederum wollte über die Sache nicht sprechen, suchte gar nach einer Pflegefamilie, war trotzdem tief getroffen und wusste ziemlich genau, wer seinen Saft in Lenchen gespritzt hatte, denn der kleine Kerl aus Nims Schoß hatte Marxens Augen und dessen schwarze krause Haare. Auch zu Karl sagte Möhne kein Wort, doch als er ihr wenige Tage nach dem unglücklichen Ereignis beiwohnen wollte, verweigerte sie sich ihm. Karl wagte auch gar nicht zu fragen, warum, er wusste es, sie wusste es.

Und so drehte Jenny sich weg und weinte leise unzählige Tränen, Tränen, die keiner sehen sollte. Lenchen aber heulte Rotz und Wasser, als man ihr ihren Freddy wegnahm und zu einer subproletarischen Familie namens Lewis gab, in der sie Säuferin und er der noch größere Säufer war. Der Junge schien von vorneherein keine Überlebenschance zu haben. Lenchen überlegte ernsthaft, ob sie sich in die Themse stürzen sollte, aber sie fand Ertrinken ziemlich schrecklich, zudem in diesem schmutzigen Brackwasser, das wollte sie nicht. Ein Mädchen wie ich, ein Mädchen aus St. Wendel bringt sich nicht um, sagte sie zu sich und lief weinend durch die Straßen von Soho. »Freddy, Freddy, Freddy, bist doch mein Ein und Alles!« Aber Freddy war weg und Nim allein. Allein unter den Marxens. Und alle spielten sie das Spiel mit. Mohr, Möhne, der General und Lenchen, die als Letzte in der Hierarchie wohl mitspielen musste. Nie hat sie deswegen je ihr sonniges Gemüt abgelegt und Jenny war ihr auch nicht böse, denn sie wusste, Lenchen hatte vermutlich nichts dafür gekonnt und war die Letzte, die man dafür verantwortlich machen konnte. Und außerdem ging ohne Lenchen nichts in diesem Chaos, sie war der ruhende Pol in der Dean Street, London Soho. Und als Lenchen anbot – natürlich ohne irgendetwas zuzugeben – zu verschwinden, da bestand Jenny darauf, dass sie bliebe.

Sie war ihre Freundin, das Mädchen, der sie Lesen und Schreiben beigebracht und die ihr das Kochen, das Waschen, das Saubermachen und andere schwerste Arbeit abgenommen hatte und abnahm, die sich rührend um alles kümmerte. So einer konnte Jenny nicht böse sein. Ansonsten wollte sie über das »Ereignis« mit niemandem sprechen, war aber der Überzeugung, dass es zur Vermehrung ihrer »äußeren und inneren Sorgen beitrug«.

Und da es nach dem Tod von Franziska lange, lange keinen weiteren Nachwuchs gab, ich war die Nächste, aber erst drei Jahre später, war mir klar: Karl musste lange ohne Sex auskommen, sich selbst der Nächste in Sachen Liebe sein und all seine Energie in die Produktion des Buches, das einmal *Das Kapital* heißen sollte, stecken, sein Lebenswerk. Doch die Arbeit an dem Buch machte ihn krank. Am meisten leid taten mir aber Nim und der kleine Freddy – ihnen war übel mitgespielt worden.

Engels war eingedöst und Tussy kam aus dem Schlafzimmer. Aveling stand an der Tür und sagte nichts.

In der Nacht konnte Tussy nur schwer einschlafen trotz Chloral, einem üblen, süchtig machenden Schlafmittel, das groß in Mode und sehr gefährlich war. Auch einen Annäherungsversuch Avelings, den das Horchen an Engels' Schlafzimmertür aufgegeilt hatte, wehrte sie ab. Schließlich fiel Tussy in eine lange Ohnmacht.

Wilde Träume plagten sie.

Sie sah Lenchen und Marx, wie die beiden, nur beleuchtet von einer Kerze, Schach spielten, wie Nim lächelnd mit dem Königsgambit seine Stellung zerpflügte und bald seine Dame eroberte, wie er scheinbar unbeabsichtigt beim Figurentausch ihre Hand streifte – Tussy bekam auch im Schlaf eine Gänsehaut –, wie Lenchen ihn lächelnd (auffordernd?) ansah, wie eine Figur zu Boden ging und Karl Nim, die sich nach unten beugte, an ihren Po fassen wollte, sich aber nicht traute. Wie er trotz verlorener Stellung weiterspielte, wie seine schwarzen Haare, sein schwarzer Bart im Flackern der einzelnen Kerze immer düsterer und raubtierhafter erschienen, als sei er ein gefräßiger großer Löwe, wie er schließlich über sie herfiel, Figuren auf den Boden stürzten, sich drehten und fortkullerten, die Kerze erlosch, wie er Nim im Dunkel auf die Chaiselongue zerrte, sie noch »bitte net« hauchte, er ihr die Unterwäsche herunterzog, seinen Hosenschlitz öffnete und sich nicht einmal die Mühe machte, seine Beinkleider abzustreifen. Wie er stöhnte wie ein Rhinozeros und Nim in der Schwärze der Nacht in der schrecklich engen Wohnung nur leise wimmerte. Oder war es Lust, leise Lust? Oder lächelte sie gar, es war nicht zu sehen. Tussy versuchte, sich hin- und herzuwälzen, doch es ging nicht, und jetzt sah sie inmitten der Dunkelheit die Schatten der beiden Körper auf der Chaiselongue und hörte, wie Karl sich schließlich laut aufschreiend entleerte, beinahe die Kinder weckte, sodass Nim ihm die Hand auf den Mund legte. Lächelnd? Oder lüstern? Tussy verlor den Traumfaden.

Sie wachte auf, spürte Schmerzen im Unterleib, die langsam den ganzen Rücken hinaufkrochen, und gewahrte, wie Aveling während ihres Schlafs, ihres Albtraums, in sie eingedrungen war und jetzt genau die Rhinozerostöne von sich gab, die sie im Schlaf gehört hatte. Sie wollte sich wehren, doch Aveling hatte starke Arme und klammerte sich so an ihr fest, wie sie Marx an Nim sich klammernd gesehen hatte. Aveling schrie auf. Und Tussy wollte tot sein.

Wohl Stunden später erwachte sie erneut aus ihrem ohnmachtsähnlichen Schlaf durch großen Lärm. Lärm, den die Hexe am Morgen verbreitete. So hatte Tussy gar keine Zeit, darüber nachzudenken, ob sie verrückt geworden und was Traum, was Realität gewesen war.

Tussy verspürte solche Rückenschmerzen, als sei eine Schnellpostkutsche oder ein Dampfwagen über sie gefahren, sie konnte nicht aufstehen. Und jetzt hörte sie draußen Avelings Stimme, die von Freyberger und dann die Stimme des Generals und immer wieder die der heulsusenden Hexe.

Die beschwerte sich, man wolle sie enterben, sie in die Gosse stoßen, und Freyberger stimmte ihr zu und schrie Aveling an. Der war ganz kleinlaut und Engels brummte:

»Zeig mir nochmal den Brief!« Einen Moment war es ruhig, die Hexe wimmerte nur leise, um Engels, im Morgenrock vermutlich und mit einer dicken Brille auf der Nase, nicht beim Lesen zu stören.

Und plötzlich donnerte der General los:

»Das ist eine Verschwörung. Du hast Tussy und Laura genötigt, das zu schreiben. Die beiden Mädels misstrauen mir – was wollen sie denn, eine gesetzliche Verfügung?«

Das veranlasste die Hexe, erneut loszulegen, und Freyberger quasselte ihn wieder an.

Ein einziges Getobe. Aveling, der nun wirklich in dem Fall unschuldig war, musste sich das alles anhören. Er sei nur der Überbringer. Der General müsse das Tussy schon selber sagen. Und dann polterte der General wieder, stieß offensichtlich fast orientierungslos an seine Möbel, fiel, so klang es jedenfalls, fast über einen Sessel, stieß schließlich die Tür zum grünen Zimmer auf und verlangte von Tussy eine Erklärung. Eine Erklärung, wo es nichts zu erklären gab, dass sie und Laura die Erbinnen waren und sonst nichts. Doch Tussy zog die Decke hoch bis zum Hals, die Rückenschmerzen verdoppelten sich, sie konnte nichts mehr sagen, sie konnte nur noch schreien.

Willich

Zum Schreien war auch, was Engels Tussy einst über die ersten Jahre nach der gescheiterten Revolution berichtet hatte. Stieber hatte ganze Arbeit geleistet. Die Kommunistenprozesse in Köln des Jahres 1852 waren in vollem Gange, das war die Rache Preußens an den Revolutionären und die Rache Ferdinands an seinem Schwager. Nur konnte er dessen nicht habhaft werden – noch nicht. Dafür waren alle irgendwie im Bund der Kommunisten tätig gewesenen Freunde und Bekannten von Marx und Engels in Untersuchungshaft genommen worden. Monatelang mussten sie in feuchten Zellen dahinvegetieren, ihre Verpflegung selbst bezahlen, wurden krank und mürbe. Es sollte Stiebers große Stunde werden (und natürlich Ferdinands, der sich im Hintergrund hielt). Stieber trat selbst als Kronzeuge auf, erzählte Beobachtetes und Erfundenes, fälschte Dokumente und angebliche »Originalprotokolle« der »Marx-Partei« und war in seinem Element. Doch Marx gelang es, aus dem fernen London – eine ideale Ablenkung vom privaten Lenchen-Drama – mit Hilfe von Freunden, ehemaligen Freunden wie Willich und mit Jennys Hilfe, Stiebers Lügen zu entlarven, was Ferdinand sehr zusetzte.

Dem Ex-Preußenoffizier Willich – er hatte wohl auch seine Spitzel – war es gelungen, den Fälscher in London ausfindig zu machen, und der gab schriftlich zu, für Stieber gearbeitet und sogar den roten Einband (!) der »Protokolle« angefertigt zu haben.

Hoffnung kam auf, es würde Freisprüche geben, doch Ferdinand wollte die Verurteilung und verhinderte, dass die Fälschungsbeweise beim Gericht ankamen. Zwar war die Fälschung auch so evident, trotzdem hagelte es Dutzende Jahre Festung. Und mehrere Angeklagte starben an der Isolationshaft, dem Essensentzug und den feuchten Zellen. Marx war tief bewegt und nahm sich vor, sich von tagespolitischen Aktivitäten zurückzuziehen.

Dabei störend war Willich, der Marx nicht nur mit seinen erneuten Revolutionsarmee-Ideen nervte, sondern erneut ungeniert Jenny den Hof machte. Und die ging, nachdem dessen Haudrauftaktik sie erst etwas verstört hatte, liebend gerne darauf ein.

Willich erschien oft in einer Art preußisch-revolutionärer Phantasieuniform und genoss seine Auftritte. Eines Tages tauchte er – wie schon in Köln – mit einem riesigen Blumenstrauß auf, weiße Rosen.

Es war Sonntagfrüh und Lenchen spielte mit Musch. Jennychen und Laura saßen in den großen Sesseln und lasen. Willich verteilte Schokolade an die Mädels und für Musch hatte er eine neue Dampflok dabei, nicht zum Aufziehen, sondern eine, die man sogar echt anheizen konnte. Musch war begeistert: »Steam, steam, steam-locomotion!«, und die Mädels zeigten sich leicht konsterniert über den unterschiedlichen Wert der Geschenke.

»Wo ist die Dame des Hauses?«

»S'Jenny schlaft noch!«

»Ich habe nicht viel Zeit!«

Und schon steuerte er auf das Schlafzimmer zu.

»Lass de Finger weg von dem Jenny sei Schlafzimmer!«

Willich hörte nicht und platzte ins Zimmer. Jenny, allein im Bett, schreckte hoch. Karl lehnte schlafend im Sessel, die Lenchen-Frederick-Geschichte war noch nicht lange her.

Willich streckte ihr seine Blumen entgegen. Jenny richtete sich auf, zog aber die Decke hoch ans Gesicht und rief halbseiden empört:

»Herr von Willich!«

»Das ›von‹ lassen Se mal weg, gnä' Frau, den Adelstitel habe ich längst aufgegeben!«

»Schön, Sie zu sehen, Willich, und was für schöne Rosen, aber Sie müssen schon verzeihen.«

»Weiß – wie die Unschuld!«

Marx hatte sich inzwischen auch vom Sessel hochgedrückt.

»Unschuldig ist hier gar nichts, Willich, Sie werden erlauben, dass ich Sie jetzt erst mal aus unserem Schlafzimmer entferne!«

Willich salutierte. »Zu Befehl, mein Chief of Communists!«

Der Chief of Communists war gar nicht erbaut, und doch saß man dann im unaufgeräumten zweiten Zimmer, die Mädels lasen, jetzt auf dem mit Spielzeug und anderen Dingen übersäten Boden, da die Sessel von den Erwachsenen gebraucht wurden. Und Musch spielte mit der neuen Eisenbahn, die ihm Nim geschickt angeheizt hatte und in saarländischem Englisch empfahl: »Don't verbrenn dir dei paws!«

Auch für Tee und Kekse, wo immer auch her, hatte sie gesorgt, und jetzt saßen die Kontrahenten sich gegenüber, verdeckt durch den gigantischen weißen Rosenstrauch, sodass sie sich nicht in die Augen sehen konnten und wohl auch nicht wollten, während Jenny, auf halber Höhe dazwischengeklemmt, gar nicht erst zu vermitteln suchte.

»Willich ist im Großen und Ganzen ein stattlicher Kerl«, dachte sie sich, genoss den Tee und die Kekse und genoss es auch, wie sich die beiden bekriegten.

Später schrieb sie, Willich habe sich bei ihnen eingenistet und versucht, »den Wurm, der in jeder Ehe stecke, herauszulocken«. Nun, sie ließ den Wurm damals durchaus bohren. War sie ja nicht diejenige gewesen, die ihn angelockt hatte. Und sie schien jetzt zu mehr als einem Flirt, wie in Köln, bereit, verriet dies aber nach außen nicht. Willich jedoch bewies, dass er sich nicht geändert hatte.

»Wir müssen unsere Truppen sammeln und endlich losschlagen!« Pathetisch haute er dabei mit der Faust auf den Tisch, wobei die Vase mit den Rosen beinahe umgefallen wäre, hätte Jenny nicht beherzt zugegriffen.

»Was für Truppen denn?«, fragte Marx berechtigterweise. London quoll über vor Flüchtlingen, vor »Fortyeigthers«, die froh waren, ihr Leben und das ihrer Familien gerettet zu haben. An bewaffneten revolutionären Kampf war in einer solchen Situation als Letztes zu denken. Außerdem widersprach ein solches Handeln Karls Theorie.

»Erst eine ökonomische Krise schafft die Voraussetzung für eine Revolution. Und die wird dann von den revolutionären Subjekten gemacht und nicht von einem stehenden Heer, einer Armee!«

»Mit einer Armee gewinnt man – und nicht mit Worten!«

Marx ärgerte sich immer mehr über Willich und zog sich schließlich zurück bzw. ging einfach in die Britische Bibliothek, zu der er mittels eines eigenen Schlüssels auch sonntags Zutritt hatte und wo er – auf seinem Platz Nr. 7 – unter der gigantischen Kuppel als einziger Besucher seine dicken Zigarren rauchen durfte.

»Lieber sich hier die Hämorrhoiden holen, als weiter das Geschwätz des Preußen zu ertragen«, war seine Devise.

Doch Karl hatte nun Willich das Schlachtfeld überlassen, das Schlachtfeld der Liebe, und so sehr auch Nim die zweite Kanne mit frischem Tee auf den Tisch knallte – der dann wieder nachgab, was Flecken auf der geblümten Tischdecke zur Folge hatte als auch einen bösen Blick von Jenny –, die beiden schäkerten ungeniert.

Als die Atmosphäre durch Nims ruppiges Verhalten unerträglich wurde, wagte es Willich, Jenny zu einem Spaziergang einzuladen, was die Möhne nicht ausschlug. Willich orderte eine Droschke, entführte Jenny nach Hampstead Heath und ging Arm in Arm vor aller Welt mit ihr spazieren.

Nim tobte innerlich, und als Marx spät heimkam, Jenny immer noch nicht zurück war und die Kids längst zu Bett lagen, flüsterte Nim Karl ins Ohr, was sie so alles vermutete, und Karl lief rot an.

Als Jenny endlich heimkehrte, leicht beschwipst vom Portwein, den sie mit ihrem Verehrer genossen hatte, lag Marx schon im Ehebett und weigerte sich, weiter auf dem Sessel zu schlafen. Jenny konnte ihn auch keinen Zentimeter bewegen und so musste sie erneut das Bett mit ihm teilen, drehte sich aber weg und nahm sich vor, Karl mit der Nagelfeile, die sie im Nachttisch deponiert hatte, abzuwehren, sollte er irgendwelche Annäherungsversuche starten. Doch das geschah nicht. So träumte und schlief Karl schlecht und Möhne schlief und träumte, mit Willich über London zu fliegen, oder war es Köln oder Trier, Absturz inbegriffen.

Am Tag dann schien alles wieder seinen gewohnten Gang zu gehen. Karl diktierte Jenny einen Artikel für die *New York Daily Tribune*, ja, er war Korrespondent geworden, Korrespondent für die größte Zeitung der Welt, und in den folgenden Jahren sollte er dadurch tatsächlich selbst etwas Geld verdienen, was allerdings auch nicht reichte, denn die Marxens gaben weiter und erneut mehr Bares aus als hereinkam.

Über 300 geistreiche Artikel sollte er fabrizieren (unter uns: Etwa ein Drittel schrieb ich, der General, aber immerhin). Marx earned money und unterrichtete dabei die fortschrittlichen Kräfte der Vereinigten Staaten von Amerika über die Geschehnisse in Europa.

Doch der Streit mit Willich – jetzt noch aufgeladen durch Eifersucht – schwelte weiter. Verschärft wurde das Ganze dadurch, dass auch Ruge in London weilte und sich auf Willichs Seite schlug. Bei einer Versammlung des Bundes der Kommunisten kam es zum Eklat. Willich und Marx beschimpften sich aufs Äußerte.

»Nur mit einer revolutionären Armee können wir die Sache noch gewinnen! Wir müssen sofort losschlagen, sonst ist es zu spät! Mein ehemaliger Adjutant wird mir zustimmen!«

Ich, der ich extra angereist war, hielt mich erst vornehm zurück. Vom militärischen Kampf hatte meine Wenigkeit die Schnauze voll, wenigstens fürs Erste.

Karl dagegen fuhr die größten Geschütze auf:

»Während wir den Arbeitern sagen: Ihr habt 15, 20, 50 Jahre Bürgerkriege und Völkerkämpfe durchzumachen, nicht nur um die Verhältnisse zu ändern, sondern um euch selbst zu ändern und zur politischen Herrschaft zu befähigen, sagt ihr im Gegenteil, wir müssen gleich zur Herrschaft kommen oder wir können uns schlafen legen.«

Nun, Willich fiel in dem Moment ein, dass er sich mit Jenny gern schlafen gelegt hätte; sie war trotz ihrer 48 Jahre immer noch eine äußerst attraktive Frau, mit immer noch leuchtenden Rehaugen und fast faltenlosen Gesichtszügen. Sie schien nicht zu altern.

Und so konterte Willich: »Dann müssen wir uns eben trennen, dann gibt es zwei kommunistische Bünde, einen schlafmützigen und einen handelnden!«

Natürlich war auch einer von Stiebers Leuten mit im Saal und schrieb aufmerksam mit. Da er aber nie Steno gelernt hatte, war er nicht in der Lage, zeitgleich mitzunotieren, und schmückte daher seinen Bericht später noch phantastisch aus. Obwohl das gar nicht nötig gewesen wäre, denn die Auseinandersetzung zeigte sich farbig genug.

Karl war jetzt außer sich:

»Willich, Sie sind ein biedermännisch-edler, spartanersuppiger Unteroffiziers-Sittenheuchler. Ein ordinärer, nein ein ganz ordinärer chevalier d'industrie, pillier d'estaminet – ein Hochstapler, ein Falschspieler, ein Schmarotzer.«

Das konnte sich Willich nicht gefallen lassen. Er warf Marx seine Handschuhe entgegen, die, da in feinster Seide, weit vor Karl zu Boden fielen, und forderte ihn tatsächlich zum Duell. Doch Mohr hatte nur Lachen für den Preußen übrig. »Solche Kindereien mach ich nicht mit, Willich, dass Sie mich abknallen und dann über meine Frau herfallen können!«

Ein heißblütiger junger Journalist namens Schramm hob nun die Handschuhe auf und schlug sie Willich um die Ohren. Man vereinbarte tatsächlich ein Duell. Da solcher Händel auf englischem Boden verboten war, begaben sich die Kontrahenten extra nach Belgien und zielten nahe Ypern am Strand aufeinander. Willich war Profi im Waffengebrauch und Schramm Laie, der vorher noch nie eine Pistole in der Hand gehabt hatte. Es knallte, und als der Pulverdampf verflogen war, lag Schramm mit Kopfschuss im feinkörnigen Sand.

Marx bekam, als er davon hörte, ein schlechtes Gewissen und mutmaßte, dass er vielleicht diesmal etwas zu weit gegangen war. Das sagte er natürlich nur zu sich und zu Jenny, die aber nichts davon hören wollte und einfach weiter und kühl und ohne jede Aussicht für ihn, je wieder in ihrem Schoß die Freuden der Liebe genießen zu können, seine Diktate entgegennahm oder seine Sauklaue in leserliche Schrift, ihre fein ziselierte, übertrug.

Umso erfreuter waren Marx und ich natürlich, als Schramm mit Kopfverband und fröhlich plappernd wieder auftauchte und erzählte, es sei nur ein Streifschuss gewesen, der ihn in den belgischen Strand gestreckt habe. »Nicht einmal schießen kann er, der Willich«, war Marxens Kommentar.

Nun, Marx tat ihm in dem Falle unrecht. Willich wanderte in die Vereinigten Staaten aus, las regelmäßig die Artikel von Marx (und mir, was er nicht wusste) und engagierte sich später für einen Mann namens Abraham Lincoln. Der hatte nämlich seinen Feldzug gegen die Sklaverei und die Südstaaten begonnen und Willich sah endlich ein revolutionäres Betätigungsfeld. In der Schlacht am Stones River, der von Chickamauga und der von Chattanooga stand er seinen Mann. Er brachte es bis zum Brigadegeneral und half mit seinem Einsatz tatsächlich dem Präsidenten der USA, die Sklaven zu befreien. Zu einer sozialistischen Revolution ließ sich Lincoln von Willich allerdings nicht überreden. Oder vielleicht doch, Willich meinte später, er hätte ihn beinahe so weit gehabt, da sei er erschossen worden. Alles Phantasterei (oder nicht?).

Jedenfalls verschwand nicht nur Willich von der Bildfläche, sondern auch der Bund der Kommunisten zerstritt sich endgültig und wurde von Marx und mir liquidiert.

Fortan enthielt sich Marx mindestens für ein Dutzend von Jahren jeder politischen Betätigung und widmete sich seinem Hauptwerk: der Kritik der politischen Ökonomie, später *Das Kapital* genannt.

Der Spitzel aber, um seinen Job bangend, berichtete Stieber in bühnenreifer Ausschmückung, Marx habe gesagt, seine Männer stünden auf dem Posten. »Der entscheidende Augenblick sei nahe und man treffe wirksame Maßnahmen, damit kein einziger der gekrönten Henker Europas entkomme.«

Stieber gab das sofort an Ferdinand weiter und wurde deshalb, trotz seiner dämlichen Fälschungen im Kommunistenprozess – schon vorher war er wegen Misshandlung von Untersuchungshäftlingen fast in Ungnade gefallen –, bald zum Chef der Kriminalpolizei ernannt. Geheimdienstchef wäre ihm lieber gewesen, aber auch so konnte man weiter die Kommunisten beobachten, und was nicht war, konnte ja noch werden.

Ferdinand wiederum, der wohl wusste, dass seine Spitzel fast immer übertrieben, machte sich jetzt trotzdem große Sorgen um seine Halbschwester. Würde sie beim Mord an den gekrönten Häuptern mitmachen, gar seinen König von Preußen aufs Schafott bringen?

Ihn schauderte es. In Albträumen sah er den Kopf des Kronprinzen (trotz Überwachung) erneut wackeln, von selbst abfallen und seine Schwester barbusig wie auf dem scheußlichen Bild von Delacroix, mit roter Fahne statt Tricolore, über ihn hinwegsteigen.

»Sie haben meinen Sohn nicht preußisch exact überwacht!«, hörte er die Königin schimpfen und der König zog seinen merkwürdigerweise schwarz-rot-goldenen Hut. Die Hohenzollern waren am Ende. Ferdinand ahnte ein böses Erwachen.

Leider hatten Ferdinands Agenten bei alledem versäumt, den tatsächlich stattgefundenen Ehebruch Mohrs zu belegen. Im Gegenteil. Ich wusste, dass wir auf Schritt und Tritt beobachtet wurden, und gab den kleinen Wurm Frederick höchstpersönlich bei den Fuhrleuten namens Lewis ab und überreichte dem Säuferehepaar an der Haustüre und für alle Augen sichtbar mehrere Pfundnoten. Den Spitzel gar sprach ich danach an, händigte ihm ebenfalls einen Fünfer aus und versprach ihm weitere Handsalben, wenn dieser nicht weitergab, dass Freddy mein eigen Fleisch und Blut sei. Und der Spitzel, der das für ihn ordentliche Sümmchen gern entgegennahm, berichtete natürlich prompt und ausführlich, dass ich, Friedrich Engels, der Vater des Rackers sei, obwohl sich im Geburtsregister mein Name nicht finden lasse.

Die List war gelungen. Marx von jeder Schuld befreit. Preußen erneut in die Irre geführt.

Tussy dagegen irrte durch London. Sie hatte ihre Rückenschmerzen mit Mitteln, die ihr Aveling, Dr. Aveling, zugesteckt hatte, betäubt, erst Opium und dann Chloral, das schon erwähnte Teufelszeug, das den bayrischen Märchenkönig Ludwig II. wie den Philosophen Nietzsche in den Wahnsinn getrieben hatte. Sie wusste das natürlich nicht, aber es wäre ihr auch egal gewesen, Hauptsache, die Schmerzen schlichen sich davon. Und in Wirklichkeit irrte sie auch nicht, sondern hatte nur ein Ziel.

Sie schellte und bald ging die Tür auf und ein Mann, er mochte Mitte 40 sein, mit freundlichen braunen Augen, schwarzen Locken und schwarzem Schnauzbart, öffnete ihr und bat sie herein. Es war Freddy, Frederick Lewis-Demuth, der Sohn von Mohr und Nim.

Freddy hatte alles überlebt, seine saufenden Pflegeeltern, seine böse Frau, seinen Stiefsohn und all die Streitereien in den Trade Unions und der Labour Party, deren Mitglied er war. Wie Tussy – aber nicht ganz so stark – hatte er sich politisch betätigt und fürs Proletariat gekämpft, denn er war ein echter Prolet, Büchsenmacher. Und Tussy hatte sich anfangs ein bisschen verguckt in den eher schüchternen, sanftmütigen und bescheidenen Kerl, aber eben – er war auch ein Karl. Erst als ihr schockierend klar wurde, dass es sich um ihren Halbbruder handelte, hatte sie sich gestoppt, war aber immer der Meinung gewesen, sie und ihre Schwester Laura hätten an Freddy vieles gutzumachen. Ein verstoßenes Kind, verstoßen von Marx, von Engels, vom Kommunismus und nicht zuletzt von Jenny. Nie hatte er das Haus der Marxens betreten dürfen, das Haus, in dem seine Mutter schuftete, das Haus, in denen ihr, ihren Schwestern und ihrem Bruder alles Erdenkliche geboten wurde: Zuneigung, Wärme, Brot, Ausbildung und nicht zuletzt Liebe.

Auf all das hatte Freddy verzichten müssen, und doch war ein guter Mensch aus ihm geworden, der erst nach dem Tod von Mohr und Möhne, als Nim längst bei Engels werkelte und waltete, sie in der Küche hatte aufsuchen dürfen, natürlich nur durch die Hintertreppe, den Lieferanteneingang. In Engels' Küche saß er wie ein Geist, ein Gespenst, das der Kommunismus gezeugt hatte, ein Gespenst, das nie in den Genuss dessen kam, was der Kommunismus versprach, dass jeder nach seinen Fähigkeiten, seinen Bedürfnissen leben dürfe, müsse. Freddy bat Tussy herein.

Die Tragödie Musch

Ich kam am 16. Januar 1855 in der Dean Street 28, London Soho, zur Welt.

Ich löste nirgends Begeisterungsstürme aus, Mohr, mein Vater berichtete an Engels, dass »gestern, zwischen 6 und 7 Uhr morgens meine Frau von einem bona fide traveller – leider of the sex par excellence – genesen ist. Wäre es ein männliches Wesen, es ginge die Sache schon eher.«

Ich war eben nur ein Mädchen, das keiner so richtig wollte. Also beschloss ich, mich zum Boy zu entwickeln. Und so mancher Gassenjunge lernte meine Schlagkraft kennen. Meine Schwestern nannten mich erst Zwerg Alberich und dann Tussy, was gar nicht despektierlich gemeint war. Meine Existenz bewies zudem, dass meine Eltern nach Jahren der sexuellen Trennung wieder miteinander geschlafen hatten.

Marx widmete sich mir als Baby jedenfalls nicht sonderlich, sondern seine hauptsächliche Zuneigung galt Musch. Musch war inzwischen acht Jahre alt und hatte sich zu einem kleinen, früh begabten, leicht hässlichen Komiker entwickelt. Er hielt, auf einem Stuhl stehend, in deutsch-englischem Kauderwelsch Volksreden oder trällerte irische und schottische Volkslieder, die er sich von den Gassenjungen Sohos abgeguckt hatte, in einer solchen Lautstärke, dass die Gläser klirrten und seine Schwestern Jennychen und Laura (inzwischen 11 und 10) sofort in den Sog des Mitsingens gezogen wurden. »Bonny Mary of Argyle« und »Sweet Alice with Eyes hazelbrown« hallten dann durch die verstaubte, vollgerümpelte, an allen Ecken und Enden zu enge Wohnung, und nicht selten wurde das Ganze mit der Marseillaise getoppt (»gekrönt« wäre hier der falsche Ausdruck). Selbstverständlich klopften dann die Nachbarn von unten mit dem Besenstiel oder von oben mit wütenden Fußtritten und baten, lauthals natürlich, um Ruhe. Klopften aber die üblichen Fleischer, der Milchmann oder der Bäcker an die Tür, um ihr Geld einzufordern, krächzte er ihnen entgegen: »Mr. Marx is not hier!« Und eh sich's der Bäcker versah, hatte Musch ihm schon mehrere Brötchen aus dem Korb geluchst und dem fassungslosen Mann die Türe vor der Nase zugeknallt, auf weiteres Klopfen nicht reagiert oder sein Gesicht an die Scheibe gedrückt und grimassiert, dass man meinte, der Glöckner von Notre Dame glotze einen an. Alle liebten Musch, am meisten mein Vater, der viel Zeit mit ihm und der echten kleinen Dampfeisenbahn verbrachte. Gigantische Schienenstrecken wurden über das größere der beiden Zimmer verteilt. Ehrwürdige

Autoren wie Homer, Ovid und Shakespeare dienten als Brückenpfeiler, und manchmal verlängerte sich der Railway auch ins zweite Zimmer und in die Küche, sehr zum Unwillen Nims, die in Saarländer Platt protestierte, mit dem Kochlöffel drohte, sie breche sich noch sämtliche Knochen, um von Musch in verblüffend echtem Ton nachgeäfft zu werden, als sei auch er im saarländischen St. Wendel geboren.

Doch Musch war durchsichtig, durchsichtiger noch als sein Onkel Ferdinand und bleich, und er litt, ohne dass es je einer zugeben wollte, an der Schwindsucht. Kein Wunder – bei den Verhältnissen im schmutzigsten Stadtteil der Welt, in einer der winzigsten Wohnungen Londons, die zugig war und gleichzeitig voll stickiger schlechter Luft, kein Wunder.

Ich selbst habe keine Erinnerung an ihn, wie sollte ich auch, ich war noch viel zu winzig, aber es hieß, dass er wenige Wochen nach meiner Geburt schwer krank wurde, natürlich war er schon längst krank, nur verschlimmerte sich jetzt dieser Zustand, und alle machten sich große Sorgen, am meisten Jenny und Karl. Und Karl unterbrach seine Arbeit, ja verschob sogar einen Besuch in Manchester und kümmerte sich rührend um den Jungen. Mohr schrieb an Engels, dass er zwischen Verzweiflung und Hoffnung pendele. Und tatsächlich ging es bergauf: »Ich kann hier nicht fort, bis Colonel Musch sichtbar hergestellt ist. Indes hat er diese Woche rasche Schritte zur Rekonvaleszenz gemacht, der Doktor war heute exceedingly pleased und nächste Woche ist vielleicht alles all right.«

Doch bald danach war nichts all right. Ein weiterer schwarzer Schatten legte sich über die schmutzige kleine Wohnung mit Plumpsklo auf der halben Treppe, keinem fließenden Wasser und viel zu wenig Platz und machte sie noch düsterer, als sie je gewesen war. Karl berichtete an Engels: »Meine Frau war seit einer Woche so krank wie nie zuvor von geistiger Erregung. Mir selbst blutet das Herz und brennt der Kopf, obgleich ich natürlich Haltung bewahren muss.«

Und dann ging auch noch Muschs Lieblingsspielzeug, die echte kleine Dampflok, die *Puffing Billy*, kaputt. Der Kessel leckte und Wasser drang in die kleine Feuerbüchse. Das Ding blieb stehen, obwohl die Signale Fahrt erlaubten. Ein schlechtes Zeichen.

Es war Anfang April und der jüdische Doktor war mal wieder da, konnte nicht bezahlt werden, bekam auch später entgegen aller Versprechungen nichts, behandelte trotzdem und widerlegte Marxens Behauptung, der Jude sei der Schacher und das Geld. Und diesmal zeigte sich der Mann, Dr. Freund, der war, wie er hieß, gar nicht exceedingly pleased. Er betrachtete den hochroten Kopf des Jungen und schüttelte den seinen, klagte über das ungesunde feuchte Londoner Klima und die ungesunde Wohnung. »But what solle mer mache?«, gab ihm Lenchen zur Antwort.

Jenny war so angegriffen, so durch mit den Nerven, dass sie sich ebenfalls hinlegen musste. Jennychen und Laura aber ließ Nim nicht mehr zu Musch vor, und als wollten sie mit ihm leiden, wurden sie wie Chamäleons bleich und durchsichtig und dann wieder fiebrig und rot.

Nim beruhigte auch sie, machte für das kleine Engelsgemüt, den kleinen Colonel, Tees und Fleischbrühe, so Fleisch per Anschreiben zu ergattern war, und kalte Umschläge, um die als Auszehrung verkannte Lungenseuche, die in Musch nagte, ihm seine Atmungsorgane auffraß, zu bekämpfen. Denn während draußen in Soho die Cholera umherging und die Gassenjungen aus den Gassen fegte, hatte sich eine andere Geißel der Menschheit – die schon seinen Großvater Heinrich dahingerafft hatte – den kleinen Musch ausgesucht: Tuberkulose. Musch aber bat seinen Vater, ihn zu tragen, zu heben, immer bei ihm zu sein und seine Hände auf seinen Kopf zu legen. Und Karl war immer bei ihm gewesen, Tag und Nacht. Er kümmerte sich nur noch um »Colonel« Musch. Und wenn er nicht seine Hände auf den heißen roten Kopf des Kindes legte, las er ihm, meist abends, immer und immer wieder seine Lieblingsgeschichte vor:

Ali Baba und die 40 Räuber. »Sesam öffne dich!«, schmetterte Karl.

Musch schwitzte, und obwohl ihn sonst nichts schreckte, fuhr ihm an dieser Stelle immer ein wohliger Schauer über den Rücken, das einzig Wohlige, was seinem Körper widerfuhr.

»I'm shivering, Charley«, flüsterte Musch, der Karl immer scherzhaft Charley nannte und fragte, »wird dein Buch auch so spannend?«

»Noch viel spannender.«

»Wann wird es fertig?«

»Sobald du groß bist!«

»So long does it take? You'r dizzing!«

»You guessed it, wie immer. »

Und Mohr holte die kleine *Puffing Billy* hinter seinem Rücken hervor.

»Schau, ich habe sie repariert.« Nun, das war etwas gemogelt. Karl hatte den Kessel von einem Kesselflicker reparieren lassen und dafür eine Doppelsendung des Generals geopfert.

Musch war begeistert und wollte sie gleich ausprobieren. Doch Karl konnte ihn grade noch davon abhalten.

»Schau sie dir genauer an!«

»Sie hat keinen Tender, aber how can it move without coals?«

»Sie braucht jetzt keine Kohlen mehr, sondern fährt mit Öl.«

»Mit Öl?«

»Ja, Lampenöl. Und weißt du, was ich in der Regent Street gesehen habe? Eine, die mit Elektrizität fährt.«

»Die hab ich dir doch gezeigt, Papa,« schimpfte Musch gespielt empört, »how vergesslich are you eigentlich?«

Karl ließ sich gern von Musch zurechtstoßen, wenn er nur wieder …

»Stimmt. Und sobald du gesund bist, gehen wir sie kaufen!«

Musch musste husten. Karl gab ihm sein Taschentuch, das sich auch gleich rot verfärbte.

»Meinst du, ich bin morgen gesund genug, dass wir sie kaufen können?«

»Aber sicher! Ich hab auch schon Geld zurückgelegt.«

Karl zeigte Musch eine weitere Engels-Sendung, eine zusammengeklebte Fünfpfundnote.

»Mir geht es auch schon viel besser! Trotzdem sorge bitte dafür, dass Möhne nicht sieht, wie mager meine Hände sind, und decke mich immer gut zu.«

Karl kamen die Tränen. Musch gab ihm einen Wink. Karl rückte mit dem Ohr bzw. der Stelle seiner Haarpracht, hinter der man sein Ohr vermuten konnte, nah an den Mund seines Sohnes heran.

»Weißt du, ich war ganz der festen Meinung, ich müsste sterben. Aber jetzt denke ich, dass es wohl besser für uns alle ist, wenn ich das lasse. Gute Nacht, Mohr.«

»Gute Nacht, Musch!«

Der ganze Rest der Familie erzählte später, Karls schwarze Haare seien in jener Nacht komplett grau geworden. Dabei war er gerade mal 37 Jahre alt. Denn in jener Nacht schlief Musch für immer in den Armen seines Vaters ein. Wie stellt man sich den Weltuntergang vor? Vielleicht so wie an jenem Tag, als Musch nicht mehr war.

Der tote Musch lag auf dem Küchentisch, nicht mehr rot, sondern weiß, papieren weiß. Jenny warf sich über ihn, klammerte seinen toten Körper, der schon kalt geworden war, an sich und schrie und schrie in größter Verzweiflung. Jennychen und Laura aber klammerten sich an ihre Mutter und wimmerten nur. Lenchen heulte, wie sie nie zuvor geheult hatte. Und Karl? Er schlug sich die Hände vor den Kopf, beugte ihn nach vorn und jammerte, jammerte, jammerte.

Nie hatte das Haus in der Dean Street 28 ein solches Wehklagen gehört. Alles schien seinen Sinn verloren zu haben, alles, sogar Karls Werk und Auftrag.

Jenny klammerte weiter, ja legte sich mit auf den Tisch, und wäre der Junge nicht schon tot gewesen, er wäre sicherlich erdrückt worden. Karl versuchte, Jenny zu fassen, sie von dem toten Kind zu trennen. Er wollte sie hochziehen, wollte sie trösten, aber es wirkte eher wie eine ungeschickte, verfehlte Handlung, und Jenny wehrte sich, schlug zu, kratzte, als sei Mohr schuld an der ganzen Misere, als fresse der Kampf fürs Proletariat ihre Kinder auf und sei verantwortlich für ihr Elend. Doch Karl gab nicht auf, zerrte sie zu sich und hielt sie fest, fest in den Armen. Und Jenny ließ es endlich zu, umarmte ihren Mann, holte tief Luft, einen Augenblick war es ganz ruhig, auch Lenchen wimmerte nicht mehr, und dann ganz plötzlich schrie Jenny ihren Schmerz erst in die Welt hinaus und dann in Karls Weste hinein, schrie und schrie, und die Mädels klammerten sich jetzt an beide und schrien mit, als ließe sich der Tod durch Schreie vertreiben. Lenchen aber lief vor lauter Weh der Rotz aus der Nase.

Im Haus aber schien man gelähmt, und keiner wagte es, mit dem Besenstiel zu klopfen oder mit den Füßen zu treten. Einige spähten aus der Türe, andere verbarrikadierten sich dahinter und alle wussten, was geschehen war. Es war keine Seltenheit in Soho, dass Kinder starben, Mitgefühl schien wenig vorhanden, aber wenigstens schwieg man. Hilfe war keine zu erwarten, auch nicht, als Karl (oben klagten sie immer noch) im Treppenhaus mit rotunterlaufenen Augen von Tür zu Tür wanderte.

Denn wie sagt der Volksmund? Der Tod kostet nicht nur das Leben, sondern auch Geld.

Die erste Dame, etwas aufgedunsenes fettiges Gesicht, öffnete die Türe gespielt überrascht, sie hatte den Besenstiel in der Hand, wohl um anzudeuten, sie sei gerade beim Saubermachen, was ihre zugemüllte Wohnung aber sicher nicht zugelassen hätte, und lauschte nun ohne Gruß, was da kommen sollte. Karl hub mit heiserer und selten so gebrochener Stimme an:

»Mein Sohn ist gestorben, aber wir haben keinen Schilling, um den Sarg zu bezahlen …«

Bedauernd wackelte die Frau mit dem Kopf.

»Ach, lieber Herr, wir haben selber keinen Penny.«

Karl quälte sich jetzt hoch (längst hatte er einige Furunkel mit sich herumzuschleppen) zum Nachbarn über ihnen. Das war der Fußtreter.

»Mein Sohn ist gestorben … kein Geld, kein Sarg … Ich bitte Sie, ein Pfund für nur drei Tage.«

Ohne zu antworten, knallte der Mann, rote Trinkerknollennase, die Türe wieder zu, fast mit noch mehr Schwung, mit dem er sonst seinen Fußboden mit Tritten traktierte.

Karl musste jetzt wohl oder übel runter ins Parterre zur Hauswirtin. Die öffnete nur einen Spalt.

»Mein Sohn ist gestorben … Ich flehe Sie an, nur ein Pfund, für drei Tage.«

Das war ihr dann doch zu viel. Sie öffnete ganz und stellte sich mit ihrer vollen Breite und Fettleibigkeit in die Türe, als wolle sie Mohr den Zutritt verwehren, den Karl gar nicht beabsichtigte.

»Ich muss mich schon sehr wundern, Dr. Marx. Sie stehen mit der Miete drei Monate im Rückstand, ich sollte Sie eigentlich rausschmeißen, und Sie haben die Stirn ...«

»Mein Musch braucht doch einen Sarg, ich kann ihn doch nicht einfach so verscharren.«

»Dann gehen Sie arbeiten wie andere Leute auch. Und lassen Sie den Unsinn mit der Schriftstellerei. Liest ja doch keiner, was Sie da zusammenschreiben.«

»Bitte, nur ein Pfund.«

»Bedaure.«

Auch diese Tür schloss sich, zwar nicht krachend, denn die Zimmerwirtin wollte ihr Eigentum nicht ruinieren, aber doch bestimmt.

Karl war jetzt soweit: Nun schrie auch er, und zwar durchs ganze Treppenhaus.

Und wieder wagte niemand, Ruhe zu fordern.

Karl überlegte, ganz nach oben zu gehen und sich vom Dach auf das Pflaster der Dean Street zu stürzen, aber das Haus war wohl nicht hoch genug und dann würde er vielleicht nur zum Krüppel zerschmettert und alles wäre noch viel schlimmer. So ging er wieder Richtung Wohnung, als plötzlich schnaufend Lenchen hinter ihm auftauchte.

»Ich hann en kläna Sarch besorcht, kommt gleich ... e weißer Kinnersarch sogar.«

»Umsonst, kein Geld! Kein Geld!«

»Ich hann doch noch e kläne Aussteuer von Möhnes Mudder, dem Carolin, Frau von Westphale, wenn ich mol heirate tät.«

Einen kleinen Moment war es ganz still zwischen beiden.

»E Deil wollt ich sogar behallde, falls ma geschied gen. Awa ich geehn sowieso net heirate, deswee brauch ich das Geld eh net ...«

»Ich geb's dir zurück, ich geb dir alles zurück.«

Nim wusste, dass das nichts werden würde, nahm seine Hand, drückte sie kurz, schaute ihm für einen Moment in die Augen und eilte dann weiter die Treppe hoch.

Karl schämte sich.

Kann es Schlimmeres geben, als den Tod seines Kindes erleben zu müssen?

Ja, den Tod mehrerer. Dies war das dritte tote Kind – und es war das Lieblingskind. Karl saß im Wagen, neben ihm Liebknecht, gegenüber Lupus (Wolff). Hintendrauf der kleine weiße Sarg. Jenny und die zwei Mädchen hatte man in einen zweiten Wagen gepackt, Jenny war völlig gebrochen und wollte nicht mit dem Sarg mitfahren. Alle drei saßen weiß wie der Sarg und stumm wie die Fische da. Ich war bei einer Amme.

Karl hatte den Kopf in die Hände gestützt und sagte nichts. Man hörte nur das Klappern der Hufe auf dem Kopfsteinpflaster, roch die Pferde und ihre Äpfel, die sie ungeniert verbreiteten, so wie die Vögel ungeniert zwitscherten und der Tag sich anschickte, ein wunderschöner Frühlingstag zu werden. Die Natur trauert nicht.

Liebknecht aber, der vermeintliche Esel, versuchte Mohr zu trösten, strich ihm über das grauschwarz gewordene Haar.

»Mohr, du hast doch deine Frau, deine Mädchen und uns. Und wir alle haben dich lieb.«

»Bringt mir das meinen Jungen wieder?«

Beim Kirchhof in der Tottenham Court Road wurde der weiße Sarg abgesenkt. Karl schien der Kopf zu platzen, er hörte nicht, er sah nicht, er spürte nur ein unerträgliches hohes Surren. Den Weltuntergang konnte man nur mit stechendem körperlichen Schmerz bekämpfen. Marx wankte und Liebknecht fürchtete, Mohr würde auch ins Grab springen und sich gleich mitbestatten lassen. Doch Library hielt ihn fest, klammerte ihn, recht grob, aber das musste sein. Und Jennychen, Laura und Jenny waren jetzt genauso durchsichtig und totenblass wie das tote Kind zuletzt. Als wollten sie alle mit ihm sterben. Und keine war zu Tränen fähig, so tief saß der Schock.

Erde fiel auf den unschuldigen Sarg mit dem unschuldigen Kind, und Karl fühlte sich schuldig. Liebknecht sagte hinterher, beim Totenschmaus, den Engels bezahlte:

»Wäre nur die Wohnung und die Armut nicht gewesen, das Kind hätte überlebt.«

Höchst aufmunternde Worte für einen, der ganz unten ist. Aber was sollte er auch sagen, er war und blieb ungeschickt, eben ein Bücherwurm, eine Library.

Und Marx schrieb an seinen einzigen wirklichen Freund, er wisse nicht, wie er ein Mittel finden könne, Jenny, seine Frau, über die nächsten Tage hinwegzubringen und weiter: »Das Haus ist natürlich ganz verödet und verwaist seit dem Tode des teuren Kindes, das seine belebende Seele war. Es ist unbeschreiblich, wie das Kind uns überall fehlt. Ich habe schon allerlei Pech durchgemacht, aber erst jetzt weiß ich, was ein wirkliches Unglück ist. Ich fühle mich broken down. Zum Glück hatte ich am Begräbnistag so tolle Kopfschmerzen, dass Denken und Hören und Sehn mir vergangen ist.

Unter all den furchtbaren Qualen, die ich in diesen Tagen durchgemacht habe, hat mich immer der Gedanke an dich und deine Freundschaft aufrechtgehalten und die Hoffnung, dass wir noch etwas Vernünftiges in der Welt zusammen zu tun haben.«

Noch Jahre hing Jenny und Karl der Tod ihres Lieblingskindes nach, ja sie überwanden den Verlust praktisch nie.

Drei Dinge änderten sich.

Erstens: Ich wurde plötzlich der Mittelpunkt ihrer Liebe, ihrer Zuneigung und ihrer Verwöhnung, selbst meine Schwestern machten hier konkurrenzlos mit. Ich wurde zum Nesthäkchen erkoren, dem man alles verzieh und alles in den Allerwertesten schob. Ich wurde die Papatochter. Ein durchaus angenehmer Zustand in der Kindheit, ein Makel, wenn man erwachsen geworden ist. Und all diese Liebe galt vermutlich ursprünglich dem verstorbenen Musch.

Zweitens: Meine Eltern selbst hatten keine andere Wahl, sie mussten sich zusammenraufen trotz allem, was Karl der Möhne (und Nim) angetan hatte, schon wegen des Projekts, unseretwegen, und weil Krankheiten sie immer mehr befielen. Letztlich, weil sie selbst aufeinander angewiesen waren, wie Ying und Yang.

Ohne Möhne, ohne die Beraterin und Sekretärin kein Marx – und ohne Meister Marx keine Möhne.

Die Wiederannäherung geschah langsam, aber sie ging voran. Zwei eigentlich weniger glückliche Umstände hatten hier geholfen, das geschehene Unglück zu meistern. Und, man möchte es nicht glauben: Ferdinand.

Denn auch der preußische Innenminister schien vom Unglück der Marxens, vor allem vom Tod des Engelkindes Musch getroffen. Und er sorgte sich nun ehrlich um seine Halbschwester. Dies ging nicht so weit, dass er sie nicht mehr beobachten oder ihr Geld zukommen ließ, denn sie hatte ihn heimlich darum gebeten, aber einen Tipp wollte er doch geben.

Ein Onkel, Heinrich Georg von Westphalen, war – unbemerkt von den Marxens – gestorben und Ferdinand vermittelte die Erbschaft.

Jenny bekam einen Pass und reiste – zusammen mit Lenchen – nach Trier. Es sollte die letzte Reise zur Mutter sein. Denn die war schwer erkrankt, wurde von Jenny gepflegt und starb im für damalige Verhältnisse biblischen Alter von 77 Jahren.

Auch sie hinterließ eine kleine Erbschaft, und wieder verzichtete Ferdinand, mit Ausnahme einiger Bilder der Eltern, großzügig auf das Erbe. Das bestand aus Möbeln plus einem Schlummerkissen, einem Regenschirm, einem alten Bügeleisen sowie 522 Talern und 20 Silbergroschen.

Und Karl erinnerte sich an die Liebe seines Lebens und dass diese immer noch lebte. Er schrieb Jenny einen Brief nach Trier: »Ich habe Dich leibhaftig vor mir, und ich trage Dich auf Händen, und ich küsse Dich von Kopf bis Fuß, und ich falle vor Dir auf die Knie, und ich stöhne: ›Madame, ich liebe Sie‹.« Und er zitierte damit ihren Lieblingsdichter und Freund Heinrich Heine, der ein halbes Jahr vorher in Paris gestorben war. Und Karl schrieb weiter und erinnerte an den Beginn ihrer Liebe hoch über der Mosel: »Und ich liebe Sie in der Tat mehr, als der Mohr von Venedig je geliebt hat.«

Jenny in Trier aber war gerührt und las weiter. »Große Leidenschaften, die durch die Nähe ihres Gegenstandes die Form von kleinen Gewohnheiten annehmen, wachsen und nehmen ihr naturgemäßes Maß wieder ein durch die Zauberwirkung der Ferne. So ist es mit meiner Liebe. Du brauchst mir nur durch den bloßen Traum entrückt zu sein, und ich weiß sofort, dass die Zeit ihr nur dazu gedient hat, wozu Sonne und Regen den Pflanzen dient, zum Wachstum. Meine Liebe zu Dir, sobald Du entfernt bist, erscheint als was sie ist, als ein Riese, in die sich alle Energie meines Geistes und aller

Charakter meines Herzens zusammendrängt. Ich fühle mich wieder als Mann, weil ich eine große Leidenschaft fühle. Es gibt in der Tat viele Frauenzimmer auf der Welt und einige darunter sind schön. Aber wo finde ich ein Gesicht wieder, wo jeder Zug, selbst jede Falte die größten und süßesten Erinnerungen meines Lebens wieder erweckt. Und selbst meine unersetzlichen Verluste lese ich in Deinem süßen Antlitz, und ich küsse mich weg über den Schmerz, wenn ich Dein süßes Gesicht küsse.«

Jenny und Nim kehrten nach London zurück – Nim nicht, ohne jede Menge Marmelade, die sie in ihrer Heimat in St. Wendel gekocht hatte, und Jenny voll neu erblühter Liebe zum Mohr. Wir schrieben das Jahr 1856, und die zwei kleinen Erbschaften reichten aus, aus dem Loch in Soho auszuziehen und in ein neues, typisch englisches Haus am Stadtrand, in 9 Grafton Terrace Maitland Park zu ziehen. Die Wege waren noch nicht befestigt, es fehlten Laternen, Läden und Pubs. Aber Klima und Luft waren wesentlich besser, das Britische Museum und Platz 7 dort allerdings fünf Kilometer entfernt.

Trotzdem, das Leben besserte sich etwas. Geld wurde natürlich immer noch zu viel ausgegeben. Und Marx machte sich daran, etwas »Vernünftiges für die Welt zu tun«: Er begann sein Hauptwerk.

Und damit sind wir bei Punkt drei.

Das Kapital

Engels hatte sich wieder beruhigt, Louise und Freyberger auch. Und der General fühlte sich wie befreit. Er verließ seine Matratzengruft, wollte gar einen Spaziergang machen. Die alte Eloquenz schien in ihn zurückzukehren.

»Was so ein bisschen Aufregung auch Gutes haben und wie der Körper auf alles Geistige negativ und positiv reagieren konnte«, meinte Engels. Das Bewusstsein bearbeitete eben auch das Sein. Und welche Krankheiten der Geist (und das viele Rauchen und

Trinken) hervorrufen kann, das hatte er hautnah an Marx erlebt. Der war zwar schon immer anfällig gewesen, klagte seit frühesten Jahren über seine Leber, hatte Angst vor Krebs und saugte so ziemlich alles an Leiden auf, was man als Mensch aufsaugen kann.

Doch nie war es schlimmer als zu den Zeiten, in denen er sich mit seinem Hauptwerk beschäftigte. Und wer konnte es besser beurteilen als der General, der all die Jahre den Leidensweg brieflich protokolliert bekam.

Im April 1851 versprach Mohr: »Ich bin so weit, dass ich in fünf Wochen mit der ganzen ökonomischen Scheiße fertig bin.« Acht Jahre später, 1859, kündigte er das Ergebnis in sechs Wochen an.

Doch weit gefehlt. Im Jahr 1857 wollte er sechs Bände schaffen: 1. Vom Kapital, 2. Vom Grundeigentum, 3. Von der Lohnarbeit, 4. Vom Staat, 5. Internationaler Handel, 6. Weltmarkt.

Dann sollten es doch eher vier, nicht sechs Bände werden.

Dies beschäftigte ihn 16, wenn nicht 18 Jahre, sagen wir lieber: ein Vierteljahrhundert, und wenn ich genau überlege, eigentlich 40 Jahre. Doch was 1867 dann herauskam, war der erste von vier Bänden, genannt *Das Kapital*. Der einzige Band, der zu Mohrs Lebzeiten fertig wurde und den ich erst ansehen durfte, als er druckfertig vorlag. Band 2 und Band 3 blieben unvollendet und wurden erst 1885 bzw. 1894 von mir (mit Tussys Hilfe) unter großen Mühen herausgegeben. Ich wollte noch den Band 4 erstellen, doch das wird wohl erst Tussy schaffen. Tatsächlich ertappte ich sie auch mal dabei, als sie sich verplapperte und in einem Nebensatz verkündete, sie würde die Schwächen der Theorie ausbessern. Ein großes Wort.

Darwin hatte die Bewegungsgesetze der Natur entdeckt. Marx die der Gesellschaft. Was gab es da auszubessern? Nun, manchmal zweifelte ich auch. Nur manchmal, und dann zeigte mir die Realität, sprich: eine kapitalistische Krise nach der anderen, erneut, dass Marx recht hatte. Nur der große finale, singuläre Knall blieb aus. Den hatte Marx ja eigentlich auch nicht vorhergesagt, jedenfalls eingeschränkt, und ich habe diese Einschränkungen im dritten Band wieder etwas zurückgenommen. Das dann später bedauert – und wieder kamen Zweifel auf. Denn das Proletariat wollte nicht und war, spätestens seit 1848, wohl nicht das revolutionäre Subjekt, das wir uns imaginierten. Doch bei allem Zweifel, ich wäre nie auf die Idee gekommen, die Werttheorie anzugreifen. Der Kapitalismus stößt eines Tages an seine Grenzen. Zweifellos. Tussy erzählte mir, Eduard Bernstein, der emsige Sozialdemokrat, der uns schon öfter mit revisionistischen Ideen aufgefallen war, sei inzwischen vom Glauben abgefallen und bezweifle nicht nur den Crash, sondern auch die Werttheorie. Nun, glauben heißt nicht wissen, und Marx glaubte nicht nur zu wissen, er wusste es. Und Bernstein wolle nun die Theorie wissenschaftlich revidieren. Sie auf die Kloake der menschlichen Geschichte werfen, was ihm nicht gelingen wird, wie das Eugen Dühring nicht gelang und wie es auch vielen danach nicht gelingen wird.

Tussy erzählte, dieser persönlich sehr nette Revisionist Bernstein (und Tussy fügte hinzu: »Jude wie ich«, warum sie das nur immer so betonen muss – wie Marx immer betonen musste, dass er weder Marxist noch Jude sei) meinte, Marx habe an seine Theorie nach 1867 nicht mehr geglaubt und sie deswegen unvollendet gelassen. Wer so denkt, denkt falsch.

Eine Theorie, die unter solchen Qualen geboren wurde, kann gar nicht falsch sein. Und so schrieb ich ihm 1867, als das Ding endlich fertig war: »Es ist immer so gewesen, als wenn dies verdammte Buch, an dem Du so lange getragen hast, der Grundkern von allen Deinem Pech war und Du nicht herauskommen würdest und könntest, solange dies nicht abgeschüttelt.«

Es begann mit Zahnweh, Kopfschmerz und Erbrechen. Doch Mohr stürzte sich in die Arbeit, las, machte Exzerpte, Notizen, las, schrieb, las, notierte und so weiter, Tausende von Seiten. Und er holte sich die Hämorrhoidalkrankheit im Britischen Museum, so dass er oft weder stehen noch sitzen konnte. Hinzu kamen seine Furunkeln, die sich überall auf der Haut bildeten und zu Karbunkeln sich aufblähten. Plagten ihn also die Hämorrhoiden nicht, saß er unter Schmerzen auf seinen Hautbeulen.

Das Buch war seine Krankheit und die Krankheit sein Buch.

Als Hauptstützen in der Ökonomie erwiesen sich ihm Adam Smith und David Ricardo. Sie hatten die politische Ökonomie reformiert, er wollte sie revolutionieren, sie wie seinen Hegel vom Kopf auf die Füße stellen.

Seit 1857 systematisierte Mohr das gesammelte Material und begann mit der Niederschrift. Doch sein Perfektionismus, sein Hang, nie fertig zu werden, waren ihm dabei im Wege wie natürlich die Komplexität des Gegenstands und die Galle, die Leber, die Augen, der Rheumatismus und der Mumps. Marx machte unzählige Anläufe und Rohentwürfe, Vorarbeiten und Versuche, den vertrackten Lauf der Ökonomie des Kapitals in den Griff zu bekommen, seine Bewegungsgesetze zu entzaubern, Licht ins Dunkel einer anarchisch funktionierenden Wirtschaft zu bringen, einer Wirtschaft, die an der Oberfläche ganz anders erschien, als sie in den Tiefenschichten des verborgenen Untergrunds funktionierte.

Nach außen hin auf dem Markt, in der Zirkulation, war sie frei und gesittet, im Innenverhältnis in der Fabrik grausam und ausbeuterisch. Und außerhalb des Marktes, dort wo es noch keinen Markt gab, gewalttätig und erobernd.

Nicht was die Welt im Innersten zusammenhält, wollte er erforschen, sondern das, was sie beschleunigte und in einen immer größeren Strudel warf. Einen Strudel, der nicht in einem schwarzen Loch enden würde, sondern – früher oder später – mittels der Negation der Negation in einem Reich der Freiheit, das es allerdings zu erkämpfen galt und das ohne Kampf auch nicht zu erreichen war. Ein Reich jedoch, mit dem die Geschichte der Menschheit nicht zum Ende kommen sollte, sondern nur die Vorgeschichte der menschlichen Gesellschaft abgeschlossen würde.

Vorarbeiten waren der Rohentwurf, die *Grundrisse der Kritik der Politischen Ökonomie* (1857–1858) und seine Schrift *Zur Kritik der politischen Ökonomie* (1859).

Hunger ist Hunger

Schon die Einleitung bereitete ihm Kopfzerbrechen und Koliken, wochenlang spuckte er Galle, sodass er die Einleitung später wegließ und nicht in Druck gab. Wir fanden sie in seinen Papieren, und sie enthält durchaus Bemerkenswertes:

»Hunger ist Hunger, aber Hunger, der sich durch gekochtes, mit Gabel und Messer gegessenes Fleisch befriedigt, ist ein andrer Hunger als der, der rohes Fleisch mit Hilfe von Hand, Nagel und Zahn verschlingt. Nicht nur der Gegenstand der Konsumtion, sondern auch die Weise der Konsumtion wird daher durch die Produktion produziert, nicht nur objektiv, sondern auch subjektiv. Die Produktion schafft also den Konsumenten. Die Produktion liefert dem Bedürfnis nicht nur ein Material, sondern sie liefert dem Material auch ein Bedürfnis. Die Produktion produziert daher nicht nur einen Gegenstand für das Subjekt, sondern auch ein Subjekt für den Gegenstand. Die Produktion produziert die Konsumtion daher, 1. Indem sie ihr Material schafft; 2. Indem sie die Weise der Konsumtion bestimmt; 3. Indem sie die erst von ihr als Gegenstand gesetzten Produkte als Bedürfnis im Konsumenten erzeugt.

Sie produziert daher Gegenstand der Konsumtion, Weise der Konsumtion, Trieb der Konsumtion.«

Doch was produzierte sie denn nun – außer Bedürfnissen?

Nicht das Schöne, Gute, Wahre, sondern schöne gute Waren. Oder, wie Mohr es im ersten Satz von *Das Kapital* ausdrückte:

»Der Reichtum der Gesellschaften, in welchen kapitalistische Produktionsweise herrscht, erscheint als eine ›ungeheure Warensammlung‹, die einzelne Ware als seine Elementarform. Unsere Untersuchung beginnt daher mit der Analyse der Ware.«

Ein anderer Anfang lautet:

»Am Anfang schuf Gott Himmel und Erde. Und die Erde war wüst und leer, und es war finster auf der Tiefe; und der Geist Gottes schwebte auf dem Wasser.«

Nun, der Kapitalismus war nicht wüst und leer, sondern sehr gehaltvoll, er produziert eine Unmenge Waren, zerstört aber gleichzeitig auch die Springquellen des Reichtums. Er ist nimmersatt. Wie Karls Furunkel.

Freddy war genügsam. Irgendwo hatte er mal gelesen, dass es Menschen gäbe, die nehmen, und welche, die genommen werden. Zu Letzteren zählte er sich. Proletarier werden genommen, Kapitalisten nehmen sich. Marx, sein Vater, von dem er längst wusste, dass er sein Vater war, war ein Nehmer. War er also ein Kapitalist? Nun, Vater Marx nahm sich viel, aber er war kein Kapitalist, denn die nehmen, um ständig aus dem Genommenen mehr zu machen, Profit. Was das ist, haben wir noch nicht erklärt.

Tussy war ein Zwischending, sie nahm, wurde aber hauptsächlich genommen. Ein halber Mann mit Nehmerqualitäten. Sie gab aber auch viel. Ihm, Freddy, gab sie Zuneigung, wollte von ihm aber auch Hilfe und dann wieder nicht. Freddy wäre nie eingefallen, irgendetwas von Marxens Nachlass zu fordern, dazu war er zu bescheiden, zu brav oder englisch: brave, zu tapfer. Aber als er hörte, dass Tussy um ihr Erbe geprellt werden sollte, da erklärte er sich bereit, sofort zu Engels zu gehen, seinem Pseudovater, der ihn weggegeben hatte im Auftrag seines richtigen Vaters, um für Tussy, für »Zwerg Alberich«, ein ziemlich großer, schöner Zwerg, das zu fordern, was ihr zustand. Freddy schien sogar etwas böse. Dies wiederum machte Tussy Angst. Die Vorstellung, dass Freddy bei Engels auftauchen würde, um für sie zu kämpfen, war ihr dermaßen peinlich, und das könnte auch in der vollständigen Katastrophe enden. Engels würde sich so aufregen, dass ihn der nächste Schlaganfall befiele, oder er würde sterben und nichts wäre geregelt und die Kuh und der Dr. Antisemit und der karierte Bebel und seine dämliche SPD würden alles bekommen. Und wenn Engels nicht stürbe, so würde er Freddy vermutlich hinauswerfen, demütigen, sozusagen der lebenslangen Demütigung dieses armen Kerls die Krone aufsetzen. Nein, Tussy hielt ihn zurück, bettelte sogar, nicht hinzugehen. Und Freddy nahm seinen Bowler wieder ab, den er draußen immer trug und der ihm selbstverständlich wesentlich besser stand als Stieber, machte Tee und sie plauderten und aßen Kekse, und Tussy verlor all die Schmerzen, die sie geplagt hatten, auch als das Chloral nachließ, und sie sagte sich, wäre er nicht mein Halbbruder, er wäre der richtige Ehemann für mich gewesen. Ein bisschen langweilig, aber brav und ohne einen Übervater, der mir das ganze Leben vermiesen konnte. Später dann holte Tussy wieder ihre Papiere aus ihrer unordentlichen Gruschteltasche und widmete sich – unter viel Zigarilloqualm, Freddy hatte keine Zigarren im Haus – Marxens Hauptwerk und dem, wie man es noch (sie schämte sich nicht, das zu denken) verbessern konnte. Freddy war darauf neugierig.

Kapital und Karbunkel

Engels auch. Er erinnerte sich, wie Marx sich schon mit dem ersten Satz gequält hatte.

Karl begann – geplagt von Geschwüren wie Hiob – sein Opus magnum mit der Ware. Ein Kapitel, das sich schwer, sehr schwer (für manche zu schwer) las und viele Proletarier abschreckte und nicht nur die. Marx wusste das natürlich und schrieb im Vorwort:

»Aller Anfang ist schwer, gilt in aller Wissenschaft. Das Verständnis des ersten Kapitels, namentlich des Abschnitts, der die Analyse der Ware enthält, wird daher die meiste Schwierigkeit machen.«

Und dann kam sie, Marxens Analyse der Ware.

»Die Ware ist zunächst ein äußerer Gegenstand, ein Ding, das durch seine Eigenschaften menschliche Bedürfnisse irgendeiner Art befriedigt.

Die Nützlichkeit eines Dings macht es zum *Gebrauchswert.*

In der von uns zu betrachtenden Gesellschaftsform bilden sie zugleich die stofflichen Träger des – Tauschwerts.

Der *Tauschwert* erscheint zunächst als das quantitative Verhältnis, die Proportion, worin sich Gebrauchswerte einer Art gegen Gebrauchswerte anderer Art austauschen.«

Tussy stellte sich vor: Tisch mit Stuhl, Stuhl mit Garn, Garn mit Haus, Rock mit Kleid etc. Die Ware hat also zwei Formen, Gebrauchswert (Nützlichkeit) und Tauschwert (quantitativ vergleichbar).

»Als Gebrauchswerte sind die Waren vor allem verschiedner *Qualität*, als Tauschwerte können sie nur verschiedner *Quantität* sein, enthalten also kein Atom Gebrauchswert.«

Das Geschwulst auf dem Rücken von Mohr hatte keinen Gebrauchswert, es erzeugte gewaltige Schmerzen und hatte die Größe einer Faust angenommen. Als der Doktor es sah, war sogar ihm, der in London, in Chelsea und Soho viel gesehen hatte, das Erschrecken ins Gesicht geschrieben. Er schickte Jenny und Tussychen hinaus und Lenchen musste herein. Sie hielt Marx fest, sehr fest und so sehr sie auch mitlitt, und so sehr auch ihr robustes Gemüt kurz vor dem Erbrechen war, sah sie dem, was jetzt folgte, mit einem Schuss Befriedigung zu. Der Doktor schnitt, schnitt tief und Blut und Eiter schossen heraus, es stank, als wenn Luzifer persönlich im Raum gewesen wäre, und Lenchen konnte sich Mund und Nase nicht zuhalten, denn sie musste ja halten. Sie wankte, aber stürzte nicht. Sie würgte, aber kotzte nicht. Und Marx war tapfer, war still und ruhig und zuckte nicht. Der Doktor verordnete danach heiße Umschläge, die Lenchen im Zweistundenrhythmus machen musste, dazu drei bis vier Gläser Portwein, natürlich oral, und eine halbe Flasche Bordeaux täglich. Und das Vierfache des gewöhnlichen Essens. Also Schinken, geräucherter Fisch, Kaviar, Pickles gegen die großen Pickel. Alles vom Doktor verordnet. Aber Marxens Körper war robust und er schrieb wieder: über einen besonderen Körper, den Warenkörper.

»Sieht man nun vom Gebrauchswert der Warenkörper ab, so bleibt ihnen nur noch eine Eigenschaft, die von *Arbeitsprodukten*.

Abstrahieren wir von seinem Gebrauchswert, so abstrahieren wir auch von den körperlichen Bestandteilen und Formen, die es zum Gebrauchswert machen. Es ist nicht länger Tisch oder Haus oder Garn oder sonst ein nützlich Ding.

Mit dem nützlichen Charakter der Arbeitsprodukte verschwindet der nützliche Charakter der in ihnen dargestellten Arbeiten, es verschwinden also auch die verschiedenen konkreten Formen dieser Arbeiten, sie unterscheiden sich nicht länger, sondern sind allzusamt reduziert auf gleiche menschliche Arbeit, *abstrakt menschliche Arbeit*.

Es ist nichts von ihnen übriggeblieben als dieselbe gespenstige Gegenständlichkeit, eine bloße Gallerte unerschiedsloser menschlicher Arbeit, d.h. der Verausgabung menschlicher Arbeitskraft ohne Rücksicht auf die Form ihrer Verausgabung. Diese Dinge stellen nur noch dar, dass in ihrer Produktion menschliche Arbeitskraft verausgabt, menschliche Arbeit aufgehäuft ist. Als Kristalle dieser ihnen gemeinschaftlichen Substanz sind sie Werte – Warenwerte.

Das Gemeinsame, was sich im Austauschverhältnis oder Tauschwert der Ware darstellt, ist also ihr *Wert*.

Ein Gebrauchswert oder Gut hat also nur einen Wert, weil abstrakt menschliche Arbeit in ihm vergegenständlicht oder materialisiert ist.

Wie nun die Größe seines Werts messen? Durch das Quantum der in ihm enthaltenen »wertbildenden Substanz«, der Arbeit. Die Quantität der Arbeit selbst misst sich an ihrer Zeitdauer, und die Arbeitszeit besitzt wieder ihren Maßstab an bestimmten Zeitteilen, wie Stunde, Tag usw.

Es könnte scheinen, dass, wenn der Wert einer Ware durch das während ihrer Produktion verausgabte Arbeitsquantum bestimmt ist, je fauler oder ungeschickter ein Mann, desto wertvoller seine Ware, weil er desto mehr Zeit zu ihrer Verfertigung braucht. Die Arbeit jedoch, welche die Substanz der Werte bildet, ist gleiche menschliche Arbeit, Verausgabung derselben menschlichen Arbeitskraft. Die gesamte Arbeitskraft der Gesellschaft, die sich in den Werten der Warenwelt darstellt, gilt hier als eine und dieselbe menschliche Arbeitskraft, obgleich sie aus zahllosen individuellen Arbeitskräften besteht. Jede dieser individuellen Arbeitskräfte ist dieselbe menschliche Arbeitskraft wie die andere, soweit sie den Charakter einer gesellschaftlichen Durchschnitts-Arbeitskraft besitzt und als solche gesellschaftliche Durchschnitts-Arbeitskraft wirkt, also in der Produktion einer Ware auch nur die im Durchschnitt notwendige oder *gesellschaftlich notwendige Arbeitszeit* braucht. Gesellschaftlich notwendige Arbeitszeit ist Arbeitszeit, erheischt, um irgendeinen Gebrauchswert mit den vorhandenen gesellschaftlich-normalen Produktionsbedingungen und dem gesellschaftlichen Durchschnittsgrad von Geschick und Intensität der Arbeit darzustellen.

Ursprünglich erschien uns die Ware als ein Zwieschlächtiges, Gebrauchswert und Tauschwert. Später zeigte sich, dass auch die Arbeit, soweit sie im Wert ausgedrückt ist, nicht mehr dieselben Merkmale besitzt, die ihr als Erzeugerin von Gebrauchswerten zukommen. Diese zwieschlächtige Natur der in der Ware enthaltenen Arbeit ist zuerst von mir kritisch nachgewiesen worden.«

Tussy notierte, Freddy assistierte: Dem *Gebrauchswert* entspricht also die *gesellschaftlich notwendige Arbeit*, dem *Tauschwert* die *abstrakt menschliche*.

Erstere gibt es in allen Gesellschaftsformen, Letztere nur in der bürgerlichen Gesellschaft, dem Kapitalismus.

»Eine Ware mag das Produkt der kompliziertesten Arbeit sein, ihr *Wert* setzt sie dem Produkt einfacher Arbeit gleich und stellt daher selbst nur ein bestimmtes Quantum einfacher Arbeit dar.«

Tussy stellte fest:

Substanz des Wertes ist die *Arbeit*, *Größenmaß* ist die *Arbeitszeit*.

Die Wertgröße bestimmt sich durch die Arbeitszeit.

Der Wert einer Ware kann sich nur in der Form einer anderen Ware, also als Tauschwert darstellen. Außerhalb eines Verhältnisses zweier Waren zueinander entsteht kein Wert. Der Wert ist ohne seine Form nicht fassbar.

Tauschwert ist nichts Natürliches. Außerhalb einer Beziehung zu einem allgemeinen Äquivalent, mit dessen Hilfe sich alle Waren in einen Bezug zur allgemeinen Arbeitszeit setzen, kann kein Wert dargestellt werden.

Die bürgerliche Gesellschaft, in der der gesellschaftliche Charakter der Arbeit nur über die Werteigenschaft der Arbeitsprodukte ausgedrückt werden kann, braucht ein allgemeines Äquivalent. Und dies zwingend. Aber nicht aus praktischen Gründen, weil auf diese Weise der Tausch erleichtert wird, sondern weil die Produktion und Reproduktion dieser Gesellschaft sonst nicht zu organisieren ist.

Und das allgemeine Äquivalent ist das *Geld.*

Oder wie Mohr es in den *Grundrissen* ausdrückte:

»Die Bestimmung des Produkts im Tauschwert bringt es also notwendig mit sich, dass der Tauschwert eine vom Produkt getrennte, losgelöste Existenz erhält. Der von den Waren selbst losgelöste und selbst als eine Ware neben ihnen existierende Tauschwert ist – *Geld.*«

Das heißt, Ware tauscht sich über Geld mit Ware: W – G – W.

Das ist die einfache Zirkulation.

Nun aber kann sich das Ganze auch so darstellen:

Geld – Ware – Geld. Ein Händler kauft Ware und verkauft sie wieder. Doch er will natürlich mehr Geld dafür.

Also: Geld – Ware – mehr Geld oder *G – W – G'*.

Aus Geld wird mehr Geld, *Kapital.*

Kapital ist somit kein Zustand, sondern ein Verhältnis, eine Bewegung.

»Die Zirkulation des Geldes als Kapital ist dagegen Selbstzweck, denn die Verwertung des Werts existiert nur innerhalb dieser stets erneuerten Bewegung. *Die Bewegung des Kapitals ist daher maßlos.*«

Tussy unterstrich den letzten Satz. Was maßlos ist, will sich nicht begrenzen, es will sich immer mehr ausdehnen. Doch die Erde ist nicht maßlos, sie hat ein Maß. Schon aus diesem Grund, dachte sie sich, ist der Kapitalismus endlich. Er wird eines Tages an seine Grenzen stoßen.

Und gleichzeitig war klar, nicht persönliche Gier bestimmt hier das Wirtschaften, sondern ein zwingendes Verhältnis. Der Kapitalist muss und will aus Geld mehr Geld machen, nur so kann er »überleben«. Die Verwertung des Werts ist das Hamsterrad, das Kettenkarussell, das sich immer schneller dreht.

Maßlos waren auch Karls Schmerzen und seine Hauptplage, die Furunkel.

»Some new and unexpected furuncles breaking through different parts of the body«, schrieb er mitten in der Arbeit an Engels, und die Krankenakte ging wenige Tage später weiter: »Bis vor about 8 Tagen dauerte die Furunkelosis fort.«

Engels wäre es lieber gewesen, die Arbeit am Buch wäre fortgegangen, und so schickte er weiter halbe Fünfpfundnoten und veruntreute weiter bei Ermen & Engels.

Marx aber sah Fortschritte: »Zu meiner sehr ›angenehmen‹ Überraschung entdecke ich heute Morgen (ich konnte schon die Nacht vorher nicht schlafen)«, nein, er entdeckte nicht die abstrakt menschliche Arbeit, die hatte er schon entdeckt, die raubte ihm nicht den Schlaf, er entdeckte »wieder zwei ›artige‹ furuncles auf meiner Brust«. Dies, während er stolz – oder war es resigniert – verkündete:

»Der Gebrauchswert ist also nie als unmittelbarer Zweck des Kapitalisten zu behandeln.«

Tatsächlich, dachte sich Tussy, ein Kapitalist, nehmen wir Engels' Vater, der steht nicht am Morgen auf und sagt sich: »Jetzt will ich Stoff herstellen«, sondern er steht auf, um dafür zu sorgen, dass mittels der Herstellung von Stoff sein eingesetztes Geld zu mehr Geld, zu Kapital wird.

Doch wo kommt das Geld her, das er mehr verdient?

Aus der Zirkulation kann es nicht kommen, denn die Ware kann nicht plötzlich mehr wert sein, weil doch immer noch die gleiche gesellschaftlich notwendige Arbeitszeit in ihr steckt.

Marx wusste es und machte trotz aller Qualen weiter:

»›Wo Gleichheit ist, ist kein Gewinn.‹ Waren können zwar zu Preisen verkauft werden, die von ihren Werten abweichen, aber diese Abweichung erscheint als Verletzung des Gesetzes des Warenaustausches. In seiner reinen Gestalt ist er ein Austausch von Äquivalenten, also kein Mittel, sich an Wert zu bereichern.«

Aber gibt es vielleicht eine Ware, deren Gebrauchswert darin besteht, mehr Wert produzieren zu können, als sie selbst wert ist?

Nun, diese Ware ist die Ware Arbeitskraft des Proletariers, des freien Arbeiters, der doppelt frei ist, er untersteht keiner feudalen Herrschaft und er ist frei von Produktionsmitteln, mit denen er die Waren herstellen könnte, die seine Bedürfnisse befriedigen.

Oder wie Marx, gerade entdeckte er eine Eiterbeule zwischen Mund und Nase, schrieb:

»Zur Verwandlung von Geld in Kapital muss der Geldbesitzer also den freien Arbeiter auf dem Warenmarkt vorfinden, frei in dem Doppelsinn, dass er als freie Person über seine Arbeitskraft als seine Ware verfügt, dass er andrerseits andre Waren nicht zu verkaufen hat, los und ledig, frei ist von allen zur Verwirklichung seiner Arbeitskraft nötigen Sachen.«

»Und jetzt kommt der Dreh«, rief Freddy, der Tussy über die Schulter sah und hier auch aus eigener Erfahrung sprach:

»Die Ware Arbeitskraft ist sozusagen einmalig, denn sie muss von den Proletariern verkauft werden. Sie können ihren Lebensunterhalt nur so bestreiten, da ihre Arbeitskraft die einzige Ware ist, die sie haben. Es bleibt ihnen nichts anderes übrig, als sie an die Kapitalisten zu verkaufen. Dadurch kann ihnen aber ein Lohn aufgezwungen werden, dessen Höhe sich danach richtet, was sie zum Lebensunterhalt benötigen. Was sie darüber hinaus herstellen, wird von den Kapitalisten als Mehrwert angeeignet.

Dauert also ein Arbeitstag 12 Stunden, kann es sein, dass der Arbeiter oder die Arbeiterin schon nach sechs Stunden seinen Lebensunterhalt erarbeitet hat, die restlichen Stunden gehen daher an den Kapitalisten. Denn bezahlen tut er nur für die ersten sechs Stunden.«

Stundenlang, so kam es ihm jedenfalls vor, sah Marx sich die Beule unter der Nase an. Er konnte kaum sprechen und lachen schon gar nicht. Lenchen hatte das scharfe Gemüsemesser (es war nicht aus dem schottischen Erbe) in kochendes Wasser gelegt und Karl in einem Geschirrtuch gebracht. Sie setzte zum Schneiden an. Doch Karl wollte es selbst machen, und nach einem kurzen Zögern stach er hinein. Der Eiter spritzte, Lenchen konnte sich nicht schnell genug wegducken, und traf auch sie. Sie ließ einen kurzen Schrei los.

Auch Freddy hatte eine Schiefertafel, die Tussy sofort daran erinnerte, wessen Sohn er war. Und gemeinsam kratzten sie:

Die Ware Arbeitskraft (W) des Arbeiters

ist also der Lohn (variables Kapital = v) plus der Mehrwert (m)

W = v + m

Aus G (v) wird W (v + m) und schließlich G'.

Aus Geld (G) wird mehr Geld (G')

Oder einfach aus Geld (G) wird Kapital (G'), und nur so kann es Kapital werden.

Und Freddy sagte etwas, was aus seinem bescheidenen Mund sehr merkwürdig klang:

»Und der Mehrwert als Mehrarbeit speist den ganzen Reichtum der Bürgerlichen Gesellschaft, der Bourgeoisie, des Kapitalismus, der Erde, die von der Bourgeoisie erobert wird.«

Die Blattern

Und Tussy erinnerte sich: Während Karl die ersten (gigantischen) Rohentwürfe hinter sich hatte, die *Grundrisse* und *Zur Kritik*, weiter das Material ordnete, im British Museum saß, qualmte, dazu las, Exzerpte machte, korrigierte, krank darniederlag, neu las, wieder korrigierte, wieder Carbuncles entdeckte, aushielt, nicht fertig wurde, vom General hörte, die Welt warte auf das Buch, und während Engels sich sagte, er werde sich, wenn das Scheißding endlich fertig sei, dermaßen bekneipen, that hearing and seeing pass away, kamen die nächsten Schicksalsschläge.

Jenny, inzwischen 43, verlor noch ein Kind, das gleich nach der Geburt starb, und worüber nicht gesprochen wurde, sodass ich, Tussy, gar nicht weiß, war es ein Mädchen oder ein Junge. Dann kam der Herbst des Jahres 1860 und Jenny, jetzt 47, schaute eines Tages in den Spiegel und erschrak zu Tode. Sie hatte rote Pusteln im Gesicht, und es waren nicht die Masern, sondern, wie Dr. Freund feststellte, Variola major, die Pocken.

Wir Kinder wurden sofort zum »Vieh«, zum »Esel«, also zu Wilhelm Liebknecht und seiner Frau gebracht, denn dazu war er natürlich recht, auch meinte Marx, der »Esel« sei nicht immer ein »Donkey«. Aber das war er natürlich vor allem dann nicht, wenn man seine Hilfe gebrauchen konnte.

Jenny, bis dahin immer noch eine Schönheit, die nicht zu verblühen schien, war furchtbar gezeichnet, physisch und psychisch am Ende. Sie schwebte in Lebensgefahr. Karl, ebenfalls krank, von seinen Dauergästen, den Furunkeln, geplagt, fiebrig, unterbrach seine Arbeit und pflegte nun seine Frau, voller Liebe und voller Verzweiflung. Sie durfte er nicht verlieren, sonst war er auch tot. Und Lenchen, das immer lächelnde Lenchen, pflegte natürlich mit, machte Tees, Essenzen, kochte, wusch, putzte und die drei bildeten eine Überlebensgemeinschaft. Sie trotzten dem Tod, trotzten den Pocken, zeigten Stärke und arbeiteten trotz allem, was vorgefallen war, zusammen. Ein Trio der Einigkeit. Jenny sehnte sich nach uns Töchtern. Jennychen (16), Laura (15) und Tussy (5), der Rest von sieben geborenen Kindern, und wir hatten schreckliche Angst und schreckliches Heimweh nach der Mutter, nach Vater, nach Nim. Und »Familie Esel«, beengt um die Ecke wohnend, machte es uns Mädels – mit denen es noch beengter wurde – so bequem wie möglich. Es war ein angstvoller Winter. Karl hatte den großen Spiegel, ein Erbstück, entfernen lassen und Jenny dezent auch alle Handspiegel weggenommen, doch Möhne hatte sich eine Kuchengabel aus dem guten, ewigen schottischen Silberbesteck stibitzt und schaute sich darin – kraftlos im Bett liegend und wenn sie allein war – immer und immer wieder ihre roten Pusteln an.

Sie tanzte mit Pannwitz, die Röcke drehten und drehten sich. Pannwitz war gesichtslos:

»Darf ich Sie entführen?«

»Bitte gerne!«

»Aber erst muss ich Ihnen was aus dem Gesicht wischen.«

Doch es ging und ging nicht weg und wurde immer röter, blutete, und sie blutete aus ihren Brüsten, das Kind hatte einen blutigen Mund, ein weißer Sargdeckel deckte es zu. Ein Zettel flog durch die Luft.

»Es wird ein Gewitter geben, Jenny!«

»Es wird keins geben!«

Da riss der Wind ihr das Schirmchen aus der Hand. Karl raste, wie von der Tarantel gestochen, hinterher und fiel den Felsen hinab in die Mosel. Schwimmend schrie er: »Ich bleib jetzt bei der von Armin, dem kleinen süßen Gnom, aber Sie liebe ich noch immer, Madame.«

»Unmöglich«, wollte Jenny rufen, »unmöglich. Und sie heißt von Arnim, von Arnim, die Zwergnase.«

»Wir sollten den Mohr, ohne lange zu fackeln, erschießen, er hat seine Schuldigkeit getan!«

Das war der Spitzel. Ferdinand riss ihm die Batschkappe herab, »bei mir wird nicht gefälscht«, und setzte sich selbst einen Chapeau Claque auf, den er vorher mit einem Faustschlag durchstoßen hatte.

»Jetzt fehlt nur noch die Guillotine«, zischte die Königin, und Friedrich Wilhelm IV. zog seinen Kopf vor dem Volk.

»Wie dumm du bist, Karl!«

»Wie kannst du unsere Familienehre so demütigen, den Sohn eines getauften Juden, einen Itzig, in dessen Seele Wölfe hausen …«

War das Ferdinand? Wo kam die Stimme her?

Weite Röcke drehten sich wieder und wieder im Walzertakt. Sie drehten und drehten sich und hörten nicht auf.

»Kommunisten teilen sich ihre Weiber, willst du das?«

»Karl ist der Mann meines Lebens, und wenn ich mich wegen ihm in Lumpen hüllen und mit ihm in bitterster Not durch die Welt vagabundieren müsste …«

»Das kannst du haben!« War das wieder Ferdinand?

Das Schirmchen flog weg. Musch lag tot auf dem Küchentisch. Jenny warf sich über ihn und schrie. Wieder war nichts zu hören.

»Bringst du mich zu Karl?«

Musch pockennarbig, Blut spuckend:

»No Mam, nach Hause in die gottverlassene Stadt an der Mosel!«

Nim spielte Schach mit Mohr, es waren lebensgroße Figuren, sie schlug die Dame von Karl, die fiel um. Jenny lag am Boden, eingesperrt in die Figur wie in eine eiserne Jungfrau. Sie blaffte Lenchen an.

»Unn ich dir dei Pickel.«

Nim hatte ein großes Schlachtermesser in der Hand.

»Als amtierender Innenminister seiner Majestät, des Königs von Preußen, hann ich dir zu verkünde: Meine Nachforschungen hann eindeutisch ergenn, dass dein Marx der Vater von dem Frederick iss.«

Karl stürzte über der Mosel ab, doch diesmal fiel er nicht weich, sondern zerschellte am Felsen und rief noch, bevor er in tausend Stücke zersprang: »In deinen Falten seh ich meine Schmerzen!«

»Aber der Grafenstein ist doch am Rhein und nicht an der Mosel.«

Jenny warf sich ins Grab auf den weißen Sarg.

»Du lügst, du lügst!«

Röcke drehten sich. Von Pannwitz sah man nur die Hosen mit den blutroten Streifen.

»Das macht doch nichts, das kommt von Ihren lieben kleinen Pocken. Ihren dämlichen Pocken! Darf ich Euch trotzdem entführen …?«

Engels schoss Pannwitz mit der langen Flinte vom Pferd.

»Eine geniale Erfindung des Uhrmachers Moll. Der Jupp, der ist gar nicht fort, Ihr treuer Freund has gone to the United States!«

Als der Pulverdampf verflogen war, saß Ferdinand im Sattel.

»Nein, nach Hause!«

»Moll, Moll, teurer Jupp, ich schreib dir einen Brief.«

Willich, bleich wie der Tod, mit Rauschbart und Epauletten, stand am Bettende und zückte blitzschnell einen riesigen Rosenstrauch.

»Gestatten, Blutrot, das ist doch Ihre Farbe?«

»Nein, Rosarot!«

»Rosarot kann jeder!«

»Tschennerell, wie kommen Sie hier herein?«, fragte Jenny.

»Nicht Tschennerell, Generalleutnant, gestatten Willich! Preuße und Revolutionär. Ich bin im Auftrag von Abraham Lincoln in London eingetroffen und befreie Sie von der Sklaverei Ihres Mannes. Dazu habe ich Ihnen Ihren Sohn mitgebracht.«

»Musch, mein Musch.«

Doch es war nicht Musch, der hinter der Bettlade auftauchte, es war eine kindliche Miniaturausgabe von Karl, mit schwarzem Haar und Rauschebart, der auch gleich anfing, Jenny die Pusteln auszudrücken. Sodass das Blut mit kleinen und kleinsten Spritzern herausschoss.

»Lass das, Frederick, Freddy! Noch bist du nicht anerkannt. Lass das!«, Willich klang genervt.

Jenny schrie. Doch Karl war bei ihr und beruhigte sie, tastete vorsichtig mit einem Tuch ihr Gesicht ab.

»Du hast schlecht geträumt.«

Nim aber, die gerade Suppe brachte, wurde von Jenny jetzt rausgejagt.

»Was bist du denn so böse zu Nim …«

»Sie ist an allem schuld!«

»Du träumst.«

Doch jetzt wurde Mohr krank, seine Leber und sein Magen streikten (die Furunkel nicht). Das war kein Traum, Lenchen kam kaum nach mit dem Pflegen. Getrennt durch eine Wand lag das Ehepaar Marx in getrennten Betten, und jeder leckte seine Wunden.

»So haben wir beide unsere Narben!«

»Nur dass man deine nicht sieht, Mohr!«

»Meist nicht sieht.«

»Ich dagegen wäre würdig, in Londons größtem Tiergarten ausgestellt zu werden oder im Museum of Natural History, wie ein Nashorn, eine Missgeburt oder ein Dinosaurier.«

»Dann gesell ich mich dazu, als bärtiger alter Ochse.«

»Wir müssen uns scheiden lassen, was willst du mit einer hässlichen Hexe wie mir?« War das ernst gemeint oder fishing for compliments?

»Unsinn, du bist meine Liebste, wie damals in Trier, mein Sonnenschein. Du hast mir die Angst genommen, du hast mich am Leben erhalten. Dich werde ich niemals verlassen. Du gehörst zu mir und du bist so schön für mich wie am ersten Tag!«

Jenny war wie nach seinem letzten Liebesbrief tief gerührt und sagte nichts.

»Ich muss dir ein Geständnis machen ...«, Karl setzte neu an.

»Nein, schweig ...«

»Ich muss es dir aber sagen ...«

»Nein, ich will's nicht wissen.«

Anfang 1861 war das Schlimmste überwunden – hauptsächlich für Jenny.

Ihr Humor war ihr trotz allem geblieben, und so schrieb sie im Februar an Engels in Manchester, der ihr Herzstärkungen geschickt hatte: »Ich bin überzeugt, dass der gute, reine Wein viel zu meiner Genesung beigetragen hat. Es ist überhaupt ein wahres Wunder, dass ich von der schrecklichen Krankheit, die mich in so hohem Grade befallen, noch so mit einem blauen Auge, wenn auch nicht mit heiler Haut davongekommen bin. Ich habe im Ganzen nicht viele und tiefe Narben zurückbehalten, und auch diese werden nach des Arztes Meinung sich noch nach und nach ausheilen. Nur die hochroten Flecken, mit denen ich übersät war, treten noch bei besonderer Erhitzung sehr stark hervor, und ich erscheine dann ganz à la hauteur de la mode – couleur de ›Magenta‹.«

Der Mehrwert

Das Kapital hat keine Farbe. Es teilt sich auf in konstantes und variables Kapital.

Tussy und Freddy kratzten weiter auf der Schiefertafel.

Das konstante Kapital ist der Wert der Produktionsmittel (Rohstoffe, Handwerkszeuge, vor allem Maschinen): c

Das variable Kapital ist der Wert der Arbeitskraft der Arbeiterinnen und Arbeiter: v

Der Wert, den die Proletarier sozusagen unbezahlt zusetzen, ist der Mehrwert: m

Die Produktionsmittel können immer nur den Wert abgeben, den sie haben, so lange, bis sie verbraucht sind.

»Produktionsmittel können dem Produkt daher nie mehr Wert zusetzen, als […] sie besitzen.«

Die Arbeiter aber setzen einen Wert hinzu.

»Es ist also eine Naturgabe der sich betätigenden Arbeitskraft, der lebendigen Arbeit, Wert zu erhalten, indem sie Wert zusetzt, eine Naturgabe, die dem Arbeiter nichts kostet, aber dem Kapitalisten viel einbringt.«

Nimmt man C als das Kapital:

ist C = c + v + m, also konstantes Kapital (Wert der Produktionsmittel) plus variables Kapital (Wert der Arbeiter) plus Mehrwert. Immer in Bewegung gesehen, wobei v + m der Neuwert ist.

Die Rate des Mehrwerts ist m/v, also Mehrwert, geteilt durch den Wert des variablen Kapitals. Oder Mehrarbeit durch die notwendige Arbeit.

Die Rate des Mehrwerts gibt Auskunft über den Ausbeutungsgrad.

Hat v den Wert 90 Pfund Sterling und m ebenso 90 Pfund Sterling.

Kosten, sagen wir, 100 Arbeiterinnen 90 Pfund, produzieren aber 180 Pfund, so geben sie also einen Mehrwert von 90 Pfund zu. Die Mehrwertrate ist 90/90, gleich 1. Der Kapitalist zahlt 90 Pfund, bekommt aber 180 Pfund.

Der absolute Mehrwert.

Der entsteht, indem der Arbeitstag ausgedehnt wird, also, sagen wir, statt 10 jetzt 12 Stunden am Tag gearbeitet wird. Das kostet jetzt angenommen 100 Pfund für die Arbeiterinnen, dann kommt aber auch ein Mehrwert von 100 Pfund heraus. Das heißt: der Kapitalist hat bei 10 Stunden 180 Pfund erhalten, aber nur 90 bezahlt. Jetzt erhält er 200 Pfund, wobei er nur 100 bezahlt hat. Gewinn vorher 90 Pfund, jetzt 100.

Deswegen wünscht der Kapitalist, dass seine Arbeiterinnen möglichst lange für ihn arbeiten, wenn möglich 24 Stunden. Das geht nicht, es gibt Grenzen (körperlich, wie klassenkämpferisch). Die versucht er aber so weit wie möglich zu dehnen.

Der relative Mehrwert.

Da die Ausdehnung des Arbeitstages natürliche (und bei einer entwickelten Arbeiterbewegung auch klassenkämpferische) Grenzen hat, wäre es für den Kapitalisten gut, wenn er die notwendige Arbeitszeit, die, die für die Lebensmittel des Arbeiters »draufgeht«, verringern kann. Das geht nur, wenn man den Wert dieser Arbeit verringert. Das ginge durch Lohnkürzungen, aber dann verhungern die Arbeiter, und das ist letztlich kontraproduktiv. Man kann die notwendige Arbeit aber auch verringern, indem die Lebensmittel des Arbeiters billiger werden. Lebensmittel sind hier nicht nur das, was man zum Essen braucht, sondern auch Hemden, Schuhe, Hosen, Stuhl, Tisch, Wohnung, Dinge des täglichen Bedarfs etc. (und später mehr, je nach Entwicklungsstand einer Gesellschaft). Das wird aber nur billiger bzw. sinkt in seinem Wert, wenn all diese Lebensmittel billiger werden, und das geht nur durch erhöhte Arbeitsproduktivität bei der Herstellung von »Lebensmitteln«. Produktiver ist z. B. eine neue Maschine, die bei gleichem Wert wie die alte Maschine (sagen wir 1 000 Pfund) weniger Wert pro Ware abgibt. Also angenommen, die eine stellt während ihrer Existenz 10 000 Hüte her, die andere 20 000. Dann hat der Hut vorher 1/10 Pfund und danach nur 1/5 Pfund gekostet. Das Leben ist für die Arbeiterinnen scheinbar preiswerter geworden. Doch, oh Wunder, der Wert ihrer notwendigen Arbeit, die nötig ist, um den Wert der Lebensmittel zu erhalten, ist gefallen, sie bekommen allesamt weniger Lohn (von Streiks oder Arbeiterbewegung abstrahieren wir hier erst mal). Statt 90 Pfund, sagen wir nur 80. Also Mehrwert/notwendige Arbeit 90/80 = 1,125.

Und schon ist die Mehrwertrate höher (statt 1 jetzt 1,125), der Mehrwert relativ und damit die Ausbeutung gestiegen.

Warum sollten die Kapitalisten aber die Produktivkraft in ihrem Betrieb (egal ob er Lebensmittel oder sonst was herstellt) erhöhen?

Nun, wenn ein Hut-Kapitalist seine Hüte billiger verkaufen kann, hat er die Chance, mehr zu verkaufen und auch mehr zu verdienen. Er macht einen Extragewinn, so lange, bis die anderen nachgezogen haben und ebenfalls mit neuen Maschinen produzieren.

Immer wenn Karl sich aus der Bibliothek schleppte oder wenn er morgens aufwachte bzw. das Morgengrauen sah, oder wenn er gerade ein neues Kapitel beendet hatte (meist wurde es später verbessert), sah er, wie seine Haut Dinge produzierte, die weder einen Gebrauchswert noch einen Tauschwert hatten, also weder nützlich noch verkäuflich waren. Sie enthielten nur Eiter und Blut. Schweiß und Tränen gab es im Haus ja ansonsten genug.

Die Furunkel und Karbunkel befielen Karl in Wellen. Pausierte er mit dem Kapital, war er im Wellental. Setzte er sein Werk fort, kam der Eiter.

Preußen

In einem solchen Wellental starb Friedrich Wilhelm IV. von Preußen. Der Kronprinz, der schöne Wilhelm alias Lehmann, der Kartätschenprinz, kam an die Macht. Und wie es sich für einen Machtantritt gehörte, gab es eine Amnestie für politische Emigranten. Liebknecht, das »Wilhelmchen«, wollte sofort zurück. Reisende soll man nicht halten. Uns Kinder erfüllte Traurigkeit, Library war doch so nett, so brav und hatte uns vor den Pocken bewahrt. Es gab Tränen, als er und seine Ernestine fuhren.

Und Karl zog es plötzlich auch nach Preußen. Er wollte einen »Abstecher nach Deutschland« machen, das er zwölf Jahre nicht gesehen hatte, um das Terrain zu sondieren, wie er vorgab. Dazu brauchte er natürlich Geld. Und das wollte er bei Onkel Philips holen. Um zum geizigen Onkelchen zu kommen, lieh er sich Geld von Lassalle und fuhr nach Zalt-Bommel. Dort traf er auch Nanett, Nettchen, der er sehr zugetan war. Marx fühlte einen zweiten Frühling, ach was, er sah sich in der Blüte seiner Jahre, 42 erst, und er beeindruckte das 24-jährige Hollandmädel, das schon seinen Holzschuhen entwachsen war. Daher blieb er gerne noch länger in den Niederlanden.

Eine platonische Liebe, will ich doch als Möhne-Tochter hoffen.

Doch während Karl sich mit den Reizen seiner Kusine umgab, erwischte es in London Nim. Und zwar böse: Diphterie. Ihr Leben geriet ernstlich in Gefahr. Im Fieberrausch schrie und tobte sie, fing an plötzlich zu singen, kreischte, jammerte, halluzinierte »mit fast erloschenen Augen«. Wir Marx-Töchter waren geschockt, so kannten wir Nim, die Ersatzmutter, die liebevolle, fröhliche nicht. Der Arzt wollte einen Luftröhrenschnitt machen, doch Nim wehrte sich, bekämpfte die Krankheit mit Hausmitteln.

»Vorher wird des Saarland evangelisch, bevor ich an mir rumschnibbele lass.«

Jetzt lagen die zwei erwachsenen Frauen im Bett und wir Mädels, längst wieder zurück von den Liebknechts, übernahmen das Kommando. Nach Nims (heiser geröchelter) Anweisung wurde gekocht, gewaschen, geputzt, und nie war die Wohnung sauberer.

Doch zu allem Überfluss stellte die *New York Daily Tribune* Karls Korrespondententätigkeit weitgehend ein. In den Vereinigten Staaten tobte ein Bürgerkrieg und Willich tobte mit. Natürlich hatte er mit der Einstellung des Geldflusses nichts zu tun. Der Krieg gegen die Sklavenhalter schon. Wir Marxens waren wieder blank. Jenny schrieb an Engels. Der schickte Geld. Und wir Mädels, ich war inzwischen sechs, besorgten Wein und »den Luxusartikel Eau de Cologne« für Nim, den Jenny der oft Bewusstlosen unter die Nase hielt und hoffte, »dass wir's Lenchen durchbringen«. Die zwei Frauen schienen das »Ereignis« zehn Jahre zuvor vergessen zu haben. Jedenfalls trug Jenny Nim nichts nach und Nim Jenny auch nicht. Und ich begeisterte mich für Abraham Lincolns Sklavenbefreiung. So schrieb ich ihm, gerade des Schreibens mächtig, einen Brief, in dem ich ihm meinen Rat und meine Hilfe anbot. Leider hat Möhne den Brief nicht abgeschickt, sonst wäre der Amerikanische Bürgerkrieg wesentlich verkürzt worden.

Mohr erreichte Berlin recht gut besoldet mit 160 Pfund nach seinem »Raubzug« in Zalt-Bommel – er hatte einen Teil seines mütterlichen Erbes vorgeschossen bekommen – und wohnte jetzt bei keinem Geringeren als Ferdinand Lassalle, dem antisemitisch geschmähten »Itzig«, dem »jüdischen Nigger«, dessen Gastfreundschaft und die der Gräfin Hatzfeld Karl gern genoss. Mohr bewunderte die reiche hochherrschaftliche Adlige und wurde fürstlich bewirtet. Lassalle, mit dem sich Mohr schon mehrfach brieflich gestritten hatte, war ihm nicht gram und schlug vor, gemeinsam eine Zeitung herauszugeben, die neue *Neue Rheinische Zeitung*. Ein sehr verlockendes Angebot. Die Rede war von 20 000 Talern, die Lassalle dafür aufbringen wollte. Und Mohr sollte sich wieder einbürgern lassen. Karl zeigte sich nicht abgeneigt. War ihm die Staatenlosigkeit zuwider? Hatte er vielleicht sogar Heimatgefühle?

Marx und Lassalle waren in vielem nicht einer Meinung. Lassalle galt als preußisch-nationalistischer Sozialist, Karl als Preußenfeind und Internationalist. Und beide als Chefredakteure, eventuell noch um den General ergänzt, jeder sozusagen einen Gott neben sich, den er nicht haben wollte, das würde nicht gutgehen. Auch was den Übergang zum Sozialismus betraf, kam es zu Reibungsverlusten.

Nachdem ihn Lassalle in einen »todlangweiligen« Ballettabend geschleppt und ihn direkt neben der Loge von Wilhelm I., dem König und späteren Deutschen Kaiser, vormals Kartätschenprinz (der, der das Wort erfunden hatte, wurde übrigens 1849 hingerichtet) platziert hatte, gab Lassalle zu Karls Ehren ein großes Dinner.

Trotzdem auch hier: Karl »ennuyierte sich wie ein Mops«. Und beim Champagner prallten ihre Ansichten aufeinander:

»Lieber Marx, die von euch angestrebte Diktatur des Proletariats wird nicht funktionieren. Das Proletariat kann nicht führen, es muss geführt werden. Der Arbeiter braucht einen Diktator, der ihm sagt, was er tut.«

Karl stieß das perlende Zeug auf. Bier war ihm lieber.

»Wenn die Zeit kommt, weiß das Proletariat selbst, was es zu tun hat.«

»Völlig ohne Führung?« Lassalle war der Stumpen, den Karl rauchte, zu viel für seine Nase, oder waren es die Furunkel? Karl konnte sich deswegen oft selbst nicht riechen. Lassalle zog eine feine Zigarre aus einem feinen Ledermäppchen, während Karl parierte:

»Nein, aber die muss gewählt werden und gewahr sein, jederzeit abgesetzt zu werden, wenn sie Scheiße baut.« Die Nachbarin Karls, eine hässliche Dörrzwetschge, die immer versucht hatte, etwas Poetisches in die Unterhaltung einzubringen, die aber von Karl komplett ignoriert wurde, musste kichern, als sie das unfeine Wort aus dessen Mund hörte.

»Probier die mal, eine Ramón Allones aus Kuba«, nötigte Lassalle Karl die teure Zigarre auf und erklärte weiter die Welt:

»Das ist in der Praxis undurchführbar. Führung muss beständig …«

»Führerschaft ist keine angenehme Sache.« Karl zwickte die Zigarre an. Lassalle gab Feuer. Die Hässliche grinste und versuchte, wieder was Außergewöhnliches zu sagen, wurde aber sofort durch Lassalles Offenbarung abgeschnitten.

»Für mich schon … Ich bin ein Arbeiterdiktator.«

»Ich wollte nie Diktator sein.« Die Ramón Allones schmeckte. Karl genoss es, so teures Zeug würde er sich nie leisten können.

»Keine falsche Bescheidenheit, Marx. – Ich jedenfalls werde nicht zögern, diktatorisch zu herrschen, wenn es soweit ist.«

Lassalle sah sich schon als ungekrönten König des Proletariats.

Karl wurde profan: »Ich muss pinkeln!« Er enteilte.

»Vielleicht schreibe ich eine neue Hegelsche Philosophie in der 2ten

Potenz, oder ich werde vielleicht doch lieber Archäologe statt Diktator! In Ägypten …«, Lassalles Koketterie hörte Karl gar nicht mehr.

Auf dem Pissoir gab es eine Überraschung: Plötzlich war alles von dunklen Gestalten angefüllt, die sich hinter Karl, der an der Pinkelrinne stand, sammelten. Einer, diesmal völlig ohne Hut, kontrollierte erst die Abtritte dahinter, ob sich jemand Gefährliches darin verstecke oder ob eine Bombe im Plumpsklo installiert sei, und schälte sich dann heraus.

»Herr Stieber, I presume. Wollen Sie mich verhaften?« Karl schloss den Hosenschlitz und drehte sich herum.

Stieber sagte nichts, sondern nieste. Da hörte man das Tocken eines Stockes. Aus dem Dunkel erschien Ferdinand von Westphalen. Er baute sich, stockgestützt, im Gegenlicht der Gaslaterne, also als Schatten, vor Karl auf. Eine dünne, ausgezehrte Gestalt. Durch die wird man bald ganz durchgucken können, dachte Karl – und der Dünne hatte sogar eine dünne Stimme.

»So schnell verhaften wir Preußen nicht.«

»Ferdinand, mein herzallerliebster Schwager. Beinahe hätte ich dich nicht erkannt.«

»Was man von dir nicht sagen kann, dein Bild hängt überall …«

»Bei dir im Büro vermutlich, als Steckbrief.«

Stieber wollte schon übereifrig den alten Steckbrief herausholen. Doch Ferdinand bremste ihn mit einer Handbewegung

»Hältst du mich für so böse?«

»Du bist ein braver, anständiger Preuße, das ist Infamie genug.«

»Wenn du uns so hasst, warum willst du dann deine Staatsbürgerschaft zurück?«

Karl war einen Augenblick verblüfft.

»Oh, das weißt du auch schon, du wirst sicher mein größter Fürsprecher sein.«

»Sicher nicht. Ich kann dir sogar fest zusagen, dass du kein Preuße mehr werden wirst, niemals.«

»Ich werd's überleben.«

»Und solltest du's in England versuchen, auch da wird man dir die Staatsbürgerschaft verwehren!«

»Immer noch gute Drähte, hm?«

Ferdinand versuchte zu spötteln, was ihm nicht ganz gelang: »Der große Karl Marx, für immer heimatlos …«

»Wie der fliegende Holländer«, musste Stieber jetzt unbedingt einwerfen.

»Gut aufgepasst in der Preußen-Schule, hm?«

Stieber schwieg lieber wieder.

»Und mit deiner Proletenrevolution wird's nun auch nichts mehr«, versuchte Ferdinand zu triumphieren.

»Wart's ab.«

Ferdinand schien plötzlich an Kraft und Spannung zuzunehmen. Im Gegenlicht war er jetzt nur noch ein schwarzer Schatten.

»Revolutionen von unten sind out, um in der Sprache deines Gastgeberlandes zu bleiben. Andere Revolutionen sind in. Und wir …«

»Du willst Revolution machen?«

»Ich nicht, ich bin schon im wohlverdienten Ruhestand …«

»Gratulation. Und da spuren deine Kettenhunde immer noch? Wer ist dein Nachfolger, Lügner Stieber?«

Ferdinand ignorierte die Provokation.

»Ich mache keine Revolution, aber Graf Bismarck.«

»Eure neue Oberbulldogge …«

»… Graf Bismarck wird eine Revolution von oben inszenieren, eine, die euch allen Wind aus den Segeln nimmt. Er wird Deutschland mit Eisen und Blut einen …«

»Mit Blut kennt ihr euch aus, vor allem mit dem Blut Unschuldiger, aber wir werden eine Einigung der Nation begrüßen, wenn es sein muss, einen Einigungskrieg, denn der bringt den Kapitalismus in Deutschland endlich auf Trab und damit letztlich auch die proletarische Revolution.«

Die Spannung im schwarzen Schatten nahm noch zu, oder zuckte er leicht?

»Die wird es nie geben, denn unsere Revolution von oben erlaubt sich, mit sozialen Reformen zu punkten, und dann könnt ihr euch eure Erhebung sonstwohin schieben.«

Karl wunderte sich, dass Ferdinand zur Fäkaliensprache griff. Da musste sich enorm viel Ärger angestaut haben.

»Wir werden immer mehr.« Karl brachte dies so kühl wie möglich an.

»Du meinst die paar lächerlichen Vereinsmeier, die jetzt nach dem Thronwechsel unser Land verunreinigen, die Milchbuben Liebknecht plus Bebel, weil sie Arbeiterversammlungen durchführen, lächerliche sozialdemokratische Parteien gründen wollen? Mit denen sind wir Preußen im Handstreich fertig. Und über früh oder spät werden die zu uns überlaufen …«

Da könntest du recht haben, dachte Marx, Liebknecht Wilhelmchen, das Biederrindvieh, ist ja schon hier gelandet und wird uns bestimmt eines Tages verraten. Bebel, die karierte Vogelscheuche, vielleicht auch.

»… Lassalle ist schon auf unserer Seite«, unterbrach Ferdinand die Blitzgedanken Karls.

Aha, Lassalle auch, hab ich's mir gedacht, der falsche jüdische Nigger. Aber vielleicht blufft Ferdinand nur, um uns zu spalten.

»Tatsächlich!« Karl sagte es ironisch-überrascht.

»Er hat schon Fühlung mit Bismarck aufgenommen. Wenn du das auch tun würdest, könnte ich mit mir reden lassen.«

Ein Karl Marx lässt sich nicht kaufen, dachte Mohr und zögerte doch einen Moment. Dann zog er sein As.

»Ich will dir ungern deine Strohhalme nehmen, Schwager, aber dein Bismarck wird dir deine Schwester nicht zurückbringen. Denn die gehört zu mir wie der Sturm von unten, der da kommen wird, oder, wie sagt ihr so schön, wie das Amen in der Kirche.«

Ferdinand zitterte jetzt vor Wut und trat aus dem Schatten des Gegenlichts heraus. Nun stand er vor Karl.

»Wird er nicht!«

Erst jetzt erkannte Marx hautnah, dass Ferdinand alt und verbittert geworden war. Mohr blickte in ein vor Zorn und Krankheit bebendes schweißgebadetes Gesicht.

Ferdinand wandte sich ab. Auf seinen Stock gestützt, ging er hinaus. Der Hutlose und seine Schergen folgten ihm und sie verschwanden alle als schwarze Schatten im gleißenden Gaslicht des Eingangsleuchters.

(Stieber sollte übrigens unter Bismarck endlich sein Ziel erreichen: Er wurde Geheimdienstchef.)

Ferdinand aber hatte den Kampf um seine Schwester endgültig verloren.

Die glaubte in London allerdings eine Zeitungsente zu lesen, denn Lassalle hatte sofort verbreiten lassen, die Familie Marx käme wieder nach Deutschland. Meine Schwestern und ich waren völlig aus dem Häuschen. England war unser Mutterland und Englisch unsere Sprache. Auch Jenny begriff nicht, warum Karl so eilte, wieder königlich-preußischer Untertan zu werden. Sie wollte viel lieber ein »lose Jroschen« bleiben. Doch Karl schrieb einen beruhigenden Brief. Jenny wiederum konnte es nicht lassen, Lassalle Bescheid zu geben: »Ich habe in allen den kleinsten und entferntesten Winkeln des Herzens gesucht und kein Vaterland gefunden.« Ein solches fand Marx auch nicht.

Denn er ging mit Lassalle von Pontius zu Pilatus, ja sogar (von Lassalle arrangiert) zum Polizeipräsidenten persönlich, und es war klar, die preußische Bürokratie wollte nicht. Auch wenn er versprechen sollte, in London zu bleiben, die Staatsbürgerschaft wollten sie ihm nicht geben. Es war die letzte Rache Ferdinands.

Marx schrieb dazu an seine holländische platonische Liebe: »Deutschland ist ein so schönes Land, dass man am besten außerhalb seiner Grenzen lebt!«

Auch die Idee mit der Zeitung blieb nur eine Idee. Zu verschieden waren die Egos der beiden Kämpfer für das Proletariat.

Endlich kam Marx im April 1861 zurück und brachte Geld aus Holland und Geschenke von Lassalle mit. Dazu war er immer recht. Feine Mäntel für uns Frauen im Hause Marx. Sogar Nim wurde bedient. Wir waren alle ganz stolz, am stolzesten Jenny, die wie ein Pfau im Zimmer umherlief und rief: »Das imponiert dem Philistertum um uns herum, wir sind wieder kreditfähig!«

Karl aber wurde unverzeihlich ausfallend und schrieb an Engels: »Lazarus, der Aussätzige ist der Urtyp des Juden. Nur ist unserem Lazarus der Aussatz ins Hirn geschlagen. Seine Krankheit war ursprünglich schlecht kurierte sekundäre Syphilis.«

Natürlich war das gelogen und eine Reaktion auf Vaters lebenslanges Manko: Mohr wollte kein Jude sein und wäre gern so reich und so promiskuitiv wie Lassalle gewesen.

Im Sommer 1862 kam der tatsächlich zum Gegenbesuch nach London. Er wollte die Weltausstellung im Hydepark sehen. Und Mohr wies die Möhne an, alles, was nicht niet- und nagelfest war, zum Pfandleiher zu bringen, um wenigstens etwas Wohlstand in Form des Tauschwertes Geld vorzugaukeln. Doch Lassalle ließ sich nicht täuschen, das kleine englische Häuschen, die abgewohnten Möbel zeigten ihm, dass hier Reichtum nicht zu finden war. Lassalle aber konnte sich nicht zurückhalten, prahlte mit seinem Wissen und was er alles noch studieren wolle, wen er noch alles übertrumpfe, wieviel tausend Taler er kürzlich an der Börse verspielt habe, sich aber demnächst als Vielfaches wieder hole etc., etc. ...

»Dabei das fortwährende Geschwätz mit der falsch überschnappenden Stimme, die unästhetisch demonstrativen Bewegungen, der belehrende Ton, das wüste Fressen und die geile Brunst des Idealisten.« Das schrieb Mohr an den General.

Dabei lagen Lassalle und Marx in manchen Dingen nicht weit auseinander. Denn der reiche Anwalt sah im Proletariat den »Stand«, der dazu berufen sei, »das Prinzip seines Standes zum Prinzip des gesamten Zeitalters zu erheben«, die ganze Gesellschaft »zu einem Abbild seines eigenen Gepräges zu gestalten«.

Für Mohr war das Konkurrenz, gefährliche, vermutlich weitaus populärere Konkurrenz und er kaprizierte sich auf das Wort »Stand«, das natürlich seinem viel besseren Begriff »Klasse« nicht das Wasser reichen konnte. Das sei eine baumhohe Schamlosigkeit. Ansonsten behauptete er, Lassalle habe das meiste seiner Theorien vom kommunistischen Manifest abgeschrieben. Und natürlich nagte in ihm die Behauptung des Schwagers Ferdinand, Lassalle sei bereit, mit dem kommenden Preußen-Diktator Bismarck zu paktieren. Was er ja dann tatsächlich noch versucht hatte.

Im Sommer 1862 wollte Lassalle aber auch Mohrs Unterstützung für den Wahlkampf in Preußen und den Kampf für ein gerechtes Wahlsystem, denn die wenigen Reichen hatten dort viel mehr Stimmen als die zahlreichen Armen.

»Ich verlange staatliche Hilfe für die durch mich entstandenen Arbeitergenossenschaften! Ist das nicht wunderbar radikal?«

»Daran ist gar nichts radikal«, gab Karl zurück, während er sich wieder gerne an Lassalles kubanischen Allones-Zigarren bediente.

»Ihr seid Althegelianer geblieben«, wetterte Mohr weiter, »die rekurrieren auf den Staat, auf den preußischen Staat. Doch wenn der preußische Staat das Proletariat unterstützt, dann wird das Proletariat geschwächt und ist dann nicht mehr revolutionär!«

»Hauptsache, es geht ihm besser!«

»Einen preußischen Sozialismus kann es nicht geben, das ist wie Feuer und Wasser. Und du willst Kompromisse mit dem Feudalismus schließen, da kann ich nicht mitmachen! Never. Außerdem fehlt dir der Internationalismus und die zusammenhängende Theorie.«

»Auf die bin ich schon lange gespannt, wann wirst du sie uns vorstellen?«

Lassalle hatte einen wunden Punkt getroffen. Die Theorie war immer noch nicht fertig. »Weil du mich aufhältst«, hätte Karl gern gesagt. Doch das verkniff er sich. Die Zigarre schmeckte trotzdem gut und Lassalle ließ eine Droschke holen, um zum Hydepark zu fahren.

Im Abgang rief er noch:

»Wir müssen das allgemeine Wahlrecht in Preußen fordern!«

»Das bringt nichts, wenn nicht auch die bürgerlichen Freiheitsrechte dabei sind, wie 1848 gefordert!«

»Das holen wir später …«, und schon war er weg.

Was der allein für Droschken ausgibt, dachte Mohr, davon könnten wir ein halbes Jahr leben. Was natürlich auch nicht stimmte, denn Mohr und Möhne gaben ähnlich viel Geld aus. Allein die ganzen teuren, verklemmten Mädchen-Schulen, die Jenny und Laura besuchen durften.

Auch Möhne sagte damals nur Böses über Lassalle, bezeichnete ihn ebenfalls als ›Nigger‹ und ›Itzig‹, mokierte sich über seine hohe Stimme und dass sich die Nachbarn deswegen beschwert hätten. Als Lassalle auch noch vorschlug, Jennychen oder Laura als Gesellschafterin der Gräfin Hatzfeld mitzunehmen, alles nur um uns Geld zu verschaffen, was die blonde Laura gern gemacht hätte, war Möhne fast beleidigt. Noch schlimmer wurde es, als (das Geld aus Holland war längst wieder perdu) Fleischer, Bäcker, Vermieter, Steuereintreiber sich mal wieder die Klinke in die Hand gaben und Lassalle das alles mitbekam. Wie peinlich. Er war bereit, uns Geld zu leihen, aber nur, wenn der General bürgen würde. Das war noch peinlicher.

Und Mohr, statt froh zu sein, schlug weiter um sich und berichtete Engels nach Lassalles Abreise: »Es ist mir jetzt völlig klar, dass er, wie auch seine Kopfbildung und sein Haarwuchs beweist, von den Negern abstammt, die sich dem Zug des Moses aus Ägypten anschlossen.«

Nun, Mohr selber hieß nicht umsonst Mohr, und insgeheim hat er sich oft als Moses des Proletariats gesehen. Er war also Lassalle ähnlicher als allen andern.

»Jüdischer Selbsthass«, kommentierte Freddy, sein ungeliebter Sohn, kurz und knapp Tussys Ausführungen.

Marx und Lassalle sahen sich nie wieder.

Zwei Jahre nach seinem Abschied von den Marxens aus London war Lassalle tot.

Warenfetischismus

Doch die zwei Jahre bis dahin arbeitete Marx weiter am *Kapital* und die Furunkel an ihm.

Bevor er erklärte, wie die einen zu Fabrikanten und die anderen zu Proletariern wurden, denn alles hat ja einen Anfang, näherte er sich nochmals einem gar merkwürdigen Wesen: der Ware – und wie sie in die Welt kam.

Doch er fand keinen Anfang und diesmal fragte er nicht Jenny, denn die war wieder malad, hauptsächlich an der Seele, wollte erneut bei ihren toten vier Kindern im Grab liegen und schien zu keinen Tipps fähig, auch als Sekretärin musste Jennychen einspringen. Und Jennychen verteilte Fragebogen, die alle in der Familie auszufüllen hatten: »Wer ist der größte Held in der Geschichte? Wer die größte Heldin und wer die Person, die man am wenigsten mag?« Nun, Karl hatte den Fragebogen oberflächlich ausgefüllt, Jenny schon poetischer. Aber Lenchen, Lenchen hatte als Person, die sie gar nicht mag, Lassalle angegeben und als größte Heldin ihre Kaffeekanne, als größten Held aber ihren Kochtopf.

Mohr fragte nach: »Warum dein Kochtopf?«

Und Lenchen – sie sah ihm dabei ohne Scheu in die Augen, sodass Mohr seinen Blick nach einer Weile abwandte – gab bereitwillig Auskunft: »Mei Kochtopf / aabe macht, was er will, er iss wie e Mensch, manchmol lässt er alles anbrenne, manchmol vollbringt er Wunnder und zaubert aus Kartoffelschäälе e Supp, unn manchmol hat er gar komische Ferz im Kopp unn will net koche oder kocht iwwer vor Begeischterung, unn manchmol will er mir saagn, wie wertvoll er iss, dass ihn niemand bezahle kann, weil er nämlich e Erbstück der von Westphalens iss, von Adel sozusaahn.«

Mohr wurde klar, dass die Ware »ein sehr vertracktes Ding ist, voll metaphysischer Spitzfindigkeit und theologischer Mucken. Soweit sie Gebrauchswert, ist nichts Mysteriöses an ihr.«

Aber nimmt man z. B. einen Kochtopf oder einen Tisch und macht ihn zur Ware, »verwandelt er sich in ein sinnlich übersinnliches Ding. Es steht nicht nur mit seinen Füßen auf dem Boden, sondern stellt sich allen anderen Waren gegenüber auf den Kopf und entwickelt aus seinem Holzkopf Grillen, viel wunderlicher als wenn er aus freien Stücken zu tanzen begänne.«

Denn das Geheimnisvolle der Warenform besteht darin, »dass sie den Menschen die gesellschaftlichen Charaktere ihrer eigenen Arbeit als gegenständlichen Charakter der Arbeitsprodukte selbst, als gesellschaftliche Natureigenschaften dieser Dinge vorspiegelt«.

Die Warenform hat mit der physischen Form des Dinges nichts zu tun.

»Es ist nur das bestimmte gesellschaftliche Verhältnis der Menschen selbst, welches hier für sie die phantasmagorische Form eines Verhältnisses von Dingen annimmt.«

»Eine Verkehrung von Wirkung und Ursache«, warf Freddy ein, als Tussy vorlas. Und sie zitierte weiter:

»Um daher eine Analogie zu finden, müssen wir in die Nebelregion der religiösen Welt flüchten. Hier scheinen die Produkte des menschlichen Kopfes mit eigenem Leben begabte, untereinander und mit den Menschen im Verhältnis stehende selbständige Gestalten.«

»Das ist der Fetischismus!« Freddy hatte des Pudels Kern im Mund.

Die Waren als Privatarbeiten »erscheinen nicht als unmittelbare Verhältnisse der Personen in ihren Arbeiten selbst, sondern vielmehr als sachliche Verhältnisse der Personen und gesellschaftliche Sachen«.

Tussy rief: »die Verdinglichung der Menschen!«

»Die Vermenschlichung der Dinge!«, ergänzte Freddy und beide sahen sich an und verstanden sich. Brüderlein und Schwesterlein for ever. Tussy las weiter:

Denn »der Wert verwandelt vielmehr jedes Arbeitsprodukt in eine gesellschaftliche Hieroglyphe«. Und für die Menschen als Austauschende besitzt »ihre eigene gesellschaftliche Bewegung« für »sie die Form einer Bewegung von Sachen, unter deren Kontrolle sie stehen, statt sie zu kontrollieren«.

Mohr hatte sich nicht mehr unter Kontrolle, seit über zwölf Jahren saß er auf Platz 7 unter der gigantischen Kuppel des Lesesaals des Britischen Museums, der größten Bibliothek der Welt, qualmte als einziger der wissbegierigen Leser, hatte ca. 1 500 Bücher verschlungen, Tausende von Seiten abgeschrieben, sich die Augen kaputt gemacht von 9 Uhr morgens bis 19 Uhr abends, und was war das Ergebnis: »Wieder Karbunkel unter der rechten Brust« dann »in der rechten Lende einen beginnenden Karbunkel«. Der Doktor stellte eine »Acne inversa« fest, eine schmerzhafte Hautkrankheit, die zu immer größeren Knoten führt. Karl wollte auf den Schindanger geworfen werden und »verrecken«. Doch er hatte eine gute Konstitution, eine Pferdenatur, eine arg gequälte. »An allen Ecken« und

Enden des »Cadavers« will es ausbrechen – auch »near dem inexpressible part of the body«.

Hinzu kam monatelanges »fast tägliches Erbrechen, wie früher in Brüssel«. Dem General in Manchester wurde selber schlecht von Mohrs Krankenakte, aus der er täglich briefliche Auszüge bekam.

Und Karl schritt zur Selbstbehandlung: »Heute nahm ich ein scharfes Rasiermesser und schnitt den Hund in eigener Person (ich kann Ärzte nicht zwischen den Geschlechtsteilen oder in ihrer Nähe dulden.)«

Und Engels, schon ganz grün im Gesicht, musste weiter lesen, was Karl ihm schon bei seinem letzten Besuch in Manchester angedeutet hatte, dass »das Jucken und Kratzen zwischen dem Hoden und dem Podex seit zweieinhalb Jahren und das Abschälen der Haut, infolge davon, meinen Körper mehr aufreibt als irgendetwas anderes«.

Die ursprüngliche Akkumulation

Sehr aufreibend war auch das, was Karl im 24. Kapitel des *Kapitals* schilderte. Die sogenannte ursprüngliche Akkumulation. Sie »spielt in der politischen Ökonomie ungefähr dieselbe Rolle wie der Sündenfall in der Theologie«. Denn der Kapitalismus begann mit Raub. Er konstituierte sich im 16. Jahrhundert, als sich die feudalen Strukturen auflösten, die Bauern nicht mehr leibeigen, nicht mehr an die Scholle des Feudalherren gebunden waren. Sie wurden enteignet, landadlige Pächter verleibten sich das Land ein, vertrieben die Bauern, die sich als freie Arbeiter auf den Arbeitsmarkt geschleudert sahen. »Den unmittelbaren Anstoß dazu gab in England das Aufblühen der flandrischen Wollmanufakturen und das entsprechende Aufblühen der Wollpreise.« Für die Grundherren wurde es plötzlich profitabel, Ackerland in Weideland für Heidschnucken, Schafe, umzuwandeln. Schlimmer als die Wölfe wüteten sie. »Die Wohnungen der Bauern und die Cottages der Arbeiter wurden gewaltsam niedergerissen oder dem Verfall geweiht.«

Thomas Morus sprach in seiner *Utopia* von dem sonderbaren Land, »wo Schafe Menschen auffressen«. Auch Gemeindeeigentum, »eine altgermanische Einrichtung«, wurde in Viehweiden verwandelt. Kircheneigentum geraubt. Es war die »usurpatorische und mit rücksichtslosem Terrorismus vollzogene Verwandlung von feudalem Claneigentum in modernes Privateigentum«. Sarkastisch schrieb er über sehr »idyllische Methoden der ursprünglichen Akkumulation«. Sie »einverleibten den Grund und Boden dem Kapital und schufen der städtischen Industrie die nötige Zufuhr von vogelfreiem Proletariat«.

Die Pächter aber profitierten von den steigenden Preisen von Korn, Wolle und Fleisch und wurden reich. Die Zunftschranken fielen. Und das Kolonialsystem, »die Entdeckung der Gold- und Silberländer in Amerika, die Ausrottung und Versklavung und Vergrabung der einheimischen Bevölkerung in die Bergwerke, die beginnende Eroberung und Ausplünderung von Ostindien, die Verwandlung von Afrika in ein Geheg zur Handelsjagd auf Schwarzhäute bezeichnen die Morgenröte der kapitalistischen Produktionsära«. Die ursprüngliche Akkumulation verbreitete sich in »Spanien, Portugal, Holland, Frankreich und England«.

Die Methoden beruhten »auf brutalster Gewalt«. Denn »Gewalt ist der Geburtshelfer jeder alten Gesellschaft, die mit einer neuen schwanger geht. Sie ist selbst eine ökonomische Potenz.«

Die Kapitalisten wurden mit Gewalt geboren, sie hatten jetzt Geld, Rohstoffe, Manufakturen, sprich konstantes Kapital.

Und aus den Ex-Bauern wurden »freie« Arbeiter, Proletarier, die nichts als ihre Arbeitskraft verkaufen konnten, sie verwandelten sich in variables Kapital und damit in die Quelle des Reichtums, in Mehrwertproduzenten.

Die Ausgestoßene III

Der General aber saß in Manchester und widerwillig spielte er den Ausbeuter, versorgte Karl mit Geld, ohne je eine Zeile des *Kapitals* zu lesen zu bekommen, bevor es fertig war. Und so er nicht auf die Jagd ging in seiner Freizeit oder in die Kneipe, führte er mit seiner Mary Burns, der Frau, die ihm die Ausbeutung gezeigt und ihn für den irischen Freiheitskampf, ja die Iren begeistert hatte, der Frau, die auch mit Lizzys Hilfe irische Freiheitskämpfer versteckte, von Engels geduldet, wenn nicht gefördert, ein schönes, wenig wildes Eheleben. Er genoss auch die Zuneigung und nichtkörperliche Liebe ihrer Schwester Lizzy, die Karl vor Jahren so erregte. Und Mary hatte längst vergessen, wie schlecht sie einst von Jenny und Genossinnen behandelt worden war.

Zeitweilig ließ Möhne gar brieflich Grüße ausrichten.

Doch eines Tages im Jahr 1863 und völlig unerwartet war Mary tot und der General völlig down.

Seine geliebte Mary, erst 41 Jahre alt, war plötzlich, vermutlich an Schlaganfall, gestorben, ihr jahrelanges Schuften in der Fabrik und ihr in den letzten Lebensjahren zunehmender Alkoholkonsum hatten sie dahingerafft.

Der General schrieb: »Mein lieber Mohr, Mary ist tot. Gestern Abend legte sie sich früh zu Bett, als Lizzy sich gegen 12 Uhr schlafen legen wollte, war sie schon gestorben. Ganz plötzlich, Herzleiden oder Schlagfluss. Ich erfuhr es erst heute morgen, am Montagabend war sie noch ganz wohl. Ich kann dir nicht sagen, wie mir zumute ist. Das arme Mädchen hat mich mit ihrem ganzen Herzen geliebt.« Und er sie auch, das konnte er aber nicht zugeben.

Nun, Marx, gewohnt von sich und seinen Leiden zu schreiben, reagierte ziemlich herzlos: »Die Nachricht vom Tode der Mary hat mich ebenso überrascht, als bestürzt. Sie war sehr gutmütig, witzig und hing fest an Dir. Mag der Teufel wissen, dass nichts als Pech sich jetzt ereignet.« Und schon kam wieder die Leier von seinen Nöten: »Ich weiß auch absolut nicht mehr, wo mir der Kopf steht. Meine Versuche, in Frankreich und Deutschland Geld aufzutreiben, sind gescheitert … In meinem eigenen Hause spiele ich den schweigsamen Stoiker, um den Ausbrüchen der andern Seite (gemeint war Jenny) das Gegengewicht zu halten … Hätte nicht statt Mary meine Mutter, die ohnehin jetzt voll körperlicher Gebrechen und ihr Leben gehörig ausgelebt hat?«

Engels war tief getroffen, hatte er doch beim Tod der Marx'schen Kinder immer einfühlsam reagiert. Tagelang weigerte er sich zu antworten. Zwischen den Freunden, die sich sonst jeden Tag schrieben, herrschte Schweigen. Engels überlegte. Sollte er Marx die Freundschaft kündigen? Sollte er die Familie verkommen lassen und damit dafür sorgen, dass das *Kapital* nicht fertig würde? Engels bekam einen roten Kopf. Eine solche Gemeinheit, eine solche Missachtung seiner Person und erneut der von Mary, so wie damals in Brüssel, als Mary von der feinen Aristokratin Jenny nicht akzeptiert wurde. Engels platzte fast vor Wut.

Doch erstmal beerdigte er Mary. Schneeflocken tanzten und überzogen die gefrorene Erde mit leichtem weißen Flaum, als der Sarg hinabglitt. Lizzy hielt dem General die Hand. Einige Freunde waren da und eine ganze Menge Arbeiter, ja sogar ein paar Iren, die hier illegal lebten und ihrer Helferin ihren Respekt zollten, ihre abgetragenen Hüte lüfteten und die Schneeflocken auf ihren ausgemergelten Häuptern schmelzen ließen. Eine seltsame Gruppe hatte sich hier zusammengefunden. Kapitalisten und Proletarier. Als alle kondoliert hatten und gegangen waren, natürlich sollte es noch ein Besäufnis geben im Pub um die Ecke, Engels hatte beide antagonistischen Klassen eingeladen, trat er nochmals ans Grab, bevor es zugeschüttet wurde. Auch auf dem polierten Holz schmolzen die Flocken, als würde Marys Körper noch Wärme ausstrahlen. Fast 20 Jahre hatte er mit dieser Irin gelebt. Sie war die Liebe seines Lebens.

»Mary, verzeih mir alles, was ich dir angetan habe, die andern Frauenzimmer und dass ich dich nicht sofort weggeholt habe aus der Bone Mill, aus der Fabrik meines Alten. I'm so sorry about that!«

Lizzy stand nun neben ihm, nahm wieder seine Hand und gab ihm ein Tuch zum Schnäuzen. Und wieder fiel ihm Mohrs Brief ein.

Nur Lizzy konnte seine Wut dämpfen, ihn beruhigen, und sie machte ihm unmissverständlich klar, sie werde von jetzt an Marys Platz einnehmen, ihm eine gute Frau sein. Engels war sprachlos, aber Lizzy ließ ihn seine Sprache wiederfinden.

»Write the genius, write him a letter, an evil letter! Schreib dem Genie einen bösen Brief, er hat es verdient.«

Und der General schrieb:

»Du wirst es in Ordnung finden, dass diesmal mein eignes Pech und deine frostige Auffassung desselben es mir positiv unmöglich machten, dir früher zu antworten. All meine Bekannten, einschließlich Philister unter ihnen haben mir bei dieser Angelegenheit mehr Anteilnahme erwiesen als der, den ich für meinen besten Freund hielt. Du fandest den Moment passend, die Überlegenheit deiner kühlen Denkungsart geltend zu machen. Soit!«

Mohr reagierte erst beleidigt, als er den Brief las.

»Frecher Kerl!« Jenny war gerade dabei, Karls unleserliche Handschrift in ihre feine zu übertragen, hatte also, trotz aller »anderen Seite« sich ihrem Schicksal fügend, ihre Sekretärinnentätigkeit wiederaufgenommen und fragte neugierig: »Was ist denn, Karl?«

»Engels kündigt mir die Freundschaft. Okay! So sei es denn …«

Jenny hätte gern zugestimmt, denn Engels nahm ihr seit über 20 Jahren den Mann, doch sie begriff sofort, was dies bedeuten würde, und schaltete um.

»Karl, ich glaube, du hast einen Fehler begangen, du musst dich entschuldigen!«

»Ich, bei wem?«

Mohr meinte das durchaus ehrlich, er wusste es wirklich nicht.

»Beim General!«

»Warum ich? Außerdem konntest du Mary nie leiden.«

Jenny fing an zu heulen, war es echt? Sicher, denn ohne Engels waren sie verloren. Nicht ohne Arroganz hörte man sie reden:

»Das habe ich nie gesagt, ihre nicht standesgemäße Lebensweise hat mich gestört, sie konnte ja nicht einmal schreiben. Aber sie war Engels' Frau, wenn auch illegale Frau, und die Trauer deines besten Freundes musst du teilen.«

Mohr zeigte sich erstaunt.

Jenny heulte weiter. Das klang sehr echt, war es aber vermutlich nicht:

»Und außerdem tut sie mir furchtbar leid.«

Karl konnte heulende Weiber nicht ausstehen, außer wenn Jenny griente, das rührte ihn immer ungemein und machte ihn wehrlos. Jenny wusste das natürlich. Sie war so voller Schleim, dass man sie fast nicht verstand.

»Du musst dich entschuldigen!«

»Was?«

»Du musst dich entschuldigen!«

»Ich habe mich noch nie entschuldigt.«

Schließlich rang sich Mohr – nach mehreren Tagen Pause, wie Engels – doch dazu durch und schrieb an den General:

»Es war von mir sehr unrecht, dass ich Dir den Brief schrieb, und ich bereute ihn, sobald er abgeschickt war.«

Er sei morgens, als die Todesnachricht gekommen war, sehr erschüttert gewesen, vergaß aber nicht zu erwähnen und kriegte sogleich wieder Oberwasser, dass abends wieder gar Schreckliches geschehen sei: »Ich hatte den Broker im Haus vom Landlord, einen Wechselprotest vom Metzger, Mangel an Kohlen und Lebensmittel im Haus und Jennychen im Bettchen liegen.«

Engels zeigte sich großzügig und akzeptierte die Entschuldigung. »Man kann nicht so lange mit einem Frauenzimmer zusammenleben, ohne ihren Tod furchtbar zu empfinden. Ich fühlte, dass ich mit ihr das letzte Stück meiner Jugend begrub. Als ich deinen Brief erhielt, war sie noch nicht begraben.

Ich sage dir, der Brief lag mir eine Woche lang im Kopf, ich konnte ihn nicht vergessen. Never mind, dein letzter Brief macht ihn wett, und ich bin froh, dass ich nicht auch mit der Mary gleichzeitig meinen ersten und besten Freund verloren habe.«

Mohr aber triumphierte insgeheim und versicherte Engels, dass er große Furcht gehabt habe, es gäbe einen »Riss in unserer Freundschaft«, und schob dann alles auf Jenny: »Die Weiber sind komische Kreaturen, selbst die mit viel Verstand ausgerüsteten. Morgens weinte meine Frau über die Marie und deinen Verlust, sodass sie ihr eigenes Pech, was gerade an dem Tag kulminierte, ganz vergaß, und abends glaubte sie, dass außer uns kein Mensch in der Welt leiden könne, der nicht den Broker im Haus habe und Kinder habe.«

Nun, der General schien den Ärger zu vergessen, doch ich hatte immer das Gefühl, dass dieses Ereignis ihn tief getroffen und er Mohr seine damalige Kälte nie ganz verziehen hat.

Die Akkumulation des Kapitals

Mohr kam in seinem Werk auf die Akkumulation zu sprechen. Sie hat nichts mit einem elektrischen Akkumulator zu tun, sondern sie ist die »Anwendung von Mehrwert als Kapital oder die Rückverwandlung von Mehrwert in Kapital«.

Kapital (C) ist also konstantes Kapital (c, Rohstoffe, Maschinen etc.) plus variables Kapital (v, Arbeiter) plus Mehrwert (m).

C = c + v + m

Angenommen, ein Garnfabrikant investiert 10 000 Pfund

c = 8 000 Pfund plus v = 2 000 Pfund und die Mehrwertrate m/v ist 1, dann ergibt dies einen Mehrwert von m = 2 000 Pfund.

Aus 10 000 Pfund ist Garn im Wert von 12 000 Pfund geworden.

Den 2 000 Pfund sieht man nicht an, dass sie Mehrwert sind. Doch sie sind es. Diesen Gewinn behält der Kapitalist nun aber nicht vollständig für sich. Dann wäre er ein Schatzbildner, ein verrückt gewordener Kapitalist.

Er behält nur einen Teil davon für sich, der ermöglicht ihm ein relatives Luxusleben. Den größeren Teil jedoch steckt er in neue Maschinen (c) und neue Arbeiterinnen (v), die ihm noch mehr Mehrwert (v) bringen sollen. Er akkumuliert.

Die Vermehrung des Wertes ist sein eigentliches Ziel. Insofern interessiert ihn bei seiner Ware nur der Tauschwert, bei den Arbeiterinnen deren geringer Wert der notwendigen Arbeitszeit (geringer Lohn), beim Mehrwert ein möglichst hoher Betrag, erreicht durch

Ausdehnung der Arbeitszeit (12 statt 10 Stunden), Intensivierung der Arbeit (mehr Garn durch schnelleres Arbeiten) und Steigerung der Produktivkraft der Arbeit (mehr Garn durch gleichen Arbeitseinsatz mittels neuer Maschinen und Rationalisierung des Arbeitsprozesses). Aus G (Geld) soll G' (mehr Geld) werden. Das ist sein Ziel, alles andere ist zweitrangig. Und so muss er ständig akkumulieren. Eine maßlose Bewegung.

Wobei die »Entwicklung der Produktivität der gesellschaftlichen Arbeit der mächtigste Hebel der Akkumulation wird«. Das heißt, mit immer mehr verbesserten Maschinen kann eine immer größere Wertmenge bei gleichbleibendem Arbeitseinsatz hergestellt werden. Da die einzelne Ware dadurch immer billiger wird, müssen immer mehr Waren hergestellt werden, um Gewinn zu machen. Gleichzeitig steigt der Anteil der Maschinen, das konstante Kapital (c) nimmt gegenüber dem variablen Kapital (m) zu. Viele Arbeiterinnen werden arbeitslos.

»Mit der durch sie selbst produzierten Akkumulation des Kapitals produziert die Arbeitsbevölkerung also im wachsenden Umfang die Mittel ihrer eigenen relativen Überzähligmachung.«

Es entsteht eine industrielle Reservearmee. Und es kommt zu Überakkumulation und Überproduktion. Die gigantischen Warenmengen können nicht mehr konsumiert werden. Krisen sind die Folge.

»Der charakteristische Lebenslauf der modernen Industrie, die Form eines durch kleinere Schwankungen unterbrochenen zehnjährigen Zyklus von Perioden mittlerer Lebendigkeit, Produktion unter Hochdruck, Krise und Stagnation, beruht auf der beständigen Bildung größern oder geringern Absorption und Wiederbildung der industriellen Reservearmee oder Überbevölkerung.«

Während die industrielle Reservearmee wächst, werden die Kapitalisten immer weniger. Es kommt zur Zentralisation: »Je ein Kapitalist schlägt viele tot.« Dies geht »Hand in Hand mit dieser Zentralisation oder der Expropriation vieler Kapitalisten durch wenige«.

Die Folgen sind u. a. »die planmäßige Ausbeutung der Erde«, die »Verschlingung aller Völker in das Netz des Weltmarktes und damit der internationale Charakter des kapitalistischen Regimes«.

Das Kapital braucht neue Märkte, neue Produkte, neue von der Produktion hervorgerufene Bedürfnisse.

Doch immer weniger »Kapitalmagnaten« machen nichts anderes als »usurpieren und monopolisieren«, und auf der anderen Seite »wächst die Masse des Elends, des Druckes, der Knechtschaft, der Entartung, der Ausbeutung, aber auch die Empörung der stets anschwellenden und durch den Mechanismus des kapitalistischen Produktionsprozesses selbst geschulten, vereinten und organisierten Arbeiterklasse. Das Kapitalmonopol wird zur Fessel der Produktionsweise.«

Tussy und Freddy lasen jetzt unisono: »Die Stunde des kapitalistischen Eigentums schlägt. Die Expropriateurs werden expropriiert.«

Die Enteigner enteignet.

»Schön wär's«, fügte Tussy hinzu. »Doch unser Proletariat macht nicht mit, trotz aller Ausbeutung und Konzentration.«

»Noch nicht!« Freddys Antwort klang nicht sehr hoffnungsfroh. Der Tee war inzwischen kalt geworden.

Karl quälte sich weiter mit seinem Werk. Die »Negation der Negation« am Schluss des Buches, die positive Wendung mittels des klassenbewussten Proletariats war recht kurz geraten. Außerdem hatte er sich noch nicht der Zirkulation und dem Profit und der Profitrate, überhaupt dem Gesamtprozess gewidmet. Das war den Bänden 2 und 3 vorenthalten, an denen er schon parallel arbeitete, die ihm aber nicht recht gelingen wollten. Je komplexer, umso schwieriger wurde die Sache.

Natürlich drückte sich dies auch in Karbunkeln aus. Diesmal »am Hintern und in der Nähe des Penis«, was ihm das Sitzen fast unmöglich machte.

Mohr nahm diverse Pillen und Mittel, darunter Arsen und Opium, rauchte und trank und ruinierte seinen Körper weiter. Aber er hatte eben eine Pferdenatur, während andere weniger widerstandsfähig waren und starben. So Lupus, der treue Freund, der unerwartet der Familie Marx eine Erbschaft hinterließ, und schließlich Marxens Mutter. Karl fuhr trotz Karbunkel nach Trier, fand den Tod der »Alten«, die er nicht mochte, nicht sonderlich tragisch, war sie doch 75 Jahre alt geworden, und freute sich auf den Rest der Erbschaft.

Alte Liebe

Der Aufenthalt in Trier erinnerte ihn an seine Jugend und wieder schrieb er einen Liebesbrief: »Liebe gute Herzensjenny, ich bin täglich zum alten Westphalschen Hause gewallfahrt, weil es mich an die glücklichste Jugendzeit erinnert und meinen besten Schatz barg.« Immer wieder sei er nach der »Ballkönigin« gefragt worden, »dem einstmals schönsten Mädchen von Trier«.

Frohgemut zurückgekehrt, hatten wir also – kurzzeitig – wieder Geld und konnten in ein größeres Haus, eine Villa, ziehen. 1, Modena Villas, Maitland Park. Jedes von uns Mädchen hatte jetzt ein Zimmer, es gab einen großen Garten, für Jennychen ein Gewächshaus und für uns alle Haustiere. Die Hunde Whisky und Jocko, Katzen, Schildkröten und Vögel. Und zum ersten Mal konnte sich Jenny ihr Haus so einrichten, wie sie es sich schon immer gewünscht hatte. Wir hatten ein »Home«, das man ohne »Scham und Scheu«, wie sich Möhne ausdrückte, den »englischen Bekannten« von uns Mädels zeigen konnte. Regelmäßig wurden jetzt Shakespeare-Abende veranstaltet und zu Jennychens 21. Geburtstag ein wunderschöner Ball.

Wer aber völlig unerwartet dahinschied, war Lassalle. Mit 39 – und er starb keines natürlichen Todes. Seine Todesursache war die Liebe. Er verknallte sich im Sommer 1864 in die 21jährige Tochter des bayerischen Gesandten in der Schweiz, Helene von Dönniges. Und sie verknallte sich in ihn, ja war ihm verfallen: »Ich will und werde ihr Weib sein!« Doch leider war sie schon verlobt. Und ihr

Vater wollte keinen nichtadligen Juden zum Schwiegersohn. Also forderte Lassalle Helenes Papa zum Duell. Doch der ließ sich durch deren Verlobten, den Rumänen Yanko von Racowitz, vertreten. Und Lassalle ließ sich nicht davon abhalten, sich mit ihm zu schießen. Der konnte es aber besser und der Arbeiterdiktator in spe wurde tödlich getroffen.

Marx war ehrlich schockiert.

»Das Unglück des Lassalle ist mir dieser Tage verdammt durch den Kopf gegangen. Er war doch noch immer der Feind unserer Feinde.« Und »politisch war er sicherlich einer der bedeutendsten Kerle in Deutschland«, schrieb Mohr an Engels. Auch dem ließ es keine Ruhe: »Der Lassalle ist offenbar daran kaputtgegangen, dass er das Mensch nicht sofort in der Pension hergenommen hat, sie wollte nicht seinen schönen Geist, sondern seinen jüdischen Riemen.«

»Was soll mir dazu als Jüdin noch einfallen?«, fragte Tussy Freddy, und der sagte nur: »Du bist keine Jüdin!«

»Doch, und du hast auch jüdische Wurzeln, Bruder!«

Mohr aber war traurig über Lassalles Tod und kondolierte der adligen Witwe, die er mal als »alte Hure Hatzfeld« bezeichnet hatte: »Freuen Sie sich über eines, er ist jung gestorben, im Triumph als Achilles.«

Die Internationale

Kurz nach Lassalles Tod, im September 1865, ich war 10 Jahre alt, verkloppte immer noch Jungs, die inzwischen bürgerlicher waren, so wie unsere Wohngegend, aber immer noch keine Chance gegen mich hatten, beschäftigte sich Mohr (inzwischen 47 und deutlich ergraut, nur der Schnurrbart war noch schwarz) gerade intensiv mit seinem *Kapital* und verdrängte seine Furunkel, als Lenchen einen Gast meldete, der sich nicht abweisen ließ. Victor le Lubez. Er kam im Auftrag mehrerer internationaler Arbeitervereine, die sich in London treffen wollten, und bat um die Teilnahme Marxens. Der war erst skeptisch, erkundigte sich, ob das nicht alles ein Fake sei, und gab schließlich nach. 12 Jahre hatte er politisch geschwiegen, jetzt machte er die Gründung der Internationalen Arbeiterassoziation mit, der 1. Internationalen. Und wieder, wie damals 1848 für den Bund der Kommunisten, verfertigte er ein Manifest.

»Es ist Tatsache, dass das Elend der arbeitenden Massen nicht abgenommen hat während der Periode 1848–1864, und dennoch steht diese Periode mit ihrem Fortschritt von Industrie und Handel beispiellos da in den Annalen der Geschichte.«

Und seine ökonomischen Studien fürs *Kapital* flossen darin ein: So hatte der britische Schatzkanzler Lord Goldstone verkündet, dass die britischen Aus- und Einfuhren dreimal so groß waren wie 1843, nämlich 443 955 000 Pfund Sterling.

»Trotz alledem war er beredt über ›Armut‹. ›Denkt‹, rief er, an die, welche am Abgrund des Elends schweben!‹, an ›nicht gestiegene Löhne‹, an ›das Menschenleben, in neun Fällen von zehn ein bloßer Kampf um die Existenz!‹ Er sprach nicht von dem Volk von Irland, mehr und mehr ersetzt durch Maschinerie im Norden und durch Schafweiden im Süden, obgleich selbst die Schafe in jenem unglücklichen Lande abnehmen – es ist wahr, nicht ganz so rasch als die Menschen.«

Denn »›Dieser berauschende Zuwachs von Reichtum und Macht‹«, fügt Herr Gladstone hinzu, ›ist ganz und gar auf die besitzenden Klassen beschränkt.‹«

Und Mohr zitierte den sechsten Bericht über den Zustand der öffentlichen Gesundheit. »Was entdeckte der Doktor? Dass Seidenweber, Näherinnen, Handschuhmacher, Strumpfwirker und andre Arbeiter jahraus, jahrein im Durchschnitt nicht einmal jene Notration der unbeschäftigten Baumwollarbeiter erhalten, nicht einmal jenen Betrag von Kohle und Stickstoff, der ›grade hinreicht zur Abwehr von Hungerkrankheiten‹.«

Und er enthüllte »die Tatsache, dass ungefähr dreitausend Personen ein jährliches Einkommen von ungefähr 25 Millionen Pfd.St. unter sich teilen, mehr als das Gesamteinkommen, welches der Gesamtmasse der Ackerbauarbeiter von England und Wales jährlich zugemessen wird!«

Der Saal erregte sich.

»Und so ist es jetzt in allen Ländern Europas eine Wahrheit, erwiesen für jeden vorurteilsfreien Geist und nur geleugnet durch die interessiert klugen Prediger eines Narrenparadieses, dass keine Entwicklung der Maschinerie, keine chemische Entdeckung, keine Anwendung der Wissenschaft auf die Produktion, keine Verbesserung der Kommunikationsmittel, keine neuen Kolonien, keine Auswanderung, keine Eröffnung von Märkten, kein Freihandel, noch alle diese Dinge zusammengenommen das Elend der arbeitenden Massen beseitigen können, sondern dass vielmehr umgekehrt, auf der gegenwärtigen falschen Grundlage, jede frische Entwicklung der Produktivkräfte der Arbeit dahin streben muss, die sozialen Kontraste zu vertiefen und den sozialen Gegensatz zuzuspitzen.«

Breite Zustimmung.

»Alle Versuche, die Chartistenbewegung aufrechtzuerhalten oder neu zu gestalten, scheiterten vollständig, alle Pressorgane der Arbeiterklasse starben, eins nach dem andern, an der Apathie der Masse, und in der Tat, nie zuvor schien die englische Arbeiterklasse so ausgesöhnt mit einem Zustand politischer Nichtigkeit.«

Die Unmutsäußerungen im Saal kulminierten.

»Und dennoch war die Periode von 1848 bis 1864 nicht ohne ihre Lichtseite. [...] Nach einem dreißigjährigen Kampf, der mit bewundrungswürdiger Ausdauer geführt ward, gelang es der englischen Arbeiterklasse durch Benutzung eines augenblicklichen Zwiespalts zwischen Landlords und Geldlords, die Zehnstundenbill, den 10-Stundentag durchzusetzen.«

Der Saal jubelte.

»Die Mittelklasse hatte durch die notorischsten Organe ihrer Wissenschaft, durch Dr. Ure, Professor Senior und andre Weisen von diesem Schlag, vorhergesagt und nach Herzenslust demonstriert, dass jede gesetzliche Beschränkung der Arbeitszeit die Totenglocke der englischen Industrie läuten müsse, einer Industrie, die vampirmäßig Menschenblut saugen müsse, vor allem Kinderblut. In alten Zeiten war der Kindermord ein mysteriöser Ritus der Religion des Moloch, aber er ward nur bei besonders feierlichen Gelegenheiten praktiziert, vielleicht einmal im Jahr, und zudem hatte Moloch keine besondere Liebhaberei für die Kinder der Armen.«

Der Mohr konnte reden und mitreißen.

»Politische Macht zu erobern, ist daher jetzt die große Pflicht der Arbeiterklassen. Sie scheinen dies begriffen zu haben, denn in England, Frankreich, Deutschland und Italien zeigt sich ein gleichzeitiges Wiederaufleben und finden gleichzeitige Versuche zur Reorganisation der Arbeiterpartei statt.«

Der Saal war bereit zu erobern.

»Es war dies Bewusstsein, das die Arbeiter verschiedener Länder, versammelt am 28. September 1864 in dem öffentlichen Meeting zu St. Martin's Hall, London, anspornte zur Stiftung der Internationalen Assoziation.«

Der Applaus schwoll an. »Der Kampf für solch eine auswärtige Politik ist eingeschlossen im allgemeinen Kampf für die Emanzipation der Arbeiterklasse. Proletarier aller Länder, vereinigt euch!«

Als Karl den letzten Satz verkündet hatte, tobte der mit über 2000 Menschen angefüllte Saal am Covent Garden. Mohr hatte den Anschluss gefunden ans Kommunistische Manifest 16 Jahre zuvor. Doch die Assoziation, die Internationale, hatte nun wesentlich mehr Einfluss als der Kommunistische Bund. Denn inzwischen gab es Gewerkschaften, und die meisten machten mit. Und Karl glaubte damals auch an die Gewerkschaften. Ihnen traute er mehr Einfluss zu als irgendwelchen Parteien. Natürlich war ihm auch klar, dass die weitere Streuung der Bewegung ihr auch etwas an Radikalität nahm. Nicht alle im Saal waren Sozialisten.

Ein Zentralrat wurde gewählt, dem Mohr auch angehörte, Chef des Ganzen wollte er aber nicht sein. Geistig war er es. Karl forderte den Achtstundentag, Arbeitskooperativen und offizielle Untersuchungen der Arbeitsbedingungen, das Verbot der Kinderarbeit und – in typisch männlich-überheblichem Tonfall – die Gleichberechtigung der Frauen: »Der gesellschaftliche Fortschritt lässt sich exakt messen an der gesellschaftlichen Stellung des schönen Geschlechts (die Hässlichen eingeschlossen).« Jedenfalls war Mohr nicht nur auf Revolution aus, sondern durchaus auch für Reformen zu haben, wenn sie was brachten. 1866/67 stellten sich tatsächlich erste Erfolge ein. In Großbritannien gab es eine Wahlrechtsreform.

Die Jahre vergingen immer schneller. Edgar, Möhnes Bruder und Mohrs Jugendfreund, war mittellos und vom Gelbfieber gezeichnet aus Texas zurückgekehrt, angelockt von, man möchte es nicht glauben, seinem Halbbruder Ferdinand. Jenny, die nicht wusste, wer das eingefädelt hatte, war geschockt. Aus dem »hübschen, flotten jungen Mann ist ein hilfloser, gebeugter, grauhaariger Invalide« geworden. Auch Mohr war berührt. Ein halbes Jahr pflegte Jenny den Bruder. Als Mohr und Möhne erfuhren, dass Ferdinand die Sache eingefädelt hatte, ohne sie zu informieren, waren sie sauer. Und da Edgar, »der geliebte Spielgefährte aus Kindheitstagen«, der »arme Junge«, nicht auch noch dauernd von den Marxens versorgt werden konnte, entschloss er sich, nach Berlin zu Ferdinand zu reisen, der in Übereinstimmung mit seiner Frau den 20 Jahre jüngeren Halbbruder trotz aller charakterlichen und politischen Gegensätze aufnahm. Und tatsächlich verstanden sich die beiden. Wollte Ferdinand, der Pensionist, hier etwas wiedergutmachen?

Stieber aber stieg auf zum Leiter des preußischen Staatsschutzes und war auch für die Sicherheit von Wilhelm I. verantwortlich. Natürlich ließ er auch die Marxens weiter beobachten.

Endlich

Und endlich war 1867 *Das Kapital* (Band 1) vollendet. Das fertige Buch befreite Mohr von den Furunkeln – zumindest zeitweise – und Karl fuhr eigens nach Hamburg zu seinem Verleger. Auf der Rückfahrt traf er auf der Fähre eine Nichte Bismarcks und unterstellte sie seinem Schutz.

Die Welt aber hatte nicht auf Karls Buch gewartet. Die erste Auflage von 1 000 Stück erschien am 15. September und verkaufte sich zäh, und zäh las sich das Buch, das die wenigsten Proletarier verstanden. Erst mit den Jahren kam der Erfolg und das Werk wurde wirkungsmächtig. Sehr wirkungsmächtig.

Engels betrank sich, wie versprochen, als das Buch rauskam, und er glaubte Marx, der Band 2 über die Zirkulation und Band 3 über den Gesamtprozess so schnell als möglich nachzuliefern versprach.

Doch die Lieferungen ließen auf sich warten. Sie kamen zu Lebzeiten Marxens nie. Als *Das Kapital* erschien, war ich 12 1/2 Jahre alt, bekam zu Hause Privatunterricht und fühlte mich immer noch als Junge. Doch Jungs, ich muss es zugeben, interessierten mich jetzt nicht nur als die, die es zu verkloppen galt. Mit Schwesterherz Laura, der blonden Kühlen mit den giftgrünen Augen, Spitzname »Kakadu«, vertrug ich mich immer weniger, sie neidete mir die Zuneigung meines Vaters. Mohr hielt nichts von strenger Erziehung und ließ uns Töchter viel Freiheit. Sobald der Mensch gehen lerne, lerne er zu fallen, meinte er, und durch Fallen lerne man zu gehen. Mohr und ich standen in regem Briefkontakt, Briefe, die wir uns immer wieder unter der Tür durchschoben und die niemand lesen durfte außer uns. Mohr nannte mich »Miss Liliput« und unterschrieb mit »Dr. Wunderlich«. Ich nannte ihn »Old Nick« und unterschrieb mit »Tussy«, nicht mit »Alberich«, wie mich meine Schwestern manchmal nannten. Ich wollte Tussy heißen. Freilich wurde ich von Old Nick regelrecht verwöhnt, was Möhne wiederum nicht so gefiel. Sie war in dem Sinne näher bei Laura, auch legte sie ihre – nicht sonderlich warme – aristokratische Distanziertheit nie ganz ab.

Im gleichen Monat, in dem *Das Kapital* erschien, verlobte sich Laura mit dem Kreolen Paul Lafargue, einem Medizinstudenten aus Paris, Anhänger der Internationalen und Bewunderer von Karl. Mohr aber schwenkte nun plötzlich um und legte großbürgerliche Strenge an den Tag, oder sollte ich sagen: kleinbürgerliche Enge. Er hatte Angst, eine Tochter nach der anderen zu verlieren. Lauras Liebe zum wilden Paul passte ihm gar nicht, und Mohr reagierte weit heftiger als damals sein Vater Heinrich oder gar der von Jenny, der selige Opa Ludwig von Westphalen. Old Nick, wie wir Mohr jetzt öfter nannten, schrieb dem jungen Heißblut einen Brief: »Wenn Sie Ihre Beziehungen zu meiner Tochter fortsetzen wollen, werden Sie Ihre Art den Hof zu machen aufgeben müssen.«

Karl schien seine eigene Werbung um Mama vergessen zu haben, denn er krakelte weiter: »Meiner Meinung nach äußert sich wahre Liebe in Zurückhaltung, Bescheidenheit und sogar in der Schüchternheit des Verliebten gegenüber seinem Idol, und ganz und gar nicht in Gemütsexzessen und in einer zu frühen Vertraulichkeit.«

Doch was er nicht vergessen hatte: »Sie wissen, dass ich mein ganzes Vermögen dem revolutionären Kampf geopfert habe. Ich bedaure es nicht. Im Gegenteil, wenn ich mein Leben noch einmal beginnen müsste, ich täte dasselbe. Nur würde ich nicht heiraten. Soweit es in meiner Macht steht, will ich meine Tochter vor den Klippen bewahren, an denen das Leben ihrer Mutter zerschellt ist.«

Doch Möhne, die angeblich zerschellt war, setzte sich nun, trotz oder gerade wegen ihres Schicksals, für ihre Tochter ein und Mohr wurde überredet. Im April 1868 heiratete Laura, der General war Trauzeuge, und Kakadu, das war Lauras Spitzname, zog mit Lafargue nach Paris. Sie verstanden sich wirklich gut, aber den Klippen sollte auch Laura später nicht entkommen.

Engels erbte 1868 aus dem Nachlass seines Vaters eine große Geldsumme, bezahlte alle Schulden von Möhne und Mohr und ermöglichte ihnen eine jährliche Apanage von 350 Pfund, sicherheitshalber vierteljährlich ausgeliefert. Kosten für immer mehr auftretende Krankheiten wurden extra übernommen.

Ich durfte den General, »Uncle Frederick«, und Lizzy mehrfach in Manchester besuchen, besah mir die grausame Geburtsstadt des Kapitalismus ganz genau, genoss aber auch die komfortable Wohnung der beiden auf den Hängen der Bourgeoisie. Bei Engels gab es immer gut zu essen, Tee im Garten, nie Geldsorgen und immer eine geheizte Wohnung. Und Lizzy faszinierte mich. Wie schon ihre Schwester, und sogar mehr noch als sie, unterstützte Lizzy irische Freiheitskämpfer, versteckte sie und verhalf ihnen zur Flucht. Ich war Feuer und Flamme für die Fenier, wie sie sich nannten, und genoss die abenteuerlichen Erzählungen Lizzys. Sie kannte die Anführer Thomas Joseph Kelly und Timothy Daesy und erzählte lustige Geschichten über sie. Sie soll sogar an der sagenumwobenen Befreiung der berühmten Fenier vom Galgen dabei gewesen sein. Doch Lizzy hüllte sich dazu in Schweigen. »Uncle« Frederick meinte: »Gebt mir 200 000 Irländer und ich werfe die ganze britische Monarchie über den Haufen.«

Ich durfte sogar mit den beiden nach Irland reisen, sah Demonstrationen, Streiks und das brutale Vorgehen der englischen Polizei.

An Möhne und Mohr schrieb ich, 13 Jahre alt. Ich wolle künftig beim General und bei Lizzy bleiben und sogar auf unseren Hund Whisky, die Schildkröten, ja sogar auf des toten Muschs *Puffing Billy*, die Dampflok, welche in einem Heiligenschrein aufbewahrt wurde und mit der nur ich spielen durfte, verzichten. Natürlich durfte ich nicht.

In Preußen, ja in Deutschland hatten sich inzwischen Arbeiterparteien gegründet: der Allgemeine Deutsche Arbeiterverein (AVAD), noch von Lassalle, die sogenannten Lassalleaner (1864) und einige Jahre später die Sozialdemokratische Arbeiterpartei (SAP) von Liebknecht und Bebel (1869). Auch sie agierten unter den Argusaugen von Stiebers Leuten und Bebel wie Liebknecht sollten Festungsmauern bald von innen kennenlernen.

1869 brachte Laura in Paris ihr erstes Kind zur Welt. Da es viel Milch trank, bekam es den Spitznamen »Schnaps«. Mohr und Möhne waren mächtig stolz auf ihren Enkel, der sie stark an den unvergesslichen Musch erinnerte. Leider war er auch so oft krank.

1870 endlich konnte Engels seiner Ausbeutungsarbeit entkommen, er quittierte den Dienst bei Ermen & Engels in Manchester, bekam eine ansehnliche Abfindung und entschloss sich, das Juggernaut-Rad des Kapitals, Manchester, zu verlassen.

Und der General zog mit seiner »neuen« Frau Lizzy, mit der er nun schon sieben Jahre zusammen war, nach London. Und wer suchte ihm ein passendes Haus? »Es ist natürlich von größter Wichtigkeit, dass Sie es selbst sehen und zwar so schnell als möglich«; und »es wäre am besten, wenn Ihre Frau gleich mitkäme und sich die Sache selbst ansähe«. An des Generals »liebe Frau« ließ sie auch immer besonders »herzliche Grüße« ausrichten. Es war Jenny. Denn Möhne hatte begriffen, hatte gelernt und akzeptierte jetzt Lizzy, wenigstens die Schwester. Eine späte Wiedergutmachung an Mary.

Krieg und Kommune

Auf dem Kontinent begann Preußen unter dem Ministerpräsidenten Otto von Bismarck seine Revolution von oben. Es führte mit Eisen und Blut erst gegen Dänemark (1864) und dann gegen Österreich (1866) Krieg.

Frankreich, unter der Diktatur von Napoleon III., wurde 1870 zum Krieg gegen die deutschen Länder provoziert. Bismarck war inzwischen Ministerpräsident des Norddeutschen Bundes und der Provokateur. Auch Bayern, Württemberg und Baden schlossen sich ihm an.

Mit dem Angriff und Sieg über Frankreich sollte ein neues Deutsches Reich, das zweite seit dem Heiligen Römischen Reich deutscher Nation entstehen.

Ich war 15, der Krieg war mir verhasst und ich verstand nicht, warum Mohr und der General erst diesem Gemetzel zustimmten. Sie begründeten es, dass es im dann einigen Deutschland, in dem bislang die Landwirtschaft und die Kleinstaaterei vorherrschten, endlich zum Kapitalismus käme. Und nur mit dem Kapitalismus käme auch das Proletariat und nur mit ihm die ersehnte Revolution. Revolution auf Umwegen.

Aber erstmal kam ein schrecklicher Krieg. Laura und Lafargue flohen mit ihrem Schnaps nach Bordeaux, ein zweites Kind hatte

Laura schon wieder verloren. Ein Drittes war unterwegs und starb auch früh. Das Drama meiner Eltern wiederholte sich bei Laura.

Und die Preußen – die Deutschen – standen vor Paris. Napoleon III. war schon gefangen. Am 18. Januar 1871 kapitulierte Frankreich. Das Deutsche Reich wurde im Spiegelsaal von Versailles proklamiert. Der Kartätschenprinz auf französischem Boden zum deutschen Kaiser Wilhelm I. ausgerufen. Eine Provokation für jeden Franzosen und jede Französin. Elsass-Lothringen annektiert.

Erst jetzt erkannte Mohr, dass es sich um einen Eroberungskrieg handelte. Und er prophezeite einen europäischen Krieg – als Rassenkrieg gegen Slawen und Romanen. Und der General weissagte ein paar Jahre später sogar einen Weltkrieg.

Zu allem Überfluss hielten die Deutschen am 1. März 1871 noch eine Siegesparade auf den Champs-Élysées ab. Frankreich, inzwischen längst wieder Republik, verlegte die Nationalversammlung nach Versailles. Die Pariser aber plünderten die Waffenbestände, um sie vor den Deutschen zu sichern, wie es hieß. Barrikaden wurden errichtet. Die französische Exilregierung unter Adolphe Thiers wollte die Waffen mit Gewalt zurückholen. Doch die Pariser widersetzten sich. Regierungssoldaten liefen über. Thiers und seine Truppen zogen sich zurück. Wieder herrschte Revolution, allerdings nur in Paris. Sie nannte sich die Pariser Kommune. Lafargue ließ Laura und den kranken Schnaps und das eben erst geborene dritte Kind Marc-Laurent in einer ungeheizten Wohnung allein und schloss sich der Kommune an. Auch ein junger, gut aussehender Baske kämpfte mit, Prosper Hippolyte Lissagaray, er sollte später eine weltberühmte Geschichte der Kommune schreiben und mein Verlobter werden. Mohr, der erst warnte und den jungen Genossen der jungen Internationalen abriet, sich an der Kommune zu beteiligen, es sei eine »verzweifelte Torheit«, begeisterte sich schließlich und setzte von London aus ein Denkmal: *Der Bürgerkrieg in Frankreich*. Er sah die Kommune als ersten sozialistischen Versuch auf der Welt an, denn sie schaffte das Eigentum an Produktionsmitteln ab und gründete eine Art Rätedemokratie. Auch war sie nicht zimperlich und tötete schon bald Vertreter des alten Regimes – oder wen sie dafür hielt. Doch nach wenigen Wochen wendete sich das Blatt.

Hunger herrschte in der Stadt. Katzen, Hunde, ja Ratten wurden verspeist.

Auch Laura, Schnaps und der Säugling Marc in Bordeaux waren schon fast verhungert. Laura schrieb Jennychen, und sie und ich machten uns sofort auf den Weg, um unsere Schwester und unsere Neffen zu retten.

Während Mohr die Kommune analysierte:

Die Arbeiterklasse könne die »fertige Staatsmaschine nicht einfach in Besitz nehmen und diese für ihre eigenen Zwecke in Bewegung setzen«, und weiter forderte er die Volksbewaffnung, Stimmrecht nicht nur alle drei bis sechs Jahre, direkte föderale Volksvertretung, exekutiv und legislativ zugleich, imperatives Mandat (dem Wählerwillen verpflichtet), eine Regierung der Arbeiterklasse, Arbeiterlöhne für Beamte und jederzeitige Abwählbarkeit, Abschaffung des Privateigentums an Produktionsmitteln, Boden und Kapital. Dies alles sah er in der Kommune verwirklicht, sie war für ihn zugleich Basisdemokratie und Diktatur des Proletariats.

Doch als Mohrs Schrift herauskam, die einer seiner auflagenstärksten Erfolge wurde und ihn international bekannt machte, war die Kommune bereits Geschichte. Thiers hatte Truppen zusammengezogen, die Deutschen entließen französische Kriegsgefangene, um ihm Soldaten zu liefern, und sie ließen Thiers freie Hand. Die Regierungstruppen richteten ein ungeheures Massaker an, 20000 bis 30000 Kommunarden wurden ermordet. »Wilde Jagden auf Männer, Frauen, Kinder, Pariser, Provinzler, Fremde, Unbeteiligte wurden gemacht.« Das schrieb Lissagaray. Der erste sozialistische Versuch war im Blut erstickt worden.

Wir aber wollten Laura, Schnaps und Marc retten, ergatterten ein Schiff nach Bordeaux. Als wir dort ankamen, war auch Lafargue aus Paris zurückgekehrt. Wir alle flohen mit den Kindern Richtung Pyrenäen und der Familie Lafargue gelang die Flucht. Wir Marx-Töchter wurden bei der Rückkehr verhaftet, verhört und eingesperrt. Nach einigen Tagen kamen wir frei und fuhren nach London zurück. Das Baby Marc starb in Spanien.

Mohr aber war mächtig stolz auf seine Töchter, doch jetzt wurde er wegen seiner Schrift heftig von der bürgerlichen Presse angegriffen und als geistiger Brandstifter und »Israelit« bezeichnet. Er geriet noch mehr ins Visier der Bourgeoisie. Auch die Internationale wurde als Ursache der Kommune angeklagt, was gar nicht stimmte. Doch sie erklärte sich in moralischem Hochgefühl mit der Kommune solidarisch.

Bald schon war unser Haus überlaufen von Flüchtlingen, darunter auch Laura, Lafargue, Schnaps sowie zwei Männer: Charles Longuet, ein französischer Arzt, und Lissagaray. Schwesterherz Jennychen poussierte zuerst mit ihm, entschied sich aber dann doch für Longuet, einen wenig attraktiven Mann, klein und unscheinbar, den sie 1872 heiratete und mit dem sie sich nicht gut verstand, er schlug sie. Ihr erstes Kind starb ebenfalls früh. Doch Jennychen bekam noch weitere vier Kinder, die alle überlebten.

Auch dieses Paar wohnte jetzt bei uns in Modena Villa. Und ich, ja ich wollte Schauspielerin werden und verliebte mich mit 17 in den Kommunarden Lissagaray. Doch Mohr, mein lieber Mohr, war gegen uns und Laura hetzte ihn sogar noch weiter auf. Mohr verlangte, die Verbindung zu lösen, doch ich weigerte mich, bekam Ohnmachtsanfälle, Magersucht und verlobte mich heimlich. Es folgten heftige Auseinandersetzungen mit Marx. Nur Möhne hielt zu mir. Übrigens war Lissagaray ein solcher Gentleman, dass er mit der körperlichen Liebe bis zur Hochzeit warten wollte.

Lenchen und Möhne zeigten sich deutlich überlastet von den vielen Gästen, den Zuständen wie im Bienenschwarm, Möhne war wieder am Rand des Nervenzusammenbruchs. Lenchen aber lächelte, ich bezauberte alle und flüchtete doch oft zum General und zu Lizzy.

Mir ging es schlecht. Meine Schauspielerei, ich spielte Theater, wurde mir als Grille ausgelegt. Auch der General half mir nicht richtig. So widmete ich mich der Übersetzung der Werke von Mohr.

Schnaps, der Enkel, den alle umsorgten, starb mit drei Jahren und Laura war völlig down. Sie hatte jetzt drei Kinder verloren, nur eins weniger als Möhne.

Wir alle litten mit ihr. Und die Geschichte schien sich zu wiederholen. Mohr hatte erneut keinen Stammhalter.

Als er aber Lissagarays Werk über die Kommune las, war er begeistert.

Und ich übersetzte es ins Englische. Von Möhne gedrängt, stimmte er schließlich der Verbindung zu. Doch jetzt fürchtete ich, ich könnte Mohr, meinen geliebten Vater, verlieren und an einem Genie, so wie Möhne an Mohr, scheitern. Und ich ließ die Sache schleifen.

Engels ging es schlecht. Es war immer noch 1895, immer noch heißer Sommer, und nur wenige Tage waren vergangen, seit er Tussy auf die Tafel gekritzelt hatte, was sie längst wusste: Freddy war Mohrs Sohn. Aber nach der letzten Aufregung mit Louise, Freyberger und vor allem Tussy nach ihrer Flucht aus der Regent's Park Road wurde er wieder bettlägerig. Sein Hals tat weh und Louise füllte ihn mit seiner Flüssignahrung und Alkohol ab. Sie war am Ziel. Marx' Nachlass war Tussy entzogen. Freyberger aber wollte my General auf keinen Fall mehr aufstehen lassen. Und Engels hatte ein schlechtes Gewissen. Er hatte Tussy grob behandelt und Aveling schließlich rausgeschmissen. Der General wollte ihr einen Brief schreiben. Doch er war so müde. Er erinnerte sich, wie er mit Lizzy vor 25 Jahren in das Haus in London einzog, wie Möhne sie bei den Möbeln, der Einrichtung, ja den Vorhängen beraten hatte und wie sie klagte, nicht über ihr Schicksal, sondern über die Angriffe auf Marx.

Bruch mit Bakunin

Vor allem die Breitseiten Bakunins machten ihr große Sorgen. Karl hatte sich vor der Gründung der Internationale in London 1864 kurz mit ihm getroffen und sie hatten sich wieder angenähert. Bakunin war noch dicker geworden und schien noch riesiger, nur hatte er von der vielen Kerkerhaft Skorbut bekommen und ihm waren fast alle Zähne ausgefallen. Die beiden vertrugen sich erneut, nachdem Marx schwor, nie etwas Schlechtes über ihn gesagt zu haben. Auch die Behauptung, damals in der *Neuen Rheinischen Zeitung*,

Bakunin sei ein Spion, stammte nicht aus seiner Feder. Und er habe sich sofort für ein Dementi eingesetzt. Bakunin wusste, dass das nicht stimmte, tat aber so, als hege er keinen Groll. Das Manifest der Internationale gefiel ihm. Und das *Kapital* hielt er für äußerst wichtig. Doch gleichzeitig gründete er eine kleine anarchistische Gegenorganisation zur Internationalen, der er sicherheitshalber auch beigetreten war. Seine Organisation hieß Alliance de la Démocratie Socialiste.

Kurz bevor sie ein letztes Mal auseinandergingen, kam es doch noch zum Schlagabtausch.

»Man kann den Staat übrigens nicht einfach übernehmen«, legte Bakunin plötzlich los.

»Ganz meine Rede!«, stimmte Marx zu.

»Das wollt ihr aber, ihr wollt die Diktatur des Proletariats! Irgendwelche Autoritäten und sozialistische Beamte.«

»Nein, keine Beamten, gewählte, von der Arbeiterklasse gewählte, jederzeit abwählbare Vertreter mit Arbeiterlohn.«

»Also Beamte«, provozierte Bakunin, »Diktatur einer Klasse, schließlich einer Partei und dann eines Diktators.«

»Nein, breiteste Arbeiterdemokratie plus der Frauenzimmer.«

»Das endet in diktatorischer Anmaßung. Ich akzeptiere keine Diktatur, allerhöchstens die kollektive!«

»Da bin ich mit dir d'accord«, bestätigte Marx erneut und widersprach gleichzeitig, »aber die Kapitalisten wirst du wohl nicht kollektiv diktieren lassen?«

»Im Gegenteil, wir werden alle Leidenschaften nähren, erwecken, entfesseln und die Anarchie hervorrufen müssen, und als unsichtbare Lotsen im Volkssturm müssen wir ihn leiten nicht durch eine sichtbare Macht, sondern durch die kollektive Diktatur aller Alliierten. Eine Diktatur ohne Schärpe, ohne Titel, ohne offizielles Recht, die desto mächtiger ist, weil sie keinen Anschein der Macht hat. Dies ist die einzige Diktatur, die ich zulasse.«

»Nichts anderes ist die Diktatur des Proletariats, und wir sind nur die Hebammen.«

»Nein, das ist Bürokratie und Staatskommunismus«, widersprach Bakunin.

»Das ist bei dir doch nicht anders, wenn du von ›Lotsen‹ sprichst. Du redest von Anarchismus und willst die Macht eben doch mit einer kleinen diktatorischen Gruppe vorbereiten, also übernehmen.«

»Das ist nicht wahr«, Bakunin wurde fuchsteufelswild.

»Ich zitiere«, und Marx las einen Text von ihm vor: »›Damit sie aber handeln kann, muss sie, die Diktatur, vorhanden sein, und dazu muss man sie vorbereiten und im Voraus organisieren, denn sie wird nicht ganz von selbst entstehen, weder durch Diskussionen, noch durch Auseinandersetzungen und prinzipielle Debatten, noch durch Volksversammlungen geschaffen werden.‹ Hast du das geschrieben?«

»Ja, aber du reißt es aus dem Zusammenhang«, gab Bakunin kontra, »ich habe geschrieben: ›Freiheit kann nur durch Freiheit geschaffen werden, durch eine allumfassende Rebellion des Volkes. Und durch freie Organisation der arbeitenden Massen von unten nach oben.‹«

»Volk ist dabei ein völlig schwammiger Begriff, du setzt Volk und Arbeiter gleich. Doch nur die Arbeiter und Arbeiterinnen können den Aufbau von unten nach oben leisten.«

»Dir geht es doch nur darum, die ideologische Führerschaft über die Internationale nicht zu verlieren«, wurde Bakunin ausfällig, »du bist eitel und eifersüchtig!«

»Und du eifersüchtig und eitel«, war Karls Antwort.

Später wurde der Streit aus der Ferne weitergeführt, und beide schenkten sich nichts, doch am schlimmsten gebärdete sich Bakunin.

Er griff in die Kiste des übelsten Antisemitismus. Aus der Schweiz verkündete er:

»Sobald Marx einmal eine Verfolgung befohlen hat, macht diese vor keiner Niederträchtigkeit und Infamie Halt. Selbst ein Jude, hat er um sich, in London und in Frankreich, vor allem aber in Deutschland, eine Menge kleiner, mehr oder weniger gescheiter, intriganter, beweglicher spekulierender Juden, wie es die Juden überall sind, Handels- oder Bankagenten, Literaten, Politiker, Korrespondenten für Zeitungen aller Schattierungen … Sie haben sich aller Zeitungen bemächtigt, und ihr könnt euch vorstellen, welche brechreizerregende Literatur sich daraus ergibt.«

Das übertraf alles, was Marx in Selbstverleugnung Böses über Juden gesagt hatte. Doch Bakunin legte noch nach:

»Nun, diese ganze jüdische Welt, die eine ausbeuterische Sekte, ein Blutegelvolk, einen einzigen fressenden Parasiten bildet, eng und intim nicht nur über die Staatsgrenzen hinweg, diese jüdische Welt steht heute zum großen Teil einerseits Marx, andererseits Rothschild zur Verfügung ... Was kann es zwischen dem Kommunismus und der Großbank Gemeinsames geben? O! der Kommunismus von Marx will die mächtige staatliche Zentralisation, und wo es eine solche gibt, muss heutzutage unvermeidlich eine zentrale Staatsbank bestehen, und wo eine solche Bank besteht, wird die parasitische jüdische Nation, die in der Arbeit des Volkes spekuliert, immer ein Mittel zu bestehen finden ... In allen Ländern hassen die Menschen die Juden, sie verabscheuen sie so tief, dass jede Volksrevolution ganz natürlich mit Massakern an Juden einhergeht.«

Das war Aufruf zum Völkermord. Marx sprach vom Rassenkrieg Bakunins. Er konnte sich dies nicht gefallen lassen und beim nächsten Kongress der Internationale in Den Haag wurde Bakunins Ausschluss beantragt. Marx und Jenny waren mit allen Töchtern und deren Familien angereist, und überall in der Stadt gab es Hetze gegen uns und die Internationale, vor allem wegen der Kommune. Wir hatten den Kongress extra weit von der Schweiz entfernt platziert, damit der kranke Anarchist nicht anreisen konnte. Auch Liebknecht wurde herbeibeordert. Nach harten Auseinandersetzungen gelang es uns, den abwesenden Bakunin rauszuwerfen. Um ihm keine Chance zum Wiedereintritt zu geben und aufgrund der fürchterlichen internationalen Hetze gegen die Internationale beantragte ich, die Internationale nach New York zu verlegen. Das war sehr schade, denn damit war die Organisation, die so viel Einfluss in der Welt gewonnen hatte, damit war die Internationale zerstört.

Die Abrechnung

Einem anderen Verein mussten wir dann auch noch die Leviten lesen. 1875 vereinigten sich die Lassalleaner mit der Partei von Bebel und Liebknecht. Ohne uns zu fragen. Die SPD entstand. Schon 1869 bei der Gründung der SAP hatten Bebel, der mit den karierten Hosen, und Esel Liebknecht Marx gefragt, ob er zur Gründung nach Sachsen komme. Da Marx aber nicht, wie er sich ausdrückte, das »Kommunistische Manifest umficken« wollte, blieb er in London.

Dass sie jetzt mit den klein-deutsch-nationalen Preußenfreunden, den Lassalleanern, gemeinsame Sache machen wollten, war ihnen offensichtlich so peinlich, dass wir nicht einmal informiert wurden. Wir waren natürlich mächtig aufgebracht. Und das steigerte sich noch, als wir das Programm aus der Zeitung entnehmen mussten. Ich schlug es Bebel brieflich um die Ohren, hatten sie sich doch z. B. das »Lassallesche ›eherne Lohngesetz‹« aufoktroyieren lassen, das auf einer ganz veralteten ökonomischen Ansicht beruht, nämlich dass der Arbeiter im Durchschnitt nur das Minimum des Arbeitslohns erhält, und zwar deshalb, weil noch immer zu viele Arbeiter da sind (dies war Lassalles Beweisführung). Nun hat Marx im *Kapital* ausführlich nachgewiesen, dass die Gesetze, die den Arbeitslohn regulieren, sehr kompliziert sind, »dass je nach den Verhältnissen bald dieses, bald jenes vorwiegt, dass sie also keineswegs ehern, sondern im Gegenteil sehr elastisch sind«.

Dann sprachen sie immer davon, einen »freien Volksstaat« anzustreben. Ich konterte: »Man sollte das ganze Gerede vom Staat fallenlassen, besonders seit der Kommune, die schon kein Staat im eigentlichen Sinne mehr war. Der *Volksstaat* ist uns von den Anarchisten bis zum Überdruss in die Zähne geworfen worden, obwohl schon das *Kommunistische Manifest* direkt sagt, dass mit Einführung der sozialistischen Gesellschaftsordnung der Staat sich von selbst auflöst und verschwindet.«

Und nachdem ich noch mehr auseinandergenommen hatte, schrieb ich: »Ich höre auf, obwohl fast jedes Wort in diesem dabei saft- und kraftlos redigierten Programm zu kritisieren wäre. Es ist derart, dass, falls es angenommen wird, Marx und ich uns *nie* zu der auf dieser Grundlage errichteten neuen Partei bekennen können und uns sehr ernstlich werden überlegen müssen, welche Stellung wir – auch öffentlich – ihr gegenüber zu nehmen haben.«

Mohr aber schrieb eine noch schärfere Kritik des Gothaer Programms der SPD. Tussy meinte immer, das wäre eine der bedeutendsten Schriften von Marx, in der er nicht nur klarstellte, wie falsch Wilhelmchen Liebknecht, die Vogelscheuche Bebel und die Lassalleaner *Das Kapital* verstanden hatten, sondern auch einen Blick in die Zukunft einer sozialistischen Gesellschaft wagte.

Auch Marx kritisierte ebenfalls die konfuse Forderung vom »freien Volksstaat« und dass man nicht einmal den Mut hatte, in Bismarcks Staat die demokratische Republik zu verlangen, wo doch das in Versailles gegründete Deutsche Reich nichts anderes sei »als ein mit parlamentarischen Formen verbrämter, mit feudalem Beisatz vermischter und zugleich schon von der Bourgeoisie beeinflusster, bürokratisch gezimmerter, polizeilich gehüteter Militärdespotismus«.

Stand im SPD-Programm, dass die Arbeit die Quelle allen Reichtums sei, so schrieb Marx: »Die Arbeit ist *nicht die Quelle* alles Reichtums. Die *Natur* ist ebensosehr die Quelle der Gebrauchswerte (und aus solchen besteht doch wohl der sachliche Reichtum!) als die Arbeit.«

Und die Forderung im Programm, dass in einer sozialistischen Gesellschaft »der Ertrag der Arbeit unverkürzt, nach gleichem Rechte, allen Gesellschaftsgliedern gehört«, wurde von ihm gründlich widerlegt.

»Allen Gesellschaftsgliedern«? Auch den nicht arbeitenden? Wo bleibt da »der unverkürzte Arbeitsertrag«? Nur den arbeitenden Gesellschaftsgliedern? Wo bleibt da »das gleiche Recht« aller Gesellschaftsglieder?

Nehmen wir zunächst das Wort »Arbeitsertrag« im Sinne des Produkts der Arbeit, so ist der genossenschaftliche Arbeitsertrag *das gesellschaftliche Gesamtprodukt*.

Davon ist nun abzuziehen:

Erstens: Deckung zum Ersatz der verbrauchten *Produktionsmittel*.

Zweitens: zusätzlicher Teil für Ausdehnung der Produktion.

Drittens: Reserve- oder Assekuranzfonds gegen Missfälle, Störungen durch Naturereignisse etc.

Diese Abzüge vom »unverkürzten Arbeitsertrag« sind eine ökonomische Notwendigkeit, und ihre Größe ist zu bestimmen nach vorhandenen Mitteln und Kräften, zum Teil durch Wahrscheinlichkeitsrechnung, aber sie sind in keiner Weise aus der Gerechtigkeit kalkulierbar.

Bleibt der andere Teil des Gesamtprodukts, bestimmt, als Konsumtionsmittel zu dienen. Bevor es zur individuellen Teilung kommt, geht hiervon wieder ab:

Erstens: die allgemeinen, nicht direkt zur Produktion gehörigen Verwaltungskosten.

Dieser Teil wird von vornherein aufs bedeutendste beschränkt im Vergleich zur jetzigen Gesellschaft und vermindert sich im selben Maß, als die neue Gesellschaft sich entwickelt.

Zweitens: was zur gemeinschaftlichen Befriedigung von Bedürfnissen bestimmt ist, wie Schulen, Gesundheitsvorrichtungen etc.

Dieser Teil wächst von vornherein bedeutend im Vergleich zur jetzigen Gesellschaft und nimmt im selben Maß zu, wie die neue Gesellschaft sich entwickelt.

Drittens: Fonds für Arbeitsunfähige etc., kurz, für das, was heute zur sog. offiziellen Armenpflege gehört.

Erst jetzt kommen wir zu der »Verteilung«, die das Programm, unter Lassalleschem Einfluss, borniertterweise allein ins Auge fasst, nämlich an den Teil der Konsumtionsmittel, der unter die individuellen Produzenten der Genossenschaft verteilt wird.

Der »unverkürzte Arbeitsertrag« hat sich unter der Hand bereits in den »verkürzten« verwandelt, obgleich, was dem Produzenten in seiner Eigenschaft als Privatindividuum entgeht, ihm direkt oder indirekt in seiner Eigenschaft als Gesellschaftsglied zugutekommt.

Wie die Phrase des »unverkürzten Arbeitsertrags« verschwunden ist, verschwindet jetzt die Phrase des »Arbeitsertrags« überhaupt.

Innerhalb der genossenschaftlichen, auf Gemeingut an den Produktionsmitteln gegründeten Gesellschaft tauschen die Produzenten ihre Produkte nicht aus; ebensowenig erscheint hier die auf Produkte verwandte Arbeit als *Wert* dieser Produkte, als eine von ihnen besessene sachliche Eigenschaft, da jetzt, im Gegensatz zur kapitalistischen Gesellschaft, die individuellen Arbeiten nicht mehr auf einem Umweg, sondern unmittelbar als Bestandteile der Gesamtarbeit existieren.

Womit wir es hier zu tun haben, ist eine kommunistische Gesellschaft, nicht wie sie sich auf ihrer eignen Grundlage *entwickelt* hat, sondern umgekehrt, wie sie eben aus der kapitalistischen Gesellschaft *hervorgeht*, also in jeder Beziehung, ökonomisch, sittlich, geistig, noch behaftet ist mit den Muttermalen der alten Gesellschaft, aus deren Schoß sie herkommt. Demgemäß erhält der einzelne Produzent – nach den Abzügen – exakt zurück, was er ihr gibt. Was er ihr gegeben hat, ist sein individuelles Arbeitsquantum. Z.B. der gesellschaftliche Arbeitstag besteht aus der Summe der individuellen Arbeitsstunden. Die individuelle Arbeitszeit des einzelnen Produzenten ist der von ihm gelieferte Teil des gesellschaftlichen Arbeitstags, sein Anteil daran. Er erhält von der Gesellschaft einen Schein, dass er soundso viel Arbeit geliefert hat (nach Abzug seiner Arbeit für die gemeinschaftlichen Fonds), und zieht mit diesem Schein aus dem gesellschaftlichen Vorrat von Konsumtionsmitteln so viel heraus, als gleich viel Arbeit kostet. Dasselbe Quantum Arbeit, das er der Gesellschaft in einer Form gegeben hat, erhält er in der andern zurück.

Es herrscht hier offenbar dasselbe Prinzip, das den Warenaustausch regelt, soweit er Austausch Gleichwertiger ist. Inhalt und Form sind verändert, weil unter den veränderten Umständen niemand etwas geben kann außer seiner Arbeit und weil andrerseits nichts in das Eigentum der Einzelnen übergehn kann außer individuellen Konsumtionsmitteln. Was aber die Verteilung der Letzteren unter die einzelnen Produzenten betrifft, herrscht dasselbe Prinzip wie beim Austausch von Warenäquivalenten, es wird gleich viel Arbeit in einer Form gegen gleich viel Arbeit in einer andern ausgetauscht.

In einer höheren Phase der kommunistischen Gesellschaft, nachdem die knechtende Unterordnung der Individuen unter die Teilung der Arbeit, damit auch der Gegensatz geistiger und körperlicher Arbeit verschwunden ist; nachdem die Arbeit nicht nur Mittel zum Leben, sondern selbst das erste Lebensbedürfnis geworden; nachdem mit der allseitigen Entwicklung der Individuen auch ihre Produktivkräfte gewachsen sind und alle Springquellen des genossenschaftlichen Reichtums voller fließen – erst dann kann der enge bürgerliche Rechtshorizont ganz überschritten werden und die Gesellschaft auf ihre Fahne schreiben: »Jeder nach seinen Fähigkeiten, jedem nach seinen Bedürfnissen!«

Und was machten Bebel und Liebknecht mit Marxens Bemerkungen, die wie ich auch die nationale Engstirnigkeit des Programms kritisierten, das auch eine Absage an den Internationalismus war? Sie versteckten unsere Kritik, schlossen sie weg und machten im Lassalleschen Sinne weiter. Das konnte nur schiefgehen.

Doch erstmal wurde die Partei immer stärker und schließlich von Bismarck per Gesetz verfolgt, viele kamen in Haft, auch Esel und Vogelscheuche. Und wir verloren auf diesen Laden immer mehr an Einfluss. Ab 1890, als das Gesetz nicht verlängert wurde, eilte die SPD als vermeintlich sozialistische Partei von Wahlerfolg zu Wahlerfolg.

Der Tod ist groß

Als Engels erwachte, standen Tussy und Laura vor seinem Bett. Laura hatte sich aufgerafft, war trotz aller Animositäten zu ihrer Schwester und ihrem Halbbruder Freddy geeilt und hatte Tussy gedrängt, noch einmal zum General zu fahren. Die Schwestern wollten sogar, dass Freddy mitkommt, doch der war zu bescheiden und wollte seinen Pseudo-Vater Engels nicht bloßstellen. Die Marx-Töchter hatten die Abwesenheit Louises und Freybergers abgepasst. Angeblich war sie schon – nach wenigen Tagen mit Freyberger – schwanger und wollte Babykleider einkaufen. So standen die Schwestern gemeinsam vor

Engels' Bett. Und der raffte sich plötzlich noch einmal auf und schlug vor, nach Eastbourne zu fahren, einem seiner Lieblingsorte, denn Engels tat sein Wutanfall kürzlich sehr leid, mit dem er Tussy und Aveling aus dem Haus getrieben hatte. Und so kam statt Freddy auch noch Aveling mit. Engels sprudelte nur so und erzählte und erzählte, trotz Kloß im Hals. Die erste Geschichte verursachte bei den Schwestern einen solchen Halskloß.

Denn im selben Jahr, in dem die SPD von Bismarck im Deutschen Reich gepiesackt wurde, eröffnete mir Lizzy, dass sie Krebs hatte. Meine zweite Lebensgefährtin schickte sich an, von mir zu gehen, und kein noch so teurer und guter Arzt konnte den Tumor wegdoktern. Als es ihr immer schlechter ging, bat mich die Katholischgläubige, ich solle sie doch bitte heiraten. Ich überlegte hin und her, 15 Jahre hatte ich mit ihr seit Marys Tod in wilder Ehe zusammengelebt, war ein treuer Mann geworden, hatte mich gar zum Iren-Freund entwickelt und ihre Helden in meinem Haus geduldet, ja geschützt. Ich hatte mich von Mary und von Lizzy überzeugen lassen, dass nicht nur die Produktion von Gebrauchswerten, sondern auch die Reproduktion des menschlichen Lebens, dass beide zusammen als das letztlich Bestimmende der Geschichte zu betrachten sind. Dies, obwohl ich nie mit einem der Sisters Kinder zeugen wollte. Und jetzt am Ende ihres Lebens wollte Lizzy, dass ich die mir verhasste Ehe mit ihr eingehe. Sollte ich sie ihr verweigern? Einen Tag bevor sie starb, heirateten wir und (Engels bekam feuchte Augen) am nächsten Morgen ist sie dann friedlich eingeschlafen.

Und diesmal kondolierte mir Jenny sehr warmherzig und schrieb zum ersten Mal: »... von Ihrer alten Freundin Jenny Marx«.

Mein Leben wurde zusehends einsamer, trotz all der Freunde und Mitkämpfer.

Und der Tod weilte immer mehr unter uns.

Laura, deine Kinder starben, Jennychens erstes Kind starb.

»Aber drei Enkel wurden Mohr und Möhne durch Jennychen noch in London geboren und sie sind alle gesund«, warf ausgerechnet Laura ein. »Und Jenny wurde zur Zweitmutter, Mohr zum Zweitvater. Ein Glück in den letzten Lebensjahren!«

Und Aveling wollte sich auch hervortun: »Außerdem starb euer Erzfeind Ferdinand noch vor allen.« Doch niemand klatschte, und Aveling fügte hinzu, obwohl er wusste, dass er zeugungsunfähig war, »auch Tussy und ich werden viele gesunde Kinder haben«.

Während sie auf dem größten Pier des dekadenten Badekurorts der Bourgeoisie und des Adels spazierten, es war ein herrlicher Sommertag 1895, die Möwen schrien, der Himmel war blau, das Meer rauschte, die Luft gab sich salzig und das Leben lebte fort, wie damals bei Muschs schrecklicher Beerdigung, ließ sich der General vom schönen Wetter, dem Kanal und den Einsprüchen nicht von seiner morbiden Stimmung abbringen.

Und auch Jenny, eure Möhne, erhielt 1877, mit 63 Jahren, trotz eines schweren Lebens, trotz Pocken immer noch schön, in Manchester, wo ich sie zum besten Arzt des Königreiches geschickt hatte, die schlimme Nachricht, dass sie Leberkrebs habe. Drei Jahre quälte sie sich noch. Drei harte Jahre.

Tussy wollte das nicht gelten lassen: »General, sie schrieb Theaterkritiken, Zeitungsartikel, Erinnerungen, sie trat endlich aus dem Schatten Mohrs heraus, das hast du ganz vergessen.«

Und doch wurde es immer einsamer um sie. Nach der Amnestie der Kommunarden in Frankreich, 1880, haben du, Laura, und dein Mann Lafargue das Marx-Haus verlassen, es folgten Jennychen mit ihrem Mann Longuet und ihren Kindern. Mohr und Möhne zogen nochmals in ein kleineres Haus. Es wurde einsam um sie.

»Du hast vergessen, ich war noch da!«, rief Tussy. »Aber dein Liebhaber Lissagaray war als Erster weg«, giftete Aveling.

»Er war nicht mein Liebhaber, es war eine platonische Liebe, und ich habe ihn geschickt«, gab Tussy zurück.

»Weil du nur deinen Vater je geliebt hast«, blökte Aveling weiter.

Engels sah ihn böse an. Aveling schwieg, er wusste außerdem, dass Tussy ihn ebenso liebte, was ihm ziemlich egal war.

Alle Kuraufenthalte halfen nicht, Jenny magerte ab und wurde ganz schwach.

Tussy: »Und sie schrieb an ihren Doktor: ›Ich möchte noch so gern ein bisschen leben. Sonderbar ist's: Je mehr die Geschichte zur Neige geht, je mehr hängt man an dem irdischen Jammertal.‹«

Mir wurde die Krebserkrankung lange geheimgehalten, aber dann machten Jenny und Mohr doch noch eine Reise. Erst fuhren sie hierher, nach Eastbourne, setzten sich in den Sand und Jenny hatte ein Schirmchen dabei, wie damals an der Mosel.

»Ist das Wetter nicht herrlich, Mohr?«

»Mein Bein tut mir weh, wenn ich hier so sitzen muss, als wäre ich ein junger Hund, ich bin aber ein alter und außerdem habe ich Husten.«

»Was soll ich denn sagen, ich war der Pedestrian par excellence, aber jetzt muss ich mich hierherschleppen und ich werde bestimmt nicht von allein hochkommen, mein alter Old Nick!«

»Ich kann dir nicht hochhelfen, ich bin zu bresthaft und ungelenk!«

Jenny lachte. »Dann müssen wir hier für ewig sitzen bleiben.«

»Immerhin können wir so die gesunde Luft ohne Ende genießen.«

Auch Mohr musste jetzt lachen.

Jenny war tatsächlich sehr abgemagert und wusste, dass es mit ihr zu Ende ging. Aber sie war tapfer.

»Mich reitet der Teufel, Mohr, ich denke, bevor es ein Gewitter gibt, muss ich noch eine Runde schwimmen.«

»Bist du verrückt, du wirst ertrinken, und außerdem gibt es kein Gewitter.«

»Dann besorgst du mir eben einen Badestuhl, einen solchen habe ich vorhin beim Bademeister gesehen, der ist für Gebrechliche. Aber bitte vor dem Gewitter.«

»Wo soll denn hier ein Gewitter herkommen, es ist doch weit und breit keine Wolke zu sehen!«

»Doch, schau hinter dich, hier bauen sich weiße Türme auf. Es wird bald regnen!«

»Unsinn!«

Im gleichen Augenblick kam der Donner.

Jenny lachte, wie sie damals gelacht hatte. Denn diesmal hatte sie recht.

Beide sahen sich lange in die Augen und dann küssten sie sich. Jenny wurde fast ohnmächtig, so schwach war sie, und Karl musste danach husten.

Wieder lachten sie.

»Mohr, lass uns ein letztes Mal nach Paris fahren, ich will meinen jüngsten Enkel noch in Augenschein nehmen, bevor ich sterbe.«

Mohr war geschockt. Er wusste es, sie wusste es. Es würde nicht mehr lange dauern.

»Und außerdem will ich nochmal Paris sehen, es war unsere glücklichste Zeit.«

Karl willigte ein. In Argenteuil sahen sie bald danach ihre älteste Tochter und ihren jüngsten Enkel Marcel Longuet. Auch der überlebte. Jenny war schmerzfrei, die verschriebenen Opiate wirkten. Und in Paris mietete Mohr eine Droschke und fuhr mit Möhne durch die Stadt der Liebe, die Stadt der Revolution, die Stadt der Zukunft. Die Cafés, die Parks, die Avenuen, das pulsierende Leben dieser unglaublichen Stadt, wo alles begann.

Eine letzte Hochzeitsreise nach fast 40 Jahren Ehe.

»Doch dann kam mein Brief, und sie mussten zurück«, Tussy klang schuldbewusst. Während der Parisreise ihrer Eltern war sie allein geblieben, nur mit Nim und fast verrückt geworden vor Einsamkeit und Sehnsucht nach ihrem Vater. Depression und Magersucht hatten sich wieder angeschlichen und Erbrechen und alles. Als Mohr wieder da war, ging es ihr besser. Doch Möhne war jetzt völlig down und kraftlos. Und Mohr legte sich eine Bronchitis und eine Brustfellentzündung zu. Beide lagen wieder zu Bett, in getrennten Zimmern, wie so oft.

»Und Nim und ich pflegten sie, wie so oft«, erzählte Tussy. »Über drei Wochen kamen wir nicht ins Bett. Wir waren Tag und Nacht auf den Beinen und waren wir einmal gar zu erschöpft, dann ruhten wir abwechselnd eine Stunde aus.«

Jenny bekam jetzt Morphium und eines Tages, nur Tussy wusste das, verweigerte die Tochter ihrer Mutter die Spritze. Warum? Gab es hier etwas heimzuzahlen, oder war Tussy in ihrer Vaterliebe rabiat geworden oder einfach nur verwirrt? Nim machte schließlich, was Tussy nicht machen wollte, und gab Möhne das Schmerzmittel. Tussy aber erhielt von ihr eine Ohrfeige und Tussy sagte nichts dazu.

Und niemand von denen, die jetzt auf dem Pier in Eastbourne flanierten, haben je davon erfahren.

Der November 1881 in London war sonnig und ohne Nebel. Eines Tages raffte sich Karl auf, verließ sein Bett und zeigte Jenny eine Ausgabe der Zeitschrift *Modern Thought*. Sie widmete sich den Gedanken Mohrs.

Jenny war stolz auf ihn, als er sich auf die Bettkannte setzte und ihr vorlas.

Tussy: »Nie werde ich diesen Morgen vergessen, ich sah die beiden und sie waren wieder jung – sie ein liebendes Mädchen und er ein liebender Jüngling – und nicht ein von Krankheit zerrütteter alter Mann und eine sterbende alte Frau, die fürs Leben voneinander Abschied nehmen.«

An ihrem letzten Tag, dem 2. Dezember 1881, waren Karl, Laura, Tussy und Lenchen bei ihr. Sie konnten Jenny kaum mehr verstehen, obwohl sie viel reden wollte. Nur ihre letzten Worte waren deutlich zu verstehen: »Karl, meine Kräfte sind gebrochen.« Noch einmal lächelte sie: »Gut!« Dann drückte sie allen die Hand und starb.

Jenny wurde auf dem Friedhof Highgate beerdigt, in ungeweihter Erde, auch bekannt als Abteilung der Verdammten. Mohrs Arzt verbot ihm, auf die Beerdigung zu gehen. Nie kam er über den Tod seiner Frau hinweg.

Laut kreischten die Möwen, als ein dicker Bürger ihnen Brotkrumen zuwarf. Engels stand mit den Marx-Schwestern und Aveling auf den weißen Klippen von Eastbourne.

»Mit Jenny ist auch der Mohr gestorben«, Engels sagte das ohne Pathos. Laura und Tussy zeigten sich immer noch erschüttert. Sogar Aveling schien dem Wasser nahe. »Mohr schleppte sich noch 1 ¼ Jahre hin. Ich hoffte, er würde die nächsten Bände des *Kapitals* noch beenden. Doch nichts geschah. Ich riet ihm, nach Algier zu fahren, um seinen Lungen Erleichterung zu verschaffen.

Dort verbrachte er dann eineinhalb Monate einsam in einem kleinen Hotel, ließ eine letzte Fotografie anfertigen, schrieb mir Briefe, die einzig über seine Krankheiten und übers Wetter gingen und schon mit vielen Rechtschreibfehlern behaftet waren. »Hirnerweichung« in Folge von Jennys Tod, wie er sarkastisch schrieb. Und als es richtig heiß wurde, ließ er sich beim Barbier Bart und Haare abschneiden und zerstörte somit seine eigene Ikone.«

»Gibt's denn ein Foto davon?«, fragte das Mephistophelchen Aveling neugierig.

»Nein«, gab Tussy zurück, »so ist sein Mythos auch nicht zerstört.«

Er kam wieder nach London. Und dann geschah erneut etwas Schreckliches.

»Ich wusste gar nicht, wie ich ihm die Nachricht überbringen sollte«, seufzte Tussy, »Jennychens Ehe war unglücklich, trotz der vielen überlebenden Kinder. Longuet war faul, jähzornig und unfähig, seine Frau zu entlasten. Sie versank in Apathie und Albträumen. Und sie litt immer mehr unter starken Schmerzen. Blasenkrebs, der sie mit 38 Jahren am 11. Januar 1881 dahinraffte. Und ich marterte mein Hirn, wie ich es Mohr beibringen konnte. Doch ich musste nichts mitteilen, mein Gesicht verriet mich. Als er mich sah, sagte er sofort: ›Jennychen ist tot!‹«

Marxens Lebenswille war endgültig vernichtet. Lenchen kochte ihm die besten Speisen. Ein Geschwür in der Lunge verschlimmerte seinen Zustand. Er trank täglich viel Milch, die er sein Leben lang gehasst, und eine Viertelflasche Brandy, den er nie verabscheut hatte. Dazu auch mal einen Wein. Er arbeitete nicht mehr, sondern las nur noch abwechselnd Verlagsprospekte und französische Romane.

Und Engels erzählte: »Als ich am 13. März des Jahres 1883 meinen täglichen Besuch machte, war Lenchen schon an der Tür ganz aufgelöst. Es schien zu Ende zu gehen. Unser braves altes Lenchen, das ihn gepflegt, wie keine Mutter ihr Kind pflegt, ging herauf, kam herunter: Er sei halb im Schlaf, ich möchte mitkommen. Als wir eintraten, lag er da, schlafend, aber um nicht mehr aufzuwachen. Puls und Adern waren fort. In den zwei Minuten war er ruhig und schmerzlos entschlummert.«

»Er starb testaments- und staatenlos«, fügte Tussy an. Der General hatte die kleine Spitze verstanden und blickte auf den Kanal, wo die Sonne im Meer glitzerte und man immer die französische Küste suchte, die natürlich nicht zu erkennen war. Die Möwen ließen sich treiben.

Nur 13 Menschen waren am Grab von Highgate, als der Sarg abgesenkt wurde. »Mir hat man immer von 14 erzählt«, sagte Laura. »Und ich habe 11 gezählt.« »Ich 12«, gab Aveling an, der sich just an dem Tag an Tussy herangemacht hatte.

»Nun, seine Theorie hat mehr Menschen inspiriert als das gute Dutzend in der Abteilung der Verdammten in Highgate«, brummelte Engels, und die Seeluft fuhr ihm durch den grauen Bart und die noch graueren Haare.

Und nach einer langen Pause: »Du und Laura, ihr erhaltet natürlich den ganzen Marx'schen Nachlass, außer dem Briefwechsel von Mohr und mir.« Die Schwestern fielen sich erst in die Arme und umarmten dann Engels, der nur meinte, sie müssten ihn deswegen jetzt nicht die Klippen hinabstürzen.

Das Kapital II und III

Wenige Tage nach Mohrs Tod, im März 1883, sichteten Tussy und Laura den Nachlass vorab und vernichteten alle Briefe, in denen Marx über Engels schimpfte, und alles, was auf Freddy als Sohn hinweisen konnte. Und das Herz blutete ihnen bei der Sichtung all der persönlichen Dinge.

Erst dann kamen Engels und Lenchen dazu und fieberhaft, schwankend zwischen tränenseliger Erinnerung und unbändigem Forscherdrang, suchten sie Band 2 und 3 des *Kapitals*. Doch erst Nim brachte sie auf die Spur. Sie wusste, wo die dicken Packen versteckt waren. Und Engels zeigte sich entsetzt. Band 2 war einigermaßen durchgearbeitet, es ging um Zirkulation und Reproduktion. Aber Band 3 war ein totales Chaos, das es zu ordnen galt. Marx hatte wohl immer wieder daran gesessen, aber sein Perfektionismus, sein Drang, die Welt als Ganzes zu erklären, hielt ihn ab, den Band zu vollenden.

Engels fluchte, so wie er nie geflucht hatte. Mohr hatte ihn vorgeführt, hatte versprochen, alles zu Ende zu bringen, und hatte nur Chaos hinterlassen. Doch Tussy und Nim – Laura schien weniger Interesse zu zeigen – halfen ihm, das Ganze zu systematisieren und die Lücken, die Marx gelassen hatte, zu füllen. Tussy wurde das Gefühl nicht los, dass Marx in ständiger Revision sich verzettelt hatte. Und Ede Bernstein, der väterliche Freund, hatte schon früh vermutet, was Tussy erneut vorbrachte, Marx habe an sich selbst und seine Theorie nicht mehr geglaubt. Das aber glaubte keine der Töchter, das glaubte auch Nim nicht und Engels schon gar nicht. Tussy glaubte gar langsam, Bernstein sei ein Agent des Kapitals, was natürlich viel zu einfach gewesen wäre.

Denn schon am ersten Band hatte Marx in der französischen Ausgabe einiges verbessert, was auch in Tussys spätere englische Übersetzung einfloss.

Anlass war, so wusste Tussy, der höfliche Brief einer jungen russischen Sozialrevolutionärin, der Volkstümlerin (Narodniki) Vera I. Sassulitsch. Denn am 16. Februar 1881 beklagte sich diese: »In letzter Zeit hörten wir oft sagen, dass die Dorfgemeinde eine archaische Form ist, die die Geschichte (...) zum Untergang verurteilt hat. Jene, die das prophezeien, nennen sich Ihre Schüler, ›Marxisten‹ (...) Sie verstehen also, Bürger, inwiefern uns Ihre Meinung zu dieser Frage interessiert und welchen großen Dienst Sie uns leisten würden, wenn Sie Ihre Ansichten über das mögliche Schicksal unserer Dorfgemeinde darlegten und über die Theorie der historischen Notwendigkeit, dass alle Länder der Welt alle Phasen der kapitalistischen Produktion durchlaufen.«

Bürger Marx machte sich die Antwort nicht leicht. Er entwarf insgesamt vier Briefe an die besorgte Frau. In dem, den er abgeschickt hatte, sprach er von einem »Missverständnis hinsichtlich meiner sogenannten Theorie«, denn:

»Die ›historische Unvermeidlichkeit‹ dieser Bewegung ist also ausdrücklich auf die Länder Westeuropas beschränkt« und »die im ›Kapital‹ gegebene Analyse enthält also keinerlei Beweise – weder für noch gegen die Lebensfähigkeit der Dorfgemeinde, aber das Spezialstudium, das ich darüber getrieben und wofür ich mir Material aus Originalquellen beschafft habe, hat mich davon überzeugt, dass diese Dorfgemeinde der Stützpunkt der sozialen Wiedergeburt Russlands ist. (...) Ich habe die Ehre, liebe Bürgerin, Ihr sehr ergebener Karl Marx.«

Ein »Missverständnis« also, eines mit weitreichenden Folgen.

Marx konnte sich gar nicht vorstellen, dass man ihn hier habe falsch verstehen können, denn im zweiten Entwurf seines Briefes hieß es: »Die russischen ›Marxisten‹, von denen Sie sprechen, sind mir völlig unbekannt.«

Mohr, so Tussy weiter, war also selbst nicht unschuldig an dem Missverständnis. Denn zum Beweis, dass er Russland in die Theorie der ursprünglichen Akkumulation nicht einbezog, verwies er auf die (spätere) französische Ausgabe des *Kapitals*, in der es hieß, dass dies für »alle Länder Westeuropas« gälte, was in der deutschen Ausgabe fehlte.

Er konstatierte am Ende seines Lebens also einen möglichen Übergang vom absolutistischen Russland und seinem Dorfeigentum – ohne Umweg über den Kapitalismus – zum Gemeineigentum, sprich Sozialismus.

1884 kam der zweite Band heraus und 1890 erst der dritte.

Der General hatte sich schwer ins Zeug gelegt und trotz oder wegen des Ärgers, der unlesbaren Handschrift Mohrs sowie der unfertigen Texte lange lange daran gearbeitet.

Lenchen

Engels hatte Lenchen nach Marxens Tod in sein Haus aufgenommen, sie führte ihm den Haushalt, bekam bessere und regelmäßige Bezahlung und sie war ihm eine Beraterin in allen Lebenslagen. Im Jahre 1890 wurde auch sie vom Krebs befallen und starb. Engels war völlig down, denn mit Lenchen war die letzte 48erin, war sein ganzes junges und mittleres Leben verlorengegangen. Helena Demuth, die immer nur gerackert, geordnet und gelächelt, manchmal aber auch regiert hatte, bekam ihr Grab, wie von Mohr und Möhne gewünscht, in der gleichen Grube wie die zwei. »Eine Ménage-à-trois unter der Erde«, kommentierte Aveling pietätlos, und Tussy wollte ihn dafür ohrfeigen, doch er wehrte ab und küsste sie und Tussy wehrte sich nicht. Sie befand sich im Tal der Tränen, die vielen Toten all die Jahre, und ließ wieder alles über sich ergehen. Doch dann raffte sie sich nochmals auf und arbeitete an ihrem Text: »Über Marx hinaus«.

Das Kapital Band III

Im Sommer 1895 war Tussy wiederholt bei Freddy zu Gast, sie fand lustig, wie er mit seiner Melone und seiner Aktentasche immer von der Arbeit kam oder zur Gewerkschaftsversammlung ging. Tussy hatte ihm auch versprochen, gemeinsam den dritten, praktisch unvollendeten Band durchzugehen.

Tussy ließ sich, nachdem sie von Freddys Keksen genascht hatte, die der immer so gut backte, ein rundum vorbildlicher Mann und daher ohne besondere sexuelle Anziehungskraft, in den Sessel fallen. Auch bei ihr rauschte es.

Und Tussy referierte: Marx beabsichtigte, hier ganz Hegel folgend, in den drei Bänden des *Kapitals* vom Abstrakten zum Konkreten aufzusteigen. Waren die Tauschverhältnisse und die Akkumulation im ersten Band noch recht abstrakt, so sollte sich der dritte Band immer mehr den konkreten Realitäten des Kapitals annähern, »wie sie auf der Oberfläche der Gesellschaft« und »im gewöhnlichen Bewusstsein der Produktionsagenten selbst auftreten.« So hieß der dritte Band im Untertitel »Der Gesamtprozess der kapitalistischen Produktion«.

Im ersten Band hatte Marx die Formel aufgestellt $C = c + v + m$, also Kapital ist gleich konstantes Kapital (Wert der Produktionsmittel) plus variables Kapital (Wert der Arbeiter) plus Mehrwert. Immer in Bewegung gesehen, wobei $v + m$ der Neuwert ist.

Die Rate des Mehrwerts ist m/v, also Mehrwert, geteilt durch den Wert des variablen Kapitals. Oder Mehrarbeit durch die notwendige Arbeit.

Die Rate des Mehrwerts gibt Auskunft über den Ausbeutungsgrad.

Die neu eingeführte Profitrate jedoch bezieht sich nicht nur auf das Verhältnis von notweniger Arbeit (v) zur Mehrarbeit (m), sondern auf das Verhältnis von konstantem Kapital (c) und notwendiger Arbeit (v) zur Mehrarbeit/Mehrwert (m).

Die Profitrate ist demnach $m/(c+v)$.

Der Kapitalist legt Rohstoffe, Maschinen etc., also Produktionsmittel, vor und auch Lohn für den Arbeiter (also $C= c+v+m$) und bekommt nach Realisation des Warenwertes (Verkauf) C' heraus. Nach Abzug aller Kosten $(c+v)$ ergibt sich ein Profit von $C' - C$.

Wichtig ist, dass in die Profitrate auch die Kosten der Produktionsmittel eingehen und nicht nur der Lohn der Arbeiter.

Da der Kapitalist aufgrund des Wolfsgesetzes der kapitalistischen Konkurrenz ständig die Produktivkraft der Arbeit erhöhen muss, und dies geht hauptsächlich nur durch neue Maschinen, die noch weniger Wert pro einzelnes Produkt abgeben, steigt im Verhältnis konstantes Kapital (Produktionsmittel = c) zum variablen Kapital (Arbeiter = v) der Anteil der Produktionsmittel (c) wertmäßig immer mehr an, also immer mehr neuere, größere und teurere Maschinen stehen im Verhältnis zur gleichbleibenden oder gar sinkenden Arbeitermasse. Die organische Zusammensetzung des Kapitals steigt. Dadurch sinkt die Profitrate $m/(c+v)$:

Beispiel: $c = 50$, $v = 100$, so folgt $p'= 100/(50+100) = 66{,}66\ \%$

Steigt jetzt der Anteil von c:

$C = 100$ und v bleibt gleich $v = 100$, so folgt $p' = 100/(100+100) = 50\ \%$

Die Profitrate fällt. Marx konstatiert insgesamt einen Fall aller Profitraten im Durchschnitt. Dem wirken zahlreiche Faktoren entgegen (Erhöhung der Ausbeutung, der Arbeitslohn wird unter den Wert gedrückt, die Produktionsmittel werden billiger, neue arbeitsintensive Produktionszweige saugen Arbeitskräfte auf, Import verbilligter Lebensmittel und Rohstoffe aus dem Ausland, Zunahme des Aktienkapitals). Marx folgert gleichwohl hieraus eine Tendenz des Falls.

Schon damals, so Tussy, war das Gesetz heftig umstritten, weil viele daraus folgerten, der Kapitalismus ginge aufgrund dieses Gesetzes automatisch zugrunde. Außerdem haben wir heute auch noch Patentmonopole, Marktmonopole und Besteuerungssysteme, die den Fall aufhalten können, wusste Tussy. Und Freddy, während er wieder einen Tee einschenkte, wusste, »entscheidend ist auch, wie wir Proleten es schaffen, durch Arbeitskämpfe den uns abgepressten Mehrwert zu verringern, also unsere Löhne zu erhöhen. Papa«, und das sagte er jetzt nicht ohne Stolz, »hat da uns Arbeiter seit der missglückten Revolution von 1848 etwas unterschätzt.«

Tussy musste lächeln, noch nie hatte Freddy »Papa« gesagt.

»Ein weiteres Problem ist, dass sich ›Papa‹«, wiederholte Tussy, »bei der Umrechnung von Werten in Preise verrechnet hat. Auch das wurde ihm zur Last gelegt und aufgebauscht. Mohr habe den Schritt von der Abstraktion zum Konkreten hier nicht geschafft. Man machte ein Transformationsproblem daraus.«

»Das dürfte kein Problem sein«, stieg Freddy jetzt mit pfiffigem Blick in die Diskussion ein. »Alle geschaffenen Werte sind unter kapitalistischen Bedingungen Tauschwerte, sie sind der Geldausdruck der Werte, die auf dem Markt realisiert werden. Nach der heutigen Wirtschaftsgeschichtsschreibung, und wir haben in unserer Trade Union in dicken Wälzern nachgeschaut, haben wir Zahlen über Lohn- und Preisstatistiken, die bis Siebzehnhundertnochwas zurückreichen. Damit und in Bezug auf die Weltwährung Pfund …«

»Bald wird es der Dollar sein«, warf Tussy ein.

»Oder der Dollar …«, fuhr Freddy fort, »ist Mohrs Kritik des Kapitals weiterzuentwickeln.«

Tussy war nun so gut gelaunt, dass sie Freddy ihr Papier »Über Marx hinaus« zeigen wollte. Sie zog es heraus.

Über Marx hinaus

Tussy war der Ansicht, Mohr habe den Arbeitsbegriff zu eng gesehen und nur die Arbeiter gezählt, die ihre Arbeitskraft frei an den Kapitalisten verkaufen mussten. Nicht berücksichtigt dabei waren selbständige Arbeiter mit eigenen Produktionsmitteln, Zwangsarbeiter, Schuldknechte, Sklaven, die es auch immer noch gab, arbeitende Arme. Außerdem war sie sich sicher, dass die Lohnarbeiterinnen und -arbeiter ihre Arbeitskraft nur vermieteten und nicht verkauften.

Bei der Reproduktion der Arbeitskraft wiederum, so Tussy, sind nicht nur die Lebens-und Konsummittel wichtig, sondern, wie Engels auch schon teils begriffen hatte, die Reproduktion des menschlichen Lebens durch Geburt, Familie, Bildung, Gesundheitsarbeiter und soziale Dienste.

Mohr wiederum hatte der SPD ins Stammbuch geschrieben, dass die Arbeit nicht der einzige Wertschöpfer ist, sondern auch die Natur.

Doch in Marxens Werttheorie spielte sie keine Rolle. Dabei sah Tussy, dass die Natur vom Kapital immer mehr verwertet wurde, daher musste die geknechtete Natur in die Werttheorie einbezogen werden.

So hatte sie drei Hauptkomponenten herausgearbeitet, um die Mohrs Theorie erweitert werden musste: Arbeitswert, Reproduktionswert und Naturwert.

Eine erweiterte Formel würde also lauten:

Kapital (C) ist somit Wertübertragung (natürliche Rohstoffe + Produktionsmittel + Infrastruktur + vergangene Reproduktionsleistung = c) plus die Wertschöpfung des kollektiven Arbeitsvermögens (v+m).

Mit einer solchen Erweiterung konnte man arbeiten und ins 20. Jahrhundert sehen.

Weiter musste Tussy aus der Realität des Jahres 1895 feststellen, dass die von Marx proklamierte ursprüngliche Akkumulation, also die gewaltsame Umwandlung von einfachen Bauern in Arbeiter, ja

Arbeitssklaven auf der Erde noch nicht abgeschlossen war, sondern immer mehr mittels Kolonialismus und imperialistischer Kriege und Eroberungen grassierte.

Also die Enteignung und die Verarmung von Abermillionen Selbstversorgern immer weiter fortschritt und längst nicht abgeschlossen war.

Gleichzeitig entwickelte sich der Weltmarkt ungleichzeitig. Während die gigantische Steigerung der Produktivkraft durch immer neue und bessere Maschinen, die alle Produkte und nicht nur die Lebensmittel verbilligte, heute an der Schwelle zum 20. Jahrhundert auch Arbeitern in Europa und den USA immer mehr Konsumgüter zu kaufen ermöglichte, gelang es dort auch eben, weil sie ihre Arbeit nur vermieteten, durch Trade Unions, Streiks, Arbeiterparteien und Arbeitskämpfe den Lohn der Arbeiter zu steigern und ihren Lebensstandard zu verbessern.

Konzentrationsprozesse und Zentralisation fraßen zudem den Mittelstand nicht vollständig auf, sondern ermöglichten ihm Profite am Gängelband der Großkonzerne.

Gleichzeitig kam es durch Profitratenfall, durch Überakkumulation und Unterkonsumtion immer wieder zu Überproduktionskrisen und zur Flucht von Kapital in Finanzkapital, was wieder neue Finanzkrisen nach sich zog, wenn sich das Schaumgeld, die Kredite und Aktien nicht realisieren ließen.

Hinzu kam, dass das Proletariat der Welt sich nicht grundsätzlich vereinigen wollte, sondern zersplittert oder zerschlagen wurde oder sich nicht klassenbewusst zeigte. Trotz aller Wirtschaftskrisen, das System zeigte sich durchaus als auf Jahrzehnte hin elastisch und schien fähig, die Akkumulation zu verlängern.

Dies würde aber nur so lange gelingen, wie noch genügend vorkapitalistische Zustände auf der Welt herrschten, die man kriegerisch oder per Markt erobern, deren Rohstoffe vereinnahmen und der Wertproduktion und Akkumulation Arbeitskräfte und Konsumenten zuliefern konnte.

Denn die Produktivkraftentwicklung durch neue Maschinen und Erfindungen machte die Produkte immer billiger und zwang die Kapitalisten, die Wertmasse immer mehr zu vergrößern, immer neue

Arbeitskräfte und Märkte zu suchen, an die sie verkaufen konnten, um den Profit zu halten oder gar zu steigern. So steigerte sich auch die Gebrauchswertmasse ins Gigantische, die Warensammlung wurde immer größer. Das Kapital rennt mit immer größerem Aufwand dem Profit hinterher. Ein innerer Widerspruch, der dazu führt, dass das Kapital an eine Grenze stößt.

»Oder, wie Papa Mohr schrieb«, wusste Freddy: »Der letzte Grund aller wirklichen Krisen bleibt immer die Armut und Konsumtionsbeschränkung der Massen gegenüber dem Trieb der kapitalistischen Produktion, die Produktivkräfte so zu entwickeln, als ob nur die absolute Konsumtionsfähigkeit der Gesellschaft ihre Grenze bilde.«

Tussy setzte noch einen drauf: »Kein Markt mehr da, keine Käufer und keine Rohstoffe. Alles ausgebeutet.«

»Nur, was dann kommt, wissen wir nicht«, zuckte Freddy die Achseln.

»Die proletarische Revolution!«, kicherte Tussy. Und beide mussten kräftig lachen.

»Aber schön wär's schon«, phantasierte Tussy, »wenn das Reich der Freiheit eines Tages seine Tore öffnete.«

Somit war für Tussy klar, Mohrs Grundannahme stimmte allemal: Die maßlose Bewegung des Kapitals als Verwertung des Werts, als Zwang, aus Geld mehr Geld zu machen und immer mehr Menschen und Kontinente dem Wertgesetz zu unterwerfen, musste eines Tages an eine reelle Grenze stoßen. Doch ihr war auch klar, dass, wenn kein vereinigtes Proletariat zustande kam, die Welt und die Menschheit eines Tages schwer geschädigt werden, wenn nicht untergehen musste.

Freddy war von Tussys Papier begeistert.

Dem Ende entgegen

Tussy war nun so beseelt von ihrer Weiterentwicklung, dass sie wieder aufblühte, sie musste das dem General zeigen. Hastig packte sie ihre Papiere zusammen und eilte Richtung Regent's Park Street. Sie hatte sich ein von Jenny geerbtes weißes Schirmchen genommen und spazierte frohgemut durch die Augusthitze des Jahres 1895. Sie würde Engels beweisen, dass sie eine würdige Nachfolgerin von Mohr und in der Lage war, sein Werk fortzusetzen und zu verbreiten.

Wie ist die Welt doch schön, wenn man was geschafft hat, dachte sie.

Ohne Bammel klingelte sie. Wer aber aufmachte, war Dr. Freyberger. Er blickte ernst, ja böse. Sie schloss eilig das Schirmchen.

»Sie müssen mich durchlassen, ich habe was für den General, was ganz Wichtiges«, rief Tussy außer Atem.

Stumm stand Freyberger vor ihr und blickte noch düsterer.

»Der General ist heute Morgen verschieden.« Jetzt sah sie die Kuh hinten in der Diele stehen und Krokodilstränen weinen. Vielleicht waren auch ein paar echte dabei. Jedenfalls tönte Louise plötzlich: »Die kommt mir nicht ins Haus, die nicht.« Doch Tussy ließ sich nicht beeindrucken und drängte sich durch, schob Freyberger wie einen Gassenjungen weg und rannte ins Schlafzimmer. Und da lag er, aufgebahrt und friedlich. Neben ihm stand noch eine Flasche Champagner. Sie dürfte leer sein, dachte Tussy noch. Er hat das Leben bis zum letzten Moment genossen. Dann fiel sie in Ohnmacht.

Engels hatte, wie versprochen, Tussy und Laura größere Summen vermacht und Mohrs Nachlass zugewiesen. Von diesem Geld kaufte Mohrs jüngste Tochter sich und Aveling ein Haus. Dort wollte sie den Nachlass auswerten und Mohrs Arbeiten veröffentlichen, auch den Band 4, die Theorien über den Mehrwert. Doch Louise stellte sich immer wieder quer bei der Herausgabe von Marxens Texten und Briefen. Tussy musste jedes Mal einen Aufstand machen, und

Bebel und seine Truppe lagen auf der Lauer. Aveling aber war oft nicht da und wenn, dann war er krank, wollte gepflegt werden oder wollte Geld. Und wenn er nicht da war, ging er fremd. Schließlich erfuhr Tussy, dass er eine andere, eine wesentlich jüngere Frau namens Eva Frye geheiratet hatte und meist bei ihr lebte. Tussys Zustand verschlechterte sich. Sie konnte sich nicht mehr richtig konzentrieren und Marxens krakelige Schrift kaum mehr identifizieren.

Ohnmachtsanfälle, Übelkeit und Panikattacken häuften sich. Die Dämonen waren zurück. Chloral, Opiate, sie nahm so einiges zu sich. Aveling kam hin und wieder, aber ließ sie immer länger allein. Schließlich beschaffte sie sich im März 1898 in der Apotheke Blausäure mittels eines Rezeptes, das die täuschend echte Schrift Dr. Avelings trug.

Sie schrieb noch einen Brief an ihre Schwester, sehnte sich nach den guten alten Zeiten mit Lenchen, überantwortete Laura den Nachlass Mohrs, schrieb einen zweiten, in dem sie Aveling dem Teufelchen versicherte, dass sie ihn immer noch liebe, verbrannte dann ihren Text »Über Marx hinaus« im offenen Kamin und wartete, bis auch wirklich nichts von ihm übrig war. Dann nahm sie ein Bad, zog sich weiß an, legte sich aufs Bett und trank das Gift. Zu allerletzt las sie noch im dritten Band des *Kapitals* eine ihrer Lieblingsstellen:

»Das Reich der Freiheit beginnt in der Tat erst da, wo das Arbeiten, das durch Not und äußere Zweckmäßigkeit bestimmt ist, aufhört; es liegt also der Natur der Sache nach jenseits der Sphäre der eigentlichen materiellen Produktion. Wie der Wilde mit der Natur ringen muss, um seine Bedürfnisse zu befriedigen, um sein Leben zu erhalten und zu reproduzieren, so muss es der Zivilisierte, und er muss es in allen Gesellschaftsformen und unter allen möglichen Produktionsweisen. Mit seiner Entwicklung erweitert sich dies Reich der Naturnotwendigkeit, weil die Bedürfnisse sich erweitern; aber zugleich erweitern sich die Produktivkräfte, die diese befriedigen. Die Freiheit in diesem Gebiet kann nur darin bestehn, dass der vergesellschaftete Mensch, die assoziierten Produzenten, diesen ihren Stoffwechsel mit der Natur rationell regeln, unter ihre gemeinschaftliche Kontrolle bringen, statt von ihm als von einer blinden

Macht beherrscht zu werden; ihn mit dem geringsten Kraftaufwand und unter den ihrer menschlichen Natur würdigsten und adäquatesten Bedingungen vollziehn. Aber es bleibt dies immer ein Reich der Notwendigkeit. Jenseits desselben beginnt die menschliche Kraftentwicklung, die sich als Selbstzweck gilt, das wahre Reich der Freiheit, das aber nur auf jenem Reich der Notwendigkeit als seiner Basis aufblühn kann.«

Dann verstummte sie und verließ das Reich des materiellen Lebens.

Personen (Kosenamen in Klammern):

Karl Marx (Mohr)
*1818 Philosoph, Ökonom

Friedrich Engels (General)
*1820 Fabrikantensohn, Freund von Karl Marx

Eleanor Marx (Tussy)
*1855 Jüngste Tochter von Karl, Sozialistin

Jenny von Westphalen (Möhne)
*1814 Große Liebe von Karl und seine Muse

Ludwig von Westphalen
*1770 Vater von Jenny, Preußischer Regierungsrat

Edgar von Westphalen
*1819 Sohn von Ludwig und Jugendfreund von Karl

Ferdinand von Westphalen
*1799 Sohn Ludwigs, Halbbruder Jennys, hochrangiger Preuße und Gegenspieler von Karl

Heinrich Marx
*1777 Vater von Karl und konvertierter Jude, Rechtsanwalt

Henriette Marx
*1788 Mutter von Karl

Sophie Marx
*1816 Schwester von Karl, Freundin von Jenny

Karl von Pannwitz
*1803 Leutnant, Verlobter von Jenny

Helena Demuth (Lenchen, Nim)
*1820 Hausmagd bei den von Westphalens und dann bei Karl und Jenny

Louise Kautsky (Hexe)
*1860 Ex-Frau von Karl Kautsky, 1895 Engels' Hausdame

Ludwig Freyberger
*1865 Engels' Arzt

August Bebel
*1840 Gründer der SPD und ihr erster Vorsitzender

Bruno Bauer
*1809 Älterer Junghegelianer und einer der Lehrmeister von Karl

Edward Aveling
*1849 Arzt und Lebensgefährte von Tussy

Bettina von Arnim
*1785 Schriftstellerin und Leiterin eines Salons

Max Stirner
*1806 Philosoph und Antipode Karls

August Heinrich Hoffmann von Fallerleben
*1798 Dichter und Komponist des Deutschlandliedes

Moses Hess (Mosi, kommunistischer Rabbi)
*1812 Philosoph und Frühsozialist, Freund von Karl und Engels

Sibylle Hess (Mösin)
*1820 Frau von Hess

Georg Herwegh
*1817 Arbeiterdichter und Revolutionär

Emma Herwegh
*1817 Seine Frau und ebenfalls Revolutionärin

Wilhelm Stieber
*1818 Preußischer Geheimdienstbeamter

Arnold Ruge
*1802 Philosoph und Schriftsteller

Agnes Ruge
*1814 Seine Frau

Michail Alexandrowitsch Bakunin
*1814 Russischer Anarchist, Hassliebe Karls

Heinrich Heine
*1797 Dichter und Freund von Karl und Jenny

Jenny Marx (Jennychen)
*1844 Erste Tochter von Karl und Jenny

Laura Marx (Kakadu)
*1845 Zweite Tochter von Karl und Jenny

Edgar Marx (Musch)
*1847 Sohn von Karl und Jenny

Wilhelm Wolff (Lupus)
*1809 Freund von Karl und Jenny

Weydemeyer Joseph (Weywey)
*1818 Freund von Karl und Jenny

Mary Burns
*1823 Irische Arbeiterin und Lebensgefährtin von Engels

Lizzy Burns
*1827 Schwester von Mary, Arbeiterin und irische Freiheitskämpferin

Wilhelm Weitling
*1808 Schneider und revolutionärer Kommunist

Friedrich Engels sen.
*1796 Fabrikbesitzer, Vater von Friedrich Engels

Elisabeth Engels
*1797 Mutter von Friedrich Engels

Friedrich Wilhelm IV.
*1795 König von Preußen

Wilhelm I. (Kartätschenprinz, Lehmann)
*1797 Bruder von Friedrich Wilhelm IV., König von Preußen, ab 1871 Deutscher Kaiser

August Willich
*1810 Preußischer Offizier und Revolutionär

Friedrich Hecker
*1811 Anführer der badischen Revolutionsarmee 1848

Maximilian Joseph Moll (Jupp)
*1813 Uhrmacher und Revolutionär, Freund von Jenny

Ferdinand Lassalle (»Itzig«)
*1825 Rechtsanwalt, Revolutionär und Gründer der Sozialdemokratie

Gräfin Sophie von Hatzfeld
*1805 Lassalles Mandantin, Mäzenin und Lebensgefährtin

Andreas Gottschalk
*1815 Armenarzt und Revolutionär

Wilhelm Liebknecht (Esel, Library)
*1826 Revolutionär, Emigrant und Gründer der SPD

Eduard Bernstein (Ede)
*1850 Sozialdemokrat

Paul Lafargue
*1842 Mediziner, Revolutionär und Ehemann von Laura Marx

Charles Longuet
*1839 Arzt und Mann von Jennychen Marx

Hippolyte Lissagaray
*1838 Arzt und Verlobter von Tussy Marx

Kurze Liste wichtiger Literatur:

Marx-Engels-Werke (MEW) Bd. 1, 3, 4-6, 16, 19, 20, 23-25, 36-39, 40, 42
(Teils online: www.mlwerke.de)
Marx-Engels-Gesamtausgabe (MEGA) II/1.1, 1.2, 4.1, 5, 10–13, 15; III/2-6
(Teils online: http://telota.bbaw.de/mega/#)
Karl Marx/Friedrich Engels, Der Briefwechsel, 1844-1883, 4 Bde., Reprint, München 1983 (zuerst 1929)
Hans Magnus Enzensberger (Hrsg.), Gespräche mit Marx und Engels, 2 Bde., Frankfurt 1973
Rudolf Hecker, Angelika Limmroth (Hrsg.), Jenny Marx, Die Briefe, Berlin 2014
Friedrich Engels, Briefwechsel nach 1883 (online)
Erinnerungen an Karl Marx, Berlin (Ost) 1953
Manfred Kliem (Hrsg.), Friedrich Engels, Dokumente seines Lebens, Leipzig 1977
Michael Knieriem (Hrsg.), Über Friedrich Engels – Privates, Öffentliches und Amtliches – Aussagen und Zeugnisse von Zeitgenossen, 1846-1849, Nachtrag 1840-1844, Wuppertal 1986
Rolf Hosfeld, Karl Marx – Eine Biographie, München 2010
Tristam Hunt, Friedrich Engels – Der Mann, der den Marxismus erfand, Berlin 2012
Klaus Könner, Karl Marx, München 2008
Angelika Limmroth, Jenny Marx – Die Biographie, Berlin 2014
David McLellan, Karl Marx – Leben und Werk, München 1974
Franz Mehring, Karl Marx – Geschichte seines Lebens, Essen 2001 (zuerst: 1918)

Jürgen Neffe, Marx – Der Unvollendete, München 2017
Jörn Schütrumpf (Hrsg.), Jenny Marx oder: Die Suche nach dem aufrechten Gang, Berlin 2008
Thomas Steinfeld, Herr der Gespenster. Die Gedanken des Karl Marx, München 2017
Ulrich Teusch, Jenny Marx – Die rote Baronesse, Zürich 2011
Eva Weissweiler, Tussy Marx – Das Drama der Vatertochter. Eine Biographie, Köln 2002
(eine überarbeitete Neuausgabe unter dem Titel Lady Liberty erscheint 2018 in Hamburg)

Ich danke Karl Heinz Roth, dass ich seine Ideen zur Fortschreibung der Werttheorie verwenden durfte. Ich danke Jürgen Herres für Tipps. Außerdem bin ich Martin Choroba zu Dank verpflichtet, dass er mich nach Jahren wieder an Marx erinnert hat, und Georgios Stamatis für lange zurückliegende spannende Seminare über das Transformationsproblem.